Léonard Ribordy

La **Divine Proportion** par la **Géométrie** et les **Nombres**

Version revue et corrigée en Février 2022
Ed **Amazone** 2022

© Léonard Ribordy, 2022
ISBN :

Toute représentation ou reproduction intégrale ou partielle faite sans le consentement de l'auteur, ou de ses ayants-droits est illicite (loi du 11 mars 1957 alinéa 1er de l'article 40). Cette représentation ou reproduction par quelque procédé que ce soit constitue une contrefaçon sanctionnée par les articles 425 et suivants du Code pénal. La loi du 11 mars 1957 n'autorise aux termes des alinéas 2 et 3 de l'article 41 que les copies ou reproductions strictement réservées à l'usage privé du copiste et non destinées à une utilisation collective d'une part et d'autre part que les analyses et les courtes citations dans un but d'exemple et d'illustration.

Tous les dessins reproduits dans ce livre ont été réalisés par l'auteur. Ils ne sont pas soumis à des droits d'auteur, car ils font partie d'un patrimoine intellectuel universel

Du même auteur

Philosophie et spiritualité

La Divine Proportion par la géométrie et les nombres
Editions Trajectoire, 2012
(Réédition de la 1ère édition. Maison de vie, 2007)
Actuellement épuisé mais repris par Amazone en 2022

Traduction en langue tchèque, 2017
Božská proporce v geometrii a v číslech (E-kniha 2007)

***Architecture sacrée dans le monde
à la lumière du nombre d'or***
Editions Trajectoire, 2010

Traduction en langue portugaise, 2012
Arquitectura e Geometria Sacradas a Luz de Numero d'Ouro
Ed Madras 2012 Sao Paulo Brazil

***Vers l'équation de Dieu
par Oranda l'âme de la Vie***
En collaboration avec Violette Ribordy
Editions Trajectoire, 2014

Être Non-Être
Dialogue entre alter ego
Ed Amazone 2020

Romans historiques

La Bienfaitrice
Imprimeries Mont-Village à Ste-Croix (CH) 2012
Edité à compte d'auteur.

Les trois vieux
Février 2018
A compte d'auteur

Georges, mon oncle
Avril 2022
A compte d'auteur

Essais

Chapelle de Chemin-Dessus dédiée à Notre-Dame des Neiges
Un bijou d'architecture sacrée de la fin du XIXe siècle
Novembre 2016. Révision janvier 2019

Eglise de St Pierre de Clages
Etude de l'architecture sacrée de l'édifice.
Janvier 2013

Chroniques d'une montagne
Le Mont-Chemin
Son passé. Son histoire. Ses richesses. Ses trésors cachés.
Octobre 2017

Le Nombre d'or et ses arcanes sacrés
Aout 2018 : révision janvier 2019

Avant-propos

Comme l'approche de la connaissance des Nombres et de la géométrie nécessite certaines compétences en mathématiques et en langage symbolique, un résumé aussi simple que possible a été intégré au texte afin d'en permettre l'accès à tous et pour susciter, je l'espère, l'intérêt pour cette approche particulière des mystères divins.

On ne peut pas écrire un tel ouvrage sans se référer à de nombreux auteurs, en citant pour ne pas les plagier, le reflet de leurs pensées.

Mais au cours d'une existence, l'intellect s'enrichit d'une multitude d'informations issues de lectures et d'autres sources qu'il est impossible d'attribuer à qui que ce soit : ce sont « nos pensées ».

Il y a peut-être des choses inédites dans mon propos. Peuvent-elles pour autant, être considérées comme ma propriété exclusive ? Je n'ai pas cette prétention, car même si une idée peut sembler originale, elle peut très bien avoir été exprimée ailleurs, tout en m'étant inconnue.

Je remercie toutes celles et ceux qui m'ont aidé de leurs conseils et remarques, par la lecture et les relectures de mon livre, en particulier mon épouse, Violette, et tous ceux, connus et inconnus qui ont nourri ma réflexion.

Préface

****

Ce livre est une suite d'interrogations, en rapport avec ce qui rattache l'être humain à quelque chose de supérieur et d'indéfinissable.

Il offre un inventaire des connaissances acquises au cours des âges sur les plans aussi bien spirituel que scientifique. Il met l'accent sur des traditions vieilles de plusieurs milliers d'années, telle la philosophie des Nombres développée par Pythagore puis par Platon, enrichie au cours du temps par de nombreux chercheurs.

Ecrit dans un langage sans prétention littéraire, ce livre suppose un intérêt profond et pénétrant pour les choses de l'esprit, de même que pour le langage symbolique, qui seul échappe à l'érosion du sens des valeurs. Il met l'accent sur une réalité spirituelle vivante et non enchâssée dans les dogmes, tout en donnant une place objective aux phénomènes religieux historiques.

L'originalité de cet ouvrage est de poser beaucoup de questions et de tenter d'y répondre hors des « vérités » autoritaires qui font souvent obstacle à l'intuition. Le message des Nombres et de la Géométrie, inspiré des doctrines pythagoriciennes constitue le cœur de cet ouvrage, en mettant l'accent sur ce caractère si particulier de la connaissance qui faisait dire à Pythagore cinq siècles avant notre ère. : *« Tout est ordonné par le Nombre »*

Tout au long de ce chemin, on découvre l'extraordinaire intérêt que représente le Nombre d'or expression de la *Vie divine*, avec un pied dans le rationnel et un autre dans l'irrationnel.

On pénètre au cœur de la matière, comme au cœur de l'ADN, en ouvrant des yeux émerveillés sur la complexité de ces systèmes connus depuis moins d'un siècle, qui permettent de comprendre ces mécanismes subtils sans pour autant approcher l'ultime connaissance.

Evoquant le concept de « Dieu-absolu-Un », l'auteur montre combien il est difficile de théoriser un phénomène qui échappe à la raison, mais on comprendra peut-être pourquoi, en mathématiques, le produit du rien par l'infini vaut un et non pas zéro, selon une équation paradoxale, parfaitement irrationnelle et pourtant exacte. Dieu et le Tao se rencontrent alors par d'étranges chemins de traverse :

> $0 * \infty = 1$, ou ce qui revient au même : $1/0 = \infty$

L'intérêt passionné de l'auteur pour la géométrie l'a amené à réfléchir sur le génie des Nombres, qui, tous sont interdépendants. Les multiples facettes de la géométrie expriment l'infinie variété des formes issues de ces mêmes Nombres. Elles se rattachent sans difficulté à l'infiniment grand et à l'infiniment petit, démontrant entre autres, que « vivre » et « exister » ne sont pas à mettre sur le même plan, car nous existons dans la Vie. Les mystères divins ainsi que ceux des sciences existent à notre insu.

Actuellement, les sciences bénéficient de l'aura du savoir absolu et sont les partenaires objectifs de l'« avoir » au détriment de l'« être », ce qui conduit de fait à l'asservissement humain à de nouveaux dogmes sans avenir, tel celui de la « croissance », vide de substance. Le résultat évident est l'appauvrissement humain et écologique de la planète tout entière. Il est indispensable et urgent que ce processus destructeur cède sa place à une « *conception unitaire de la vie et de l'esprit, de la matière et de l'évolution* » (Fritjof Capra).

La Divine Proportion par la Géométrie et les Nombres va dans ce sens. Ce livre se veut une contribution à une philosophie qui s'enrichit de lumière et de connaissance, dans le respect des multiples voies d'approches possibles. Ici, la symbolique des Nombres et de la géométrie sert de fil conducteur historique et évolutif à une quête non dogmatique du sens de Dieu, donc de la Vie qui en émane.

Violette Ribordy, octobre 2005

SOMMAIRE

****

Préface   9
Introduction   15

Première partie

Chapitre premier : L'Univers   37
Chapitre 2 : La Vie   75
Chapitre 3 : Les chiffres et les Nombres   105

Deuxième partie
La connaissance des Nombres

Chapitre 4 : La symbolique des Nombres   123
Chapitre 5 : Les Nombres O, ∞, 1, 2 et 3   133
Chapitre 6 : Le Nombre 4   155
Chapitre 7 : Le Nombre 5   165
Chapitre 8 : Le Nombre 6   175
Chapitre 9 : Le Nombre 7   183
Chapitre 10 : Le Nombre 8   197
Chapitre 11 : Le Nombre 9   207
Chapitre 12 : Le Nombre 10   215
Chapitre 13 : Le Nombre d'or et la divine proportion   223
Chapitre 14 : Les trois Tables mystiques   251
Chapitre 15 : La sphère et les polyèdres   277
Chapitre 16 : Symbolique des Nombres : résumé   299
Chapitre 17 : Dieu et nos points d'interrogation   319

Bibliographie   329

Annexe 1 : répertoire des symboles numériques   333

Il y a ma vérité, il y a ta vérité, il y a la Vérité
Sagesse soufie

L'ordre du monde est dans ce qui ne se voit pas
Sagesse orientale

Introduction

****

Comment... pourquoi ?

Les sciences répondent à la question « comment », la métaphysique se charge du « pourquoi ». Il fallut attendre le XVe siècle pour voir se développer un esprit scientifique induisant le « comment », en poussant le développement de la pensée vers la nature et ses lois. Celles-ci commencèrent à être formulées en termes mathématiques par Galilée, reconnu comme le fondateur de la science moderne. Jusqu'à lui, bien que le « comment » ait toujours été la préoccupation de certains esprits, c'était surtout le « pourquoi » qui dominait le monde de la pensée - tout était contenu dans un concept divin - les lois de la nature étaient les lois de Dieu - on ne cherchait pas à tout expliquer.

Nous vivons à une époque étonnante où les découvertes scientifiques aboutissent à une compréhension de plus en plus précise de l'univers, de l'infiniment grand à l'infiniment petit. Une époque qui, avec la découverte de l'ADN et du patrimoine génétique des espèces vivantes, a réussi à percer le mystère des origines de ce qui est animé. Un monde scientifique qui a repoussé les limites du savoir, précisé une origine et probablement une fin à l'univers, et qui doit bien admettre que, s'il est possible de s'approcher de la lumière de la connaissance, il semble impossible d'en toucher la flamme.

Un fait est certain : on n'invente rien, on ne fait que découvrir l'existant avec des outils qui se sont prodigieusement développés, permettant de regarder au-delà des apparences. Lentement, le « comment » explique le développement du processus de la création de l'univers et de la vie qu'il renferme - les énigmes et les mystères s'éclairent.

Des mythes à la mécanique quantique et à la découverte du code génétique des espèces vivantes, un lent processus a fait basculer le monde vers un pragmatisme scientifique qui cherche à tout expliquer.

Malgré les apparences d'une société matérialiste, la spiritualité est heureusement restée vive. Notre époque permet une remise en question des grandes théories doctrinales, sans risquer le bûcher des hérétiques.

Notre époque autorise une recherche active de la connaissance, en se démarquant des dogmes religieux ou pour les exposer à un autre éclairage. Le « pourquoi » se fait modeste mais n'a pas dit son dernier mot.

Le concept de Dieu

Depuis la nuit des temps, l'être humain a senti dans la nature la présence d'une dimension intemporelle et ineffable, d'un autre monde qu'il peupla d'esprits bons et mauvais, avec lesquels communiquaient ses chamans. Le processus civilisateur aidant, ces concepts évoluèrent vers toutes sortes de systèmes, donnant naissance aux multiples mythes dont nos religions sont les héritières.

Le concept divin, échappant à la pure raison, ne s'exprime qu'en images ou en métaphores. Dans un monde métaphysique, intemporel, irrationnel et transcendant, la poésie et le rêve peuvent prendre le pas sur le pragmatisme scientifique.

La Vérité, un concept métaphysique.

Le concept divin défie les philosophes, les théologiens et nombre de scientifiques depuis que l'être humain cherche à comprendre. La recherche de la vérité est, par l'humilité qu'elle engendre, un puissant moyen pour grandir spirituellement vers plus d'amour et de respect pour l'extraordinaire intelligence qui demeure cachée au sein de toute chose.

Les questions sont multiples et il n'existe aucun site Internet – «au-delà.com» auquel se référer. Parler de métaphysique, c'est toucher à de nombreux tabous et prendre le risque de développer des antinomies et des inimitiés.

Né chrétien, j'ai eu la chance, malgré les aléas de la vie, de pouvoir garder et développer ma curiosité spirituelle ; de fréquenter des peuples aux croyances très diverses ; d'affronter les doutes et les remises en questions ; d'essayer de comprendre. Tout cela a renforcé en moi l'idée qu'une spiritualité sans frontières ni barrières était normale et même naturelle.

Il suffirait, peut-être, pour y arriver, que les décideurs politiques, économiques et religieux aient la volonté de faire taire l'orgueil et la vanité qu'engendre le pouvoir.

Voltaire disait : « Dieu créa l'homme à son image, mais l'homme le Lui a bien rendu. » Cette phrase pose bien le problème de Dieu (dans le monde chrétien en tout cas). Peut-on faire du concept divin un système anthropomorphe ? Pris au premier degré par la majorité des « fidèles », ce concept fait de Dieu une « personne » à visage humain, ce qui, au risque d'être traité d'hérétique, me semble absurde. « Etre à l'image de Dieu » ne peut, à mon avis, s'interpréter que sur un plan métaphysique.

D'autres religions ont échappé à cet anthropomorphisme mais en ouvrant d'autres pièges. La vérité est bien voilée, ce qui renforce encore sa valeur et permet à la raison humaine de chercher, et ainsi d'évoluer.

Mais n'est-ce pas très prétentieux que de vouloir parler d'un phénomène échappant à la raison, en dehors de toutes dimensions, en relation avec les connaissances scientifiques très aléatoires que nous avons encore de l'univers et de la vie ?

Je me souviens avoir entendu dire qu'un disciple du Bouddha avait demandé au Maître : « Dis-moi, ô Maître, où est la Vérité ? Comment faire pour la trouver ? » Bouddha lui aurait répondu :

La Vérité est comme un éléphant dans une forêt par une nuit sans Lune. Ceux qui cherchent la Vérité savent qu'elle se trouve dans la forêt et s'en approchent. Un des chercheurs. touchant une des pattes de l'animal dit : « Je connais la Vérité. c'est quelque chose de cylindrique et dur » Un autre, touchant une oreille de la bête dit : « Pas du tout ! la Vérité est quelque chose de plat et de très souple. » Un troisième, prenant la trompe de l'éléphant dans ses mains, dit : « Vous vous trompez tous les deux, la Vérité est bien quelque chose de souple mais ce n'est pas plat et il y a deux trous à son extrémité. »

Cette histoire montre qu'il est possible de s'approcher de la vérité, mais de là à en avoir une vue d'ensemble, il y a un long chemin à parcourir, comme si cette quête était hors de portée de l'intelligence humaine.

Pourquoi en est-il ainsi ? Pourquoi, depuis si longtemps, l'être humain se torture-t-il l'esprit en espérant pénétrer le grand secret, sans réel succès ?

Ceux qui ont cru connaître la vérité, pourquoi se sont-ils érigés en maîtres du savoir et ont-ils voulu imposer leur point de vue, créant des conflits avec d'autres maîtres ? Ceux qui sont venus sur Terre en prophètes apporter une vérité révélée, pourquoi n'ont-ils pas pu transmettre le même message pour tous ? Pourquoi cette confusion ? Pourquoi cela a-t-il engendré tant de conflits et non pas la paix qu'on pourrait attendre de toute spiritualité ?

L'approche du concept divin par les Nombres

Les Nombres et la géométrie sont intimement liés et parlent un langage symbolique qu'il faut apprendre à connaître pour en apprécier la valeur et surtout éviter les erreurs d'interprétation et les confusions propres au mélange des genres. Ce monde est strict, tout en parlant à la raison aussi bien qu'au cœur.

Les chiffres permettent de compter, les Nombres véhiculent des idées, des concepts. Le concret et le pragmatisme se trouvent du côté des chiffres (pour autant que l'on ne s'approche pas de l'infini) La métaphysique et l'irrationnel se réfèrent aux Nombres, sans craindre le rien ni l'infini.

Quand le mot « Nombre » est écrit avec un (N) majuscule, il exprime un concept, une idée (par exemple Un), ce qui le distingue des chiffres écrits avec une minuscule (n), car ils expriment une quantité (par exemple deux).

Dans le chapitre quatre, j'expose la trame de cette antique philosophie si différente des autres. J'ai essayé de le faire de façon logique comme l'est la progression des Nombres de [1 à 10] couvrant l'ensemble d'un système philosophique dans lequel l'omniprésence de l'Unité et le Nombre d'or joueront un rôle essentiel. Bien que cette science soit concrète et logique, s'appuyant sur les Nombres géométriques, ce domaine particulier n'est plus enseigné dans les écoles traditionnelles.

Par contre, une abondante littérature prouve que cette connaissance ne date pas d'aujourd'hui et qu'elle fait l'objet d'une recherche continue.

Les cathédrales sont des livres de pierres dont le peuple illettré du Moyen-âge tirait un enseignement profond, car les symboles parlent mieux que de longues phrases. Dans les sociétés dites évoluées, le langage symbolique et les messages iconographiques ne sont plus enseignés, alors que la grande majorité des êtres humains sait lire et écrire.

Le cercle, le triangle et le carré, qui ont toujours eu une signification théologique, sont aujourd'hui utilisés dans les règles de la circulation automobile, pour interdire (le cercle), avertir (le triangle) et signaler (le carré et le rectangle). Il est difficile d'imaginer un plus bel exemple de déviation symbolique.

Dans les années cinquante, l'écrivain et ingénieur suisse Théo Kœlliker, développa dans son œuvre une approche philosophique et théologique du monde divin basée sur la géométrie et la métaphysique des Nombres, concept dont à l'époque, j'ignorais jusqu'à l'existence. J'étais probablement prédestiné à recevoir ce message, car, depuis lors, je travaille ce sujet avec grand intérêt.

Dans son livre, Symbolisme et Nombre d'or : Le Rectangle de la Genèse et la Pyramide de Khéops, Théo Kœlliker met en lumière le richissime symbolisme géométrique et spirituel du « rectangle de la Genèse », que l'on appelle aussi le « carré-long », dont les dimensions sont dans les proportions de [1 sur 2], soit deux carrés juxtaposés. Ce symbole en quadrature[1] avec le cercle et le carré, est l'une des trois tables mystiques à la base de la construction de très nombreux édifices sacrés. J'appris plus tard que le cheminement symbolique le long de ces tables (qui se trouvent au cœur de leur principe de construction) est une voie initiatique à double sens – l'un involutif, du cercle divin vers le rectangle de la connaissance, et l'autre évolutif, du rectangle vers le cercle. Les deux voies passent par le carré de l'équilibre, celui de la Terre, contenant l'ignorance contre laquelle il faut savoir lutter. L'expression initiatique de cette voie se trouve notamment dans la légende de la quête du Graal des chevaliers de la Table ronde. Je reviendrai abondamment sur ce thème passionnant dans le chapitre 14.

Dans un autre de ses livres, *Croire ou comprendre*, Théo Kœlliker pose avec intelligence les bases d'une coexistence possible entre le rationnel et l'irrationnel et tente d'ouvrir une voie de synthèse métaphysique entre sciences et religion, qu'avant lui Edouard Schuré appelait déjà de ses vœux.

La symbolique des Nombres est une philosophie très ancienne plongeant ses racines dans la lointaine Egypte. Développée par Pythagore et révélée par Platon, cette connaissance nous parvint par une chaîne ininterrompue de transmetteurs. Je cite, en particulier, les compagnons constructeurs, qui, œuvrant à l'édification des édifices sacrés depuis la plus lointaine antiquité jusqu'à nos jours, se transmirent dans le secret de leurs loges les arcanes de ce monde symbolique.

Au temps des premières croisades, les Templiers rapportèrent du Moyen-Orient une connaissance acquise, bien avant nous, par la civilisation arabe. Ils contribuèrent ainsi à transmettre et à développer ce message dont l'aboutissement fut la construction des grandes cathédrales gothiques. De nos jours, des mouvements à buts philosophique et initiatique s'appuient aussi sur ce message à haute valeur symbolique pour perpétuer cette antique tradition.

Plus récemment, des penseurs, tels Matila Ghyka, René Guénon, Mircéa Eliade, R. Allendy, Petrus Telemarianus[2], Robert Linssen, Georges Ifrah, Fritjof Capra, Jean-Claude Perez, entre autres, contribuèrent chacun à leur façon au développement de cette science si particulière liant les aspects symboliques des Nombres aux mystères divins.

---

[1] En quadrature signifie être de même surface.
[2] Il s'agit d'Alexandre Rouiller, alias Petrus Telemarianus, directeur de la librairie Véga et adepte de magie cérémonielle qu'il pratiquait dans un groupement appelé « le grand lunaire » dont firent également partie Jules Boucher, Gaston Sauvage et Julien Champagne disciple de Fulcanelli. (tiré de *Feu du Soleil* de R. Amadou) (entretient avec E Canseliet – J.J. Pauvert 1978)

*

Par la démarche particulière, étrange et lumineuse de la géométrie sacrée, la connaissance s'acquiert par le compas et la règle et nécessite quelques aptitudes en géométrie élémentaire et en trigonométrie afin de pouvoir vérifier ses trouvailles. Mes compétences en ces matières me permettaient d'apprécier cette démarche.

Pour trouver un peu de cohérence dans toutes ces informations, il me fallait d'abord faire l'inventaire des connaissances actuelles que nous avons de l'univers et de la vie qu'il renferme.

Pour aborder les aspects scientifiques propres à la formation de l'univers, la cosmologie, la structure atomique, la génétique etc., j'ai du faire appel aux compétences de Stephen Hawking, de Roger Penrose, de Steven Weinberg, de Hubert Reeves et de Trinh Xuan Thuan, physiciens et astrophysiciens réputés, qui ont su transmettre leur savoir en le rendant accessible au commun des mortels, tout en réservant une part aux mystères, repoussés considérablement dans le temps ; à Jacques Neyrinck, qui a su mettre le doigt sur des points essentiels auréolés de mystère ; à Albert Jacquard, généticien, philosophe et humaniste, qui, en scientifique pragmatique, trouve des réponses aux grandes questions sans se référer à un plan divin préétabli.

La lecture de deux ouvrages, l'un de Jérémy Narby et l'autre de Jean-Claude Perez, tous deux en rapport avec le message du génome contenu dans l'ADN de nos cellules, a diminué mon ignorance en la matière et m'a ouvert les yeux sur le monde fabuleux du support physique de la vie, qui anime toute créature, de la plus simple à la plus complexe.

Enfin, je tiens à mentionner le livre de Fritjof Capra, *Le Tao de la physique*. Ce livre passionnant fait le lien entre notre monde et celui de l'antique sagesse asiatique du brahmanisme, du bouddhisme et du taoïsme, montrant comment peuvent se rejoindre les voies de deux mondes apparemment opposés. La lecture de cet ouvrage donne un éclairage particulier aux plus récentes découvertes dans le monde subatomique, rejoignant une prise de conscience vieille de plus de deux mille cinq cents ans, mettant en jeu un univers vide et dynamique, considérant tous les phénomènes comme les parties intégrantes d'un « Tout » harmonieux et indissociable.

Ce qui fait dire à certains physiciens que l'inclusion explicite de la conscience humaine peut être un aspect essentiel des futures théories de la matière.

L'échelle de l'observation crée le phénomène

Le physicien suisse Charles-Eugène Guye (1866-1942) énonça ce fameux adage à la base d'un large pan de la philosophie scientifique :

> *Examinons un fragment de marbre blanc, rendu lisse par le polissage. Ce fragment est fait de matière à l'apparence inerte, compacte et impénétrable. Si nous examinons ce morceau de marbre au microscope, sa surface polie ne l'est déjà plus : elle comporte en effet des cratères et des fractures nombreuses et diverses. Vue au microscope électronique, cette surface ne sera plus ni blanche ni compacte, mais présentera une structure cristalline amoncelée en montagnes escarpées ; en pénétrant encore plus profondément dans la matière, on entre dans le monde des molécules en perpétuelle agitation. Au-delà encore, à l'échelle de l'atome, dans un espace immensément vide, de vertigineux mouvements de particules faites d'« énergie »[3], tourbillonnant à des vitesses effarantes. Ce monde invisible et étrange est pourtant toujours le même morceau inerte de marbre blanc et poli.[4]*

La corrélation avec la métaphysique fait dire à Théo Kœlliker

> *Une succession d'échelles d'observation nous met en présence d'une succession de vérités. En face de quoi sommes-nous constamment ? En face d'une vérité qui n'en est pas une ou en face d'une illusion ? Nous ne voyons les choses qu'à travers leurs manières d'apparaître[5].*
>
> *[...] Si la situation est telle dans le cas d'un système dit matériel, que doit-il en être quand nous voulons prendre connaissance de faits immatériels où la perception sensorielle ne peut même pas entrer en ligne de compte ? Avons-nous le moindre espoir de jamais connaître la vérité concernant un fait immatériel ?[6]*

Il n'y a donc pas de vérité objective et absolue, de « Vérité » avec un grand V, il n'y a que des vérités individuelles et des interprétations personnelles.

Une porte ouverte sur l'illusion

La matière, en apparence solide et compacte, n'est en fait que du vide, bien que sa capacité de résistance au choc d'un marteau ne soit pas une illusion mais une réalité.

Au-delà de cette apparence, l'illusion reprend, par la présence dans cette matière, d'atomes composés de « particules » infimes appelées protons, neutrons et

---

[3] A ce niveau le mot « substance chimique » n'a encore aucun sens.
[4] Théo Kœlliker (TK). *Croire ou comprendre*. Ed. A la Baconnière. (p.89)
[5] TK. *Op cit* p.25
[6] TK *Op.cit*.p.26

électrons, tourbillonnant à des vitesses inimaginables, jusqu'aux quarks constituant les nucléons qui, l'on sait aujourd'hui, ne sont pas encore les briques ultimes de ce monde qui ne se laisse entrevoir que par des trajectoires dans les chambres à bulles des grands accélérateurs de particules, tel celui du CERN à Genève.

Le vide est le mot-clé de l'univers, aussi bien dans ses structures atomiques que galactiques. Pour fixer une échelle à ce vide, il suffit d'imaginer un atome qui aurait un diamètre de 50 mètres. A cette échelle, le noyau de l'atome au centre de cette sphère aurait la taille d'un grain de sel, et les électrons celle de grains de poussière. Tourbillonnant à des vitesses incroyables sur des orbites différentes, les électrons sont partout et nulle part en même temps, tout en définissant le volume de l'atome, donc sa taille. La mécanique quantique nous enseigne que le monde des « particules » est en même temps phénomène ondulatoire et « quelque chose » d'autre qui n'a rien à voir avec une substance chimique, tout en ayant une masse, donc un poids : cette masse [m] est, selon la célèbre formule d'Einstein [$E = m*c^2$], le rapport entre l'énergie [E] et la vitesse de la lumière au carré [c^2]: masse et énergie sont donc deux choses intimement liées en dehors de toute considération chimique. Au sein du noyau, les nucléons qui constituent la « masse » de l'atome, tourbillonnent à des vitesses fabuleuses et sont eux-mêmes composés de quarks en perpétuel mouvement. Ce qui constitue les quarks est encore largement méconnu, et s'étale en microparticules des bosons vers les fractales élémentaires que nous ne connaîtrons jamais autrement que par des modèles mathématiques. Les mots sont faibles pour exprimer un tel carrousel d'illusions, dans lequel le mot « matière » n'a plus de sens et où l'« énergie » qui gouverne le système semble jaillir du « néant » (mot à distinguer du « rien »). Le vide fait que, dans son gigantisme, l'univers a paradoxalement une densité et un bilan énergétique proche de zéro

Les nombres limites, [± zéro et ± infini], enserrent l'ensemble du phénomène univers.

D'autres exemples illustrent bien cet étrange support en lui donnant une échelle que notre intellect peut comprendre : si les atomes constituant une orange avaient la taille d'une cerise, l'orange aurait la dimension de notre planète, soit 12'700 km de diamètre.

S'il était possible de comprimer la matière d'un éléphant jusqu'à supprimer tous les vides intra-atomiques, cette masse serait beaucoup plus petite que la pointe d'une aiguille.

L'antique pensée hindouiste a nommé Maya cette apparence illusoire du monde. Cette même tradition affirme depuis son origine, que la nature essentielle de la réalité est le vide, qui n'est pas un état de simple néant, mais la source véritable de toute vie et l'essence de toute forme. Quant aux mystères qui entourent les rapports entre la masse et l'énergie des atomes, en deçà de la matière, le T'aï-ki (ou Taiji), symbole fondamental du Taoïsme dont je parlerai plus tard, pourrait en être la dynamique clé.

Des milliers d'années avant l'élaboration de la théorie des quanta, cette connaissance intrinsèque de la base fondamentale de la nature était déjà pressentie par la spiritualité orientale.

Si la réalité physique d'une chose n'est pas une illusion, son ultime support, par contre, le devient en plongeant ses racines dans un monde subatomique au-delà des apparences, où physique et métaphysique se confondent.

Au-delà des apparences

Théo Kœlliker pense, que « quoi qu'on fasse, l'idée que l'on peut se faire du concept divin aura toujours été suggérée par une philosophie ou une religion. Même si nous définissons un nouveau concept ce ne sera qu'une projection psychique de notre part ».(TK, op. cit, p 89) On ne peut parler de ce concept que par métaphores.

Pour illustrer ce propos, citons par exemple la promesse faite par Jésus-Christ il y a deux mille ans, de la venue d'un « Dieu d'amour ».

Cette promesse ne s'est pas encore réalisée, car la paix et l'amour ne règnent malheureusement pas sur la Terre.

Pour que ce concept devienne lumineux, il faut sortir du premier degré d'interprétation et redonner au terme « Amour divin » sa vraie dimension, en sortant du cadre étroit du catéchisme pour embrasser celui, plus vaste, du monde des symboles.

Dans cette perspective, « l'Amour divin » pourrait être compris comme un don, un flux de Vie qui agit généreusement partout dans l'univers avec, pour les chrétiens, un messager divin appelé Jésus Christ qui a dit : « Je suis la Voie, la Vérité et la Vie .»

L'idéal de justice, d'amour et de paix n'est pas le propre de la nature qui ne donne jamais de leçons de morale. Il est plus simple d'accepter que le monde évolue dans un système binaire en équilibre relatif entre les forces du bien et du mal ; les tremblements de terre, les épidémies et autres catastrophes échappent à l'emprise de Dieu. Ces fléaux ne sont pas des punitions infligées à l'expression de la vie sur Terre, elles font partie de l'univers depuis son origine.

Il est possible d'aller encore plus loin dans l'analyse du concept divin et de dire comme Théo Kœlliker :

> *Il n'y a pas de perception sensorielle possible du concept de Dieu ; sans perception, il n'y a pas non plus d'échelle d'observation. Or, s'il est vrai que c'est cette dernière qui crée le phénomène – alors sans perception ni échelle d'observation, il n'y a pas de phénomène. Ceci nous rejette dans le domaine de la pure conception intellectuelle sans subjectivité possible, puisque la chose en-soi est ici éliminée d'office.[7]*

Il n'est donc pas facile d'aller au-delà des apparences et de s'exprimer au sujet du concept divin qui n'entre pas dans le domaine scientifique. Avec le même mécanisme intellectuel, on peut démontrer l'existence de Dieu comme son inexistence.

Pour disserter sur ce thème, nous sommes donc contraints de nous éloigner d'une notion de Dieu issue des textes sacrés, chaque religion ayant sa façon de se situer dans ce contexte. Dieu ne peut être ni qualifié ni quantifié.

Ce concept échappe même au verbe « *être* » qui est pourtant une des définitions de Dieu, le mot Jahvé signifiant « *Je suis celui qui suis* ».

Laissons donc grandes ouvertes les portes sur les nombreux points d'interrogation qui entourent le mystère du concept divin.

L'approche scientifique

Albert Jacquard et Jacques Lacarrière, dans leur livre, *Science et croyance,* se penchent sur ce même concept en l'éclairant à la lumière de leurs compétences réciproques. Ils font remarquer que « la science est une discipline de remise en cause permanente : nous regardons avec nos yeux mais nous voyons avec notre cerveau. »[8]

*

Copernic et Galilée, au XVe et XVIe siècles, firent de la Terre, jusqu'alors centre de l'univers, une modeste planète, fille du Soleil, astre parmi les astres. On le sait aujourd'hui, cette modeste planète se trouve dans une lointaine banlieue d'une galaxie banale parmi des centaines de milliards d'autres, disséminées dans l'infini.

Darwin, au XIXe siècle, en élaborant la doctrine évolutionniste, fit de l'être humain une espèce parmi les autres. La chronologie du développement des espèces au cours des milliards d'années d'une lente évolution est désormais relativement bien connue.

---

[7] TK. *Op cit*. p.29
[8] Albert Jacquard et Jacques Lacarrière (AJ/JL). *Science et croyance*, Ed. Albin Michel p 85 et 93.

Depuis Einstein, le temps est devenu élastique, le monde intra-atomique est en même temps corpusculaire (mais sans substance chimique) et phénomène ondulatoire, – la notion d'entropie fait que l'univers s'use – il commença par un big-bang, finira-t-il par un big-crunch ? Existe-t-il un antimonde possédant une anti-entropie pour conserver l'équilibre ? L'univers reste un gigantesque réservoir d'énigmes.

En quelques siècles, tout a changé. L'être humain n'a pas été pétri par les mains de Dieu dans l'argile du Moyen-Orient, en l'an 4000 avant notre ère, comme le pensait Saint-Augustin.

L'espèce humaine est née en Afrique il y a près de deux millions d'années après une longue chaîne d'ancêtres que l'on ne peut pas encore qualifier d'humains.

Les scientifiques sont généralement honnêtes, ils raisonnent pragmatiquement, rationnellement ; s'appuyant sur des faits concrets et vérifiables, ils se remettent en question, corrigent leurs interprétations au fur et à mesure des découvertes. Le concept divin, échappant à la science, n'est pas leur affaire. Leurs arguments matérialistes ne manquent d'ailleurs pas de pertinence. Sans expliquer le « pourquoi » ils sont en mesure d'expliquer comment l'univers est issu d'un bouillon de quarks porté à une température de milliards de degrés et comment, longtemps après, des associations de molécules ont pu réaliser des structures aussi complexes que l'ADN de nos cellules: leurs théories sont parfaitement cohérentes.

Il suffit de lire des ouvrages tels que *La plus belle histoire du monde – les secrets de nos origines* »[9] pour s'en convaincre.

Mais quoi qu'on fasse, quand on pénètre le monde de l'infiniment petit, physique et métaphysique se rejoignent inexorablement.

« Dieu ne joue pas aux dés avec l'Univers », disait Einstein. Pour ce grand savant, il n'y a pas de hasard : le système lancé est soumis à des règles qui sortent du cadre des sept jours mythiques de la Création en se prolongeant vers un « huitième » jour soumis aux lois inexorables de l'entropie[10].

Pourquoi les lois de la nature que l'on découvre patiemment ne seraient-elles pas les lois de Dieu ? Pourquoi la construction de l'univers ne se serait-elle pas faite avec une « aide extérieure » ? Pourquoi n'y aurait-il pas de plan préétabli ?

Le propre de la science étant de s'appuyer sur des faits concrets et vérifiables, l'« aide extérieure » n'est pas de son ressort, tout simplement.

---

[9] Hubert Reeves, Joël de Rosnay, Yves Coppens et Dominique Simonnet – *La plus belle histoire du monde*, Ed. du seuil, Paris, 1996.

[10] Jacques Neirynck, *le huitième jour de la création*. Ed. Presses Polytechnique et universitaires romandes, 1990

De cette analyse il ressort que, par une meilleure approche scientifique de la formation de l'univers, la notion des « *cieux* » a évolué alors que la notion du « *ciel de Dieu* » est restée stagnante.

Malgré les progrès fulgurants de la science, le concept de Dieu reste une énigme indéchiffrable

Bien qu'il ne soit pas possible de nier ni de prouver Dieu, ce concept continue à être une de nos grandes interrogations. Je n'aime pas parler d'« *existence* » de Dieu, car pour moi Dieu n'existe pas, « *il est* »: c'est nous qui le faisons exister.

Rationalisme et spiritualité

Rationalisme et spiritualité, athéisme et croyance, comme physique et métaphysique, ne sont pas irréductiblement antagonistes si on les éclaire à la lumière des grands symboles. L'être humain a un besoin naturel de vénérer quelque chose de plus grand que lui. Dans notre monde matérialiste du XXIe siècle, la spiritualité reste vive.

Bien que cette spiritualité s'écarte souvent des dogmes religieux des Eglises traditionnelles, dans le cours de ce livre, j'ai choisi de me laisser guider par une logique basée sur deux champs de pensée :

- Ce que les sciences nous permettent aujourd'hui de comprendre,
- la symbolique des Nombres géométriques qui parlent de la création,

Le message des religions, qui se partagent les parcelles de la vérité, sera évoqué dans un prochain ouvrage.

J'essayerai de concilier la foi du charbonnier avec les concepts scientifiques rigoureux, tout en essayant de comprendre et de ne pas tomber dans le piège des dogmes, ces vérités toutes faites qui nous font souvent sombrer dans l'intolérance.

L'organisation de cet ouvrage

Une première partie porte sur la création de l'univers à la lumière des connaissances scientifiques accumulées au cours des derniers siècles et des multiples questions encore sans réponses.

Dans le chapitre 2, je prends comme postulat que la finalité de cet extraordinaire univers est la manifestation de la vie, sous toutes les formes que nous connaissons, avec, en bout de chaîne, l'espèce humaine. Grâce à la conscience humaine, ce prodigieux univers acquiert une finalité.

La vie s'est manifestée sur notre planète bien avant le développement de l'espèce humaine ; elle devient ainsi, par définition, quelque chose d'indépendant de la conscience que nous en avons ; elle est universelle ; elle n'est pas réservée à notre seule petite planète. Mais qu'est-ce que la vie au-delà et en deçà de nos existences ?

Comme l'objectif de ce livre est une tentative d'explication de l'univers et de la création par le message symbolique des Nombres et de la géométrie, je rappelle, au chapitre 3, ce qui distingue les chiffres des Nombres, partant du postulat que les chiffres permettent de compter, d'exprimer des quantités et d'établir des rapports mathématiques tandis que les Nombres véhiculent des concepts, des idées, ouvrent une porte sur la connaissance philosophique et la spiritualité, débouchant sur une perception du mystère divin.

Six siècles environ avant notre ère, Pythagore énonçait déjà que « *tout est ordonné par le Nombre.* » ; cet adage s'est avéré juste.

Dans une deuxième partie, j'approche la symbolique des Nombres géométriques à la lumière des philosophes et des chercheurs mystiques qui ont choisi cette assise philosophique pour essayer de comprendre les secrets de l'univers et de la vie qu'il renferme.

Le symbolisme des Nombres, associé à la géométrie permet une approche, qui, je le souhaite pour les lecteurs, donnera un meilleur éclairage à ce vaste et controversé domaine englobant sciences et spiritualité

Par la connaissance du langage des Nombres, j'essaye d'établir la base rationnelle permettant d'ajuster les concepts religieux à la mentalité scientifique propre à notre époque, en amorçant une synthèse entre religion et sciences.

Les différentes religions envisagent le concept de Dieu de différentes manières : celui d'un Dieu unique (comme dans le judaïsme et l'islam) ou celui d'un Dieu trinitaire mais toujours unique (comme dans le christianisme, le brahmanisme et d'autres religions anciennes).

Le bouddhisme, qui ne comporte pas le concept d'un Dieu créateur, n'en a pas moins développé une compréhension métaphysique hors du commun. On peut aussi rejoindre l'antique concept des panthéistes ou des animistes qui identifient Dieu et le monde en divinisant la nature.

Quant à moi, je partage l'idée de ceux qui pensent que ce qu'on appelle Dieu englobe l'univers dans toutes ses dimensions, dans un grand « Tout », permettant ainsi son observation en tant que phénomène physique et métaphysique. Cette approche à différentes échelles débouche sur autant de vérités, correspondant bien à ce que nous observons dans la société humaine multiculturelle.

Face à l'extraordinaire intelligence de l'univers et à toutes les merveilles qui nous entourent, je laisse les nihilistes et les athées face à leurs certitudes.

Comment aborder le phénomène divin et religieux, sans s'égarer dans une démarche philosophique stérile ?

Dans un prochain ouvrage, je m'étendrai longuement sur les différentes cultures religieuses qui se sont partagé et se partagent encore le monde de la pensée.

L'étymologie du mot religion est ambiguë. Selon le poète et philosophe romain Lucrèce, le mot religion (*religio*) vient de religare, « *relier* » Les religions rassemblent les individus à l'intérieur de communautés de rites et de croyances qui servent de liens sociaux.

Pour Cicéron, homme politique et orateur romain, le mot (*religio*) vient de *relegere*, « relire ».

La religion nous aide à relire sans cesse les informations toujours incomplètes que nous avons du monde réel. Cette façon de voir induit une remise en question sans fin des connaissances que nous accumulons dans tous les domaines[11].

C'est le sens « relier » donné par Lucrèce qui a prévalu au cours du temps. Mais, hélas, les religions qui ont constitué des communautés n'ont pas réalisé, ou très peu, de liens entre elles.

Au contraire, elles se sont affrontées et s'affrontent encore, cherchant à dominer, à soumettre et à imposer leur suprématie au détriment de la Vérité.

Faut-il aujourd'hui adopter le deuxième sens et selon Cicéron « relire » notre environnement en l'observant avec toujours plus de précision : repenser, imaginer de nouveaux modèles scientifiques, politiques et sociaux ? En quelque sorte, s'appuyer sur la raison pour avancer dans la connaissance toujours plus précise que nous apportent les sciences. Nous savons aujourd'hui que nous ne sommes plus au centre du monde, que nous n'avons plus d'exclusivité cosmique[12].

---

[11] AJ/JL.*Op cit*, p.130.
[12] AJ/JL.*Op cit*, p.168.

Relire l'univers semble bien la voie à suivre pour essayer de le comprendre dans sa forme matérielle, et son corollaire, celui d'un monde immatériel. Les deux phénomènes physique et métaphysique sont probablement intimement liés par une trame qui échappe encore à notre raison mais qui est nécessaire pour donner un sens au « Tout ».

J'ai été parfois contraint d'utiliser le langage mathématique pour aborder la connaissance intrinsèque contenue dans les Nombres et surtout dans leurs associations. Il n'est cependant pas nécessaire d'avoir des compétences particulières en sciences ou en mathématiques, pour comprendre que, dans cette progression chronologique numérale, un message symbolique se développe et s'enrichit.

Malgré les progrès considérables de la connaissance dans tous les

« Connais-toi toi-même et tu connaîtras l'univers et les dieux »

Cette maxime, que l'on doit à Socrate, est restée à la base de toute évolution spirituelle et initiatique. Le christianisme et d'autres religions enseignent qu'il faut rechercher Dieu à l'intérieur de son cœur, ce qui revient à dire la même chose.

Nos lointains ancêtres ne pouvaient imaginer le monde divin que comme une projection de l'homme à l'image des dieux. La matière restait solide jusqu'à sa plus petite particule, l'atomos, l'insécable.

L'esprit pénétrait tout, l'inerte comme le vivant. Tout ce qui permettait à la vie de se manifester, eaux, arbres, montagnes, pluie, tonnerre, etc., tout était sacré, vénéré et même craint. Les corps célestes étaient vus comme des entités spirituelles : le cosmos[13] était lui aussi divinisé.

Ce que nous avons tiré des recherches faites pour étayer cet ouvrage, montre que notre univers est d'une immense intelligence et d'une grande beauté. Il ne peut, à mon avis, être le fruit du hasard, bien que la loi des grands nombres et celle de la durée pussent, dans une certaine mesure, expliquer certaines combinaisons atomiques, débouchant sur des structures toujours plus complexes. Cependant, en remontant pas à pas vers la source de « *Tout* », on ne fait que repousser les frontières de la compréhension.

Les questions fondamentales au sujet de l'univers et de la vie qu'il contient, restent aussi nombreuses que les mystères à résoudre. La connaissance que nous avons aujourd'hui du monde subatomique laisse penser qu'en physique, matière et énergie

---

[13] Cosmos : L'univers considéré dans son ensemble (*Larousse illustré*)

dans l'espace-temps sont analogues à ce qui est nommé en religion, corps et âme dans l'esprit.

L'objet de ce livre n'a pas d'autre but que d'exprimer la réflexion et la synthèse de la pensée d'un être humain approchant de la fin de son existence. Il sera fait grand usage du symbolisme, le seul langage qui soit universel, et capable de véhiculer des messages sans être soumis à l'érosion du langage.

Par ce voyage dans la pensée, nous allons osciller entre Croire et Comprendre ou entre *Sciences et Croyances*. La foi, au sens religieux du terme, n'est pas absente de cette analyse qui reste largement ouverte sur de nombreux points d'interrogation envers un domaine aussi irrationnel que peut l'être la spiritualité.

Les interrogations fondamentales où, quand et comment, restent pleinement d'actualité. Lao Tse, Pythagore, Socrate, Platon et leurs disciples lointains et proches, nous accompagneront tout au long de cette aventure humaine. Dans la science des Nombres, une logique va s'installer: l'omniprésence du [Un], de l'Unité. Depuis l'origine des temps, cette conscience unitaire sert de moteur vivant à toute l'évolution de la création.

Je vais rechercher dans cette Unité, quelque chose que l'on appelle communément la Vie (mot écrit volontairement avec un grand V pour la distinguer de ses multiples manifestations sous forme d'existences). Dans le mot existence, je prends en compte tout ce qui dans l'univers possède un ADN, de la plus simple cellule vivante à l'organisme le plus élaboré. Dans ce postulat, tout ce qui existe dans le flux de la vie est par principe animé (du latin anima - âme).

Dans notre tradition occidentale, ce qui est animal ou végétal est propre à ce qui est animé par opposition à ce qui est minéral, considéré par définition comme inanimé (ne se déplaçant pas). Cette vision étroite du phénomène de la vie, ne peut être admise que pour distinguer, en biologie, les espèces entre elles. On sait aujourd'hui que les plantes se déplacent, cherchent la lumière, s'orientent vers le Soleil, agrandissent leur territoire comme les animaux, mais plus lentement. On ne peut pas nier non plus que les insectes soient doués de vie, étant animés, comme d'ailleurs les cellules diverses, simples ou complexes, représentant le monde des prions, des virus, des bactéries, des levures, des algues, etc.

L'être humain n'est qu'une espèce vivante parmi d'autres mais qui, grâce à un cerveau plus volumineux, a la faculté de nommer ses pensées. A notre connaissance, c'est le seul être vivant qui peut, en levant les yeux vers le ciel et en regardant autour de lui, y voir des merveilles de beauté et d'intelligence, et ainsi développer son propre intellect ; la seule espèce capable d'imaginer des concepts tels que ceux qui seront développés par la suite.

L'espèce humaine est la seule qui a conscience de sa mort, phénomène qui ouvre la porte vers une vie spirituelle, un espoir vers un monde meilleur, un retour à la source de toute chose.

Les philosophes qui tentèrent de comprendre le mystère divin de la création, en s'appuyant sur la philosophie des nombres entiers de [1 à 10] méconnaissaient le [zéro] qui n'a été considéré comme « origine des Nombres » qu'à partir du VIe siècle de notre ère aux Indes, puis un peu plus tard dans le monde arabe et seulement à partir du XIIe siècle en Occident

Cette méconnaissance du zéro, supposait, comme le préconisait Héraclite, mais les philosophies orientales aussi, que l'univers était en perpétuel devenir, existant de tout temps, sans origine.

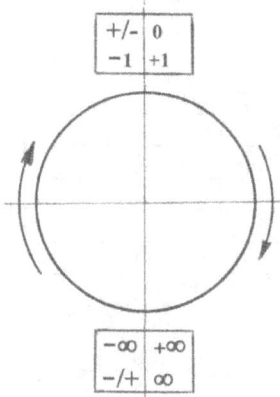

En mathématique, l'infini est l'inverse de zéro [1/0 = ∞] ce qui revient à dire que le produit de zéro par l'infini vaut Un [0*∞ =1] et non pas zéro comme le veut la logique. Malgré le fait que les mathématiciens détestent les équations tendant vers l'infini, on mesurera l'importance métaphysique de cette équation paradoxale et parfaitement irrationnelle, en se rappelant que, comme le disait Pythagore, les Nombres s'expriment par leurs inverses, que l'univers est bien en rapport avec les deux valeurs limites [± 0 et ± ∞]. et que [Un] est bien le Nombre de Dieu.

Contrairement à l'usage en mathématique je considère l'infini comme un Nombre, ce qui revient à dire que l'infini des chiffres « sans fin » devient un Nombre fini, et comme zéro, une charnière entre les nombres positifs et les nombres négatifs. La ronde des chiffres telle que montrée dans le schéma ci-dessus exprime clairement l'idée que tous les chiffres peuvent être réunis dans l'Unité.

On sait depuis plus d'un siècle, que l'univers a eu un commencement, communément appelé le big-bang (à l'espace-temps zéro-rien) et que cet univers est actuellement en expansion.

Dans un avenir lointain, usé par l'entropie, arrivé à la limite de son expansion, il se contractera (vraisemblablement) pour aller vers sa fin, appelé le *big-crunch*, (nouveau point zéro-rien de l'espace-temps).

Passé ce point il devrait repartir instantanément dans l'autre sens vers un nouveau *big-bang*, en un rythme continu comme un « *inspir* » suivi d'un « *expir* »[14]

L'univers s'use-t-il vraiment ? Comment ce système peut-il rester en équilibre ? Est-il raisonnable d'imaginer que ce système fonctionne sur deux mondes parallèles, un réel et un virtuel fait de matière et d'antimatière dans un espace-temps empêchant son annihilation. Comment ? Je ne sais pas. Pourquoi ? Parce que le système est, a été et sera.

Partant de « rien », l'univers va vers un « tout » en se gonflant démesurément, pour retourner vers un « rien », ceci en un nombre inconnu de milliards d'années pour - et c'est là que se trouve probablement la finalité de cette étrangeté - permettre à la vie de se manifester dans quelques parcelles d'univers présentant les conditions favorables à son développement. Ce temps est très long pour les formes élémentaires d'existences et très court pour l'espèce humaine.

Comme le montre le tableau suivant, comparé aux milliards d'années du rythme général, ce qui semble utile en valeur humaine est dérisoire en durée.

Origine de l'Univers : 14,5 milliards d'années ou	14'500'000'000
Age de la Terre : 4,6 milliards d'années ou	4'600'000'000
Premier être qualifié de vivant : plus de 3 milliards d'années ou	3'000'000'000
Glaciation générale de la surface de la Terre, revitalisée par le volcanisme actif	600'000'000
Homo habilis : 2 à 4 millions d'années ou	(2 à 4)'000'000
Homo sapiens-sapiens : plus de 100'000 ans	100'000
Apparition de l'écriture : il y a 5000 ans	5'000
Développement des sciences modernes (Galilée) ; il y a 400 ans	400
Invention du téléphone (1876) 145 ans en 2021	145
Découverte du génome humain, il y a environ 70 ans	70

Nous commencerons ce voyage en mesurant l'univers à l'échelle d'observation que nous donne la technologie moderne, pour rejoindre le grand mystère des origines de la vie.

Par le message philosophique des Nombres, un concept s'établira permettant de concilier sciences et croyances.

---

[14] Expression propre au brahmanisme

Ce voyage dans la pensée humaine se poursuivra dans un prochain ouvrage où j'évoquerai comment les religions se partagent les parcelles du grand mystère, en soulignant les nombreux points d'interrogation qui nous sépareront encore et toujours du concept divin.

On verra comment tout au long de l'histoire des hommes, ceux-ci ont su utiliser les concepts de la géométrie sacrée associée à la symbolique des Nombres pour édifier à leurs dieux ou à Dieu leurs pagodes, leurs églises, leurs mosquées, leurs synagogues et autres temples.

Première partie

L'Univers – la Vie - Les chiffres et les Nombres

Chapitre premier

****

1 – L'UNIVERS

Sur l'irréductibilité divine
*Ils veulent embrasser l'intelligence de Dieu
en qui l'univers est inclus et la peser et la diviser à l'infini,
comme pour l'atomiser.*

*Aucune investigation humaine ne peut s'intituler
véritable science, si elle ne passe
par la démonstration mathématique »*
Léonard de Vinci

En interrogeant le ciel, les premiers êtres humains éveillés à la spiritualité y virent un monde mystérieux appartenant au domaine des dieux. Des points lumineux dessinaient de curieuses figures dans le ciel nocturne, certains se déplaçaient en suivant d'étranges trajectoires, on les identifia par des noms ; une frange de lumière blafarde intriguait, on l'appela la Voie Lactée ; le Soleil et sa lumière bienfaisante se levaient à l'est et se couchaient à l'ouest, pour reparaître le lendemain ; l'Est devenait le siège de la vie et l'Ouest celui de la mort.

Lorsque le Soleil disparaissait en plein jour, ne se laissant entrevoir que par un halo un signe divin se manifestait ; quand le même phénomène touchait la Lune, un monstre la mangeait et la recrachait un peu plus tard ; lorsqu'une traînée de lumière zébrait le ciel ou lorsqu'un projectile enflammé frappait le sol, la menace était encore plus dangereuse, le ciel tombait sur la Terre. Les phénomènes observés, sans explication rationnelle, ne pouvaient appartenir qu'au domaine du sacré, du mystère.

Malgré les apparences, tout cela était simple, inspirant plus de respect que de questionnements.

Pour les savants de l'antiquité, les vraies sciences se limitaient à l'observation du ciel et à interroger les forces de la nature et de la vie animant la Terre. Ces sciences forçant la réflexion ouvrirent la porte à la philosophie. Pendant des siècles, philosophie et sciences ne firent qu'un.

La multitude de points d'interrogation que posaient l'observation du ciel et des phénomènes naturels, la prise de conscience de l'intelligence omniprésente dans la nature et la crainte de certains phénomènes, devaient induire l'idée d'un monde divin, extérieur à la nature mais pourtant intimement lié à elle. C'est ainsi que sont nées les traditions religieuses dites animistes et les théogonies souvent fort complexes.

*

L'astronomie se développa en Mésopotamie et aux Indes avant d'influencer le monde grec et l'Europe. L'observation du ciel permit de connaître la rotondité de la Terre, d'en faire le centre de l'univers tournant autour d'elle - idée qui se perpétua jusqu'au Moyen-âge européen. On retrouve le même souci d'observation et d'interprétation des phénomènes naturels cosmiques dans les autres civilisations, comme celles de la Chine, de l'Amérique centrale et du Sud.

Le cosmos étant la référence divine absolue, l'observation des étoiles et des galaxies au cours des millénaires permit d'identifier le très lent mouvement de la *précession des équinoxes*[15], gigantesque horloge cosmique, dont les heures sont marquées dans le ciel par les signes immuables du *zodiaque*. Cette découverte essentielle dut se faire sur une très longue période pour être identifiée, puisqu'environ 26'000 ans sont nécessaires pour réaliser un tour complet du système sur lui-même. Cela laisse songeur quant au début de l'observation, repoussé très loin dans la préhistoire, nécessitant de surcroît des postes d'observation et des moyens de mesure importants. Ce phénomène était déjà connu des Egyptiens[16] et probablement des peuples de Mésopotamie et de Perse.

Cette longue observation permit de trouver une corrélation entre Dieu, le cosmos et l'humanité au cours de la succession de ses différents âges en leur attribuant des caractères divins se modifiant tous les 2'160 ans environ, en fonction de l'évolution des signes.

Transmission de la connaissance de l'antiquité à nos jours

Durant les six siècles qui précédèrent l'avènement de la nouvelle ère zodiacale en Occident (ère des Poissons / Vierge qui coïncide avec l'avènement de l'ère chrétienne), c'est le monde grec qui nous légua les plus anciens témoignages écrits de la connaissance de l'antiquité dont plusieurs sources émanaient de l'Inde

---

[15] Précession des équinoxes : mouvement très lent, d'une période voisine de 26'000 ans qu'effectue l'ensemble du système solaire en référence à des constellations de notre galaxie, représentées par les signes zodiacaux.
[16] Zodiaque de Denderah actuellement dans le musée du Louvres

antique et de l'Egypte pharaonique. Plusieurs philosophes grecs laissèrent leur empreinte dans l'histoire, témoignant d'une pensée éveillée de la compréhension de l'univers visible et invisible et d'ébauches de connaissances scientifiques expliquées et non plus hypothétiques. Cette connaissance quittait le sein des Temples pour celui des écoles ouvertes et démocratiques. Le Panthéon divin, petit à petit, faisait place à la raison.

Voici comment certains philosophes grecs, dont se réclame l'Occident, se représentaient l'univers jusqu'au tout début de notre ère :

- **Thalès de Milet** (~ -625 à ~ -547).
  Pour ce philosophe, l'eau était l'élément premier de l'univers et toutes les choses étaient pleines de Dieu. Il voyagea en Mésopotamie et en Egypte, alors que ce pays avait passé sous domination grecque ; il en rapporta les premiers éléments de géométrie, de trigonométrie et d'algèbre. On lui attribue l'invention du gnomon permettant la première mesure du temps.
- **Anaximandre** (~ -610 à ~ -547).
  Pour lui, l'infini était le principe de l'univers qu'il voyait comme une sorte d'organisme soutenu par le *pneuma*, le souffle cosmique, de la même façon que les corps vivants sont soutenus par l'air.
- **Anaximène de Milet** (~ -585 à ~ -525).
  Pour ce philosophe, l'air était le principe de l'univers.
- **Pythagore** (~ -570 à ~ -480).
  L'univers est ordonné et harmonique. Il fonda à Crotone, une école de type sectaire étudiant les mathématiques et la mystique. Il tenta d'expliquer les mystères divins de la création par la géométrie plane, spatiale et par les proportions géométriques. Il imagina une cosmogonie basée sur la géométrie des polyèdres réguliers : (*tétraèdre, hexaèdre, octaèdre, icosaèdre et dodécaèdre*), ce dernier étant la quintessence des quatre autres, contenant le Nombre d'or, celui de la Vie (voir chapitre 15).

  On lui doit l'expression « *Tout est ordonné par le Nombre* », faisant de lui l'initiateur de la métaphysique numérale, qui fut reprise peu après par Platon puis au Moyen-âge occidental, par Leonardo Fibonacci et Luca Pacioli.
- **Heraclite d'Ephèse** (~ -550 à ~ -480).
  Il désigna le feu comme le Un, principe d'un univers en perpétuel devenir, notion-clé à travers laquelle il pensait la lutte et l'unité des contraires. Il nomma *logos* cette Unité, qui contient et transcende toutes les forces opposées.

  Il existe une relation étroite entre la pensée d'Héraclite et celle de Lao-tseu (fondateur du Taoïsme entre le VIe et le Ve siècle avant notre ère): Ces deux philosophes développèrent, sans se connaître, la même conception d'un monde cyclique, basé sur l'interaction des contraires, en polarité, réunis dans l'Unité.[17]

- **Parménide d'Elée** (~ -515 à ~ -440).

Dans son poème « *De la nature* », il formula la proposition fondamentale de l'ontologie : l'être est Un, continu et éternel. Dieu est intelligent, personnel et dirige l'univers. Ce concept influença profondément la pensée occidentale.

- **Anaxagore** (~ -500 à ~ -428).

L'intelligence est le principe de l'univers. Lorsqu'il déclara que le Soleil n'était pas un dieu, mais une boule enflammée, il fut exilé de la cité, ses paroles étant considérées comme sacrilèges.

- **Empédocle d'Agrigente** (~ -490 à ~ -435).

Son enseignement reposa sur une cosmogonie assimilant le devenir du monde à un cycle où les rapports des quatre éléments sont régis par l'amour qui unit et la haine qui divise.

- **Leucippe** (~ -460 à ~ -370).

Il imagina l'atome, comme la plus petite partie d'un corps simple.

- **Socrate** (~ -470 à ~ -399).

Sa doctrine se basa sur l'homme qui s'interroge et ainsi avance sur la voie de la vérité. « *Connais-toi toi-même et tu connaîtras l'Univers et les dieux* », telle était sa devise. Socrate, défendant la vérité contre les dogmes, touchant par définition au domaine du sacré, fut contraint de se suicider en buvant la ciguë.

- **Démocrite** (~ -460 à ~ -370).

La nature est réduite à un jeu d'atomes en évolution dans un vide infini : une explication rationnelle de l'origine de l'univers et de l'histoire des hommes commence à se développer. L'esprit et la matière se démarquent en une dualité entre un monde matériel et un monde spirituel unis par un intermédiaire appelé âme. Il rejoint par sa pensée, celle d'Héraclite et de Lao Tseu.

- **Archytas de Tarente** (~ -430 à ~ -360).

Ami de Platon, il fixa la première terminologie de la géométrie, essentielle dans la métaphysique des Nombres.

- **Platon** (~ -427 à ~ -347).

Il reprit les idées de Pythagore dans l'expression géométrique des mystères divins, exprimés sous la forme des polyèdres pythagoriciens, que l'on appelle désormais les corps platoniciens : *tétraèdre, hexaèdre, octaèdre, icosaèdre et dodécaèdre*.

Platon voyagea en Egypte, en Sicile, revint à Athènes où il fonda une école, l'*Académie*, au fronton de laquelle on pouvait lire « *Nul n'entre ici s'il n'est*

---

[17] Fritjof Kapra, *Le Tao de la physique*, Ed Sand, 1985, p 118

géomètre », montrant l'importance que ce philosophe accordait aux Nombres sacrés et à la géométrie.

Dans sa philosophie, il s'est engagé dans une démarche dialectique de remontée vers les archétypes intelligibles auxquels l'accès, durant une vie, est limité, si bien que la connaissance doit, sur de nombreux points, s'effacer devant le mythe et l'hypothèse.

- **Eudoxe de Cnide** (~ -406 à ~ -355).

Conformément aux idées de Platon, il imagina un ingénieux système cosmogonique pour rendre compte des mouvements célestes observés.

- **Aristote** (~ -384 à ~ -322).

Il développa une approche d'un univers fini, rigoureusement hiérarchisé selon le rapport en tout être de la forme et de la matière, et s'offrant globalement à l'emprise d'une pensée humaine dont les modalités doivent s'adapter à chaque objet d'étude.

Aristote a profondément marqué son époque. Il est le philosophe à la foi de l'immanence et de la transcendance.

Pour lui, l'idée de création exige une intervention divine, mais comme la plupart des philosophes grecs, il préfère penser que tout ce qui fait le monde est éternel et que les catastrophes naturelles ramènent périodiquement le monde au point de départ. Pour Aristote, toute la matière de l'univers est composée des quatre éléments de base, la terre, l'air, le feu et l'eau. Ces éléments sont animés par deux forces, la gravité qui permet à l'eau et à la terre de couler, et la légèreté, tendance à s'élever propre à l'air et au feu. Comme Leucippe, il croit que la matière est continue, et qu'on peut la diviser en morceaux de plus en plus petit jusqu'à l'infini. L'œuvre d'Aristote a exercé une influence majeure, tant sur la science et la philosophie de l'islam que sur la pensée chrétienne médiévale.

- **Aristarque de Samos** (~ -310 à ~ -230).

Il émit l'hypothèse de la rotation de la Terre sur elle-même et autour du Soleil.

- **Euclide** (~ -300).

Il fit progresser la géométrie et déduisit des proportions de plus en plus complexes.

- **Archimède** (~ -287 à ~ -212).

Un des grands savants grecs, tant en mathématiques qu'en physique ou en mécanique. Il donna une première approximation de la valeur Pi (π), la constante du cercle et de la sphère. On lui doit les premiers principes d'hydrostatique et l'invention de subtiles mécaniques (leviers, moufles etc.).

- **Eratosthène** (~ -284 à ~ -192).

Par la mesure d'un arc de méridien entre Alexandrie et Assouan et par l'estimation de l'angle au centre correspondant, il évalua la circonférence de la Terre avec une étonnante précision. On lui doit aussi une méthode permettant de trouver les nombres premiers[18]

- **Hipparque** (~ IIe siècle av J.-C.)

Il (re)découvrit la précession des équinoxes et réalisa le premier catalogue d'étoiles classées d'après leur éclat apparent. Il jeta aussi les bases de la trigonométrie et proposa la première méthode scientifique de la détermination des longitudes.

En Inde, en Chine, en Mésopotamie et ailleurs, des systèmes théogoniques très anciens, associés à une connaissance intrinsèque de l'univers et de ses lois, méritent d'être cités car ils influencèrent à des degrés divers, tout le continent eurasiatique.

*

Très loin de notre civilisation occidentale, à la même époque que Pythagore et Héraclite, le Chinois Lao-tseu (ou Laozi), dont nous avons déjà relevé la parenté de pensée avec Héraclite, exprima dans sa doctrine, le taoïsme, le principe suprême et impersonnel d'ordre et d'unité du cosmos, en se basant également sur une métaphysique numérale. Selon cette doctrine, l'adepte doit apprendre à s'unir au Tao, c'est-à-dire à la « Voie », qui est à la fois le « *principe primordial de l'univers et l'agent de ses transformations infinies* ». Le taoïsme professe notamment des enseignements sur les énergies, la méditation et la « *longue Vie* ». Cette doctrine est profondément métaphysique, le Tao étant l'expression de ce que nous appelons « *Dieu de qui tout émane* ».

Cette doctrine philosophique est toujours d'actualité et déborde vers l'Occident. Tout le taoïsme se résume en l'extraordinaire symbole du *t'aï-chi* (ou *taiji*), symbole cosmogonique représentant le principe original de l'univers par l'union dans l'Unité des deux contraires le *yin* et le *yang*. Nous aurons, au cours de cet ouvrage, plusieurs fois l'occasion de revenir sur l'importance de ce symbole.

Il a été mis en évidence comment les lointaines doctrines brahmanique, bouddhiste et taoïste, se reflètent dans la connaissance que nous avons actuellement de la physique des particules subatomiques[19]

Dans le résumé de la pensée des philosophes cités ci-dessus se distinguent toutes les questions fondamentales, à la base de toutes les réflexions

---

[18] Voir chapitre 3 de la première partie : quelques définitions
[19] Voir *le Tao de la Physique* du physicien Fritjof Capra.

cosmogoniques dont les répercussions philosophiques et scientifiques nous préoccupent encore.

*

Depuis les mesures faites par Eratosthène au IIIe siècle avant notre ère, la preuve était faite que la Terre était sphérique et qu'elle flottait dans l'espace ; on en connaissait sa dimension. Ce qui était valable pour la Terre devait l'être également pour les autres corps célestes.

Au deuxième siècle de notre ère, Claude Ptolémée ($\sim 100 - \sim 170$), s'appuyant sur des siècles d'observation et surtout sur le philosophe Aristote (qui avant Eratosthène, avait déjà admis que la Terre était sphérique comme la Lune), énonça que notre planète occupait une position centrale et qu'elle était entourée de huit sphères lumineuses : le Soleil, la Lune et les cinq planètes connues à cette époque, Mercure, Vénus, Mars, Jupiter et Saturne. Autour de ce système en mouvement, une huitième sphère portait les étoiles qui semblaient fixes dans l'espace. Il semble que le phénomène de la précession des équinoxes était méconnu de Ptolémée.

C'est tout ce que l'on savait à l'époque sur l'univers, dont la Terre était le centre. Beaucoup de questions sans réponses devaient se poser aux observateurs. Pourquoi, par exemple, la Lune semble parfois petite et lointaine et parfois beaucoup plus grande, donc plus proche ? Comment expliquer les éclipses de Soleil et de Lune, et tant d'autres phénomènes étranges et inquiétants ? Cette vision simpliste de l'univers avait l'avantage d'être en conformité avec l'Eglise chrétienne naissante qui pouvait ainsi situer le Ciel et l'Enfer en des lieux précis.

Pappus d'Alexandrie, autre grand mathématicien grec du IVe siècle, est devenu une des sources les plus riches pour la connaissance des mathématiques de son époque.

A la fin du IVe siècle, Théon d'Alexandrie, savant grec et sa fille Hypatie qui fut la première femme mathématicienne et philosophe grecque, diffusèrent les œuvres majeures des mathématiques et de l'astronomie grecque.

Aryabhata, au VIe siècle, fut le premier mathématicien indien à faire référence dans son œuvre de la notation décimale de position, utilisant le *zéro-origine*, progrès essentiel pour le développement futur des mathématiques. Ce savant était un partisan de la théorie encore controversée à son époque, de la rotation de la Terre sur elle-même.

Citons aussi Anthémios de Tralles qui au VIe siècle, propagea les mathématiques et établit les plans de l'église Sainte-Sophie de Constantinople.

Brahmagupta, mathématicien indien, qui fut au VIIe siècle le premier à utiliser les nombres négatifs (rendu possible par l'invention du *zéro*, origine des chiffres) et à énoncer les quatre opérations fondamentales de l'arithmétique.

*

Après Ptolémée, il fallut des siècles et des siècles d'observations et de réflexions pour admettre que l'univers était un mécanisme complexe, que tout ce que l'on voyait était en mouvement dans un espace gigantesque. Surtout, il fallut bien admettre que la Terre n'était pas, et de loin, le centre de l'univers autour de laquelle tout tournait. Cela contredisait beaucoup de dogmes religieux et posait beaucoup de nouvelles questions. Il fallut plus de temps encore pour comprendre que notre astre du jour n'était qu'une masse en fusion comme des milliards d'autres dans l'espace intersidéral.

Pendant des siècles et des siècles, les savants et astronomes de Grèce, de Perse, d'Arabie, de Chine, des Indes, du monde celtique, d'Amérique du Sud et d'ailleurs, interrogèrent le ciel sans en percer le sens. On construisit partout des postes d'observations, permettant de mesurer le temps en fixant la position temporelle des solstices terrestres, nécessaire à la définition des fêtes religieuses gouvernées par le cosmos.

Dès le VIIIe siècle, les sciences sont entre les mains des savants arabes, Mohammad ibn Musa al Khowarizmi, al Kindi, al Battami, al Farabi, développèrent les mathématiques, l'algèbre et la géométrie et donnèrent un prodigieux essor à la connaissance scientifique. Ils furent suivis par Ibn al-Haytham dit Alhazen, Ibn Sinâ dit Avicenne, Omar Khayyam, Ibn Bâdjdja dit Avempace, Abu al-Walid ibn Ruchd dit Averroès, puis Ibn Arabi, tous savants et philosophes.

L'Occident chrétien resta très à l'écart de cette connaissance. C'est grâce à la présence arabe sur le sol espagnol entre 711 et 1492, que les sciences et les mathématiques pénétrèrent au Xe siècle en Occident, par l'entremise du Pape Sylvestre II (Gerbert d'Aurillac ~ 938 – 1003). L'Italie s'ouvre aussi au monde des sciences par Leonardo Fibonacci (~1175 - ~1240) qui diffuse la science mathématique des Arabes et des Grecs et élabore sa célèbre série de chiffres, conduisant au Nombre d'or.

Les XVe et XVIe siècles sont surtout marqués par l'invention de l'imprimerie par Gutenberg vers 1440, et la découverte des terres lointaines et des nouveaux continents

En pleine Renaissance, le moine Luca Pacioli (1445 - ~1510), redécouvre le Nombre d'or dont il parle avec enthousiasme dans son livre « *La divina proportione* » et, à l'instar de Fibonacci, il met au point une série de chiffres y conduisant; de plus, il rédige une véritable somme des connaissances mathématiques de son époque, reprend l'ensemble des acquis arabes et invente une méthode de multiplication encore utilisée de nos jours. Son ami Leonard de Vinci (1452-1519) acquerra la réputation de génie universel.

Au XVIe siècle

C'est avec Copernic (1473-1543) que l'on comprit que Ptolémée se trompait; c'étaient la Terre et les autres planètes qui tournaient autour du Soleil, et non l'inverse. Cette observation déniant à la Terre son rôle privilégié dans l'univers entraîna désapprobation et critiques de la part de l'Eglise catholique en particulier. Par peur d'être accusé d'hérésie et de subir la mort par le bûcher, la peine réservée aux hérétiques, Copernic publia sa théorie sous le couvert de l'anonymat.

Il fallut attendre presque un siècle, pour qu'en 1609, grâce à l'astronome allemand Kepler (1571-1630), se basant sur les observations de l'astronome danois Tycho Brahe (1546-1601) et surtout de Galilée (1564-1642) le grand savant italien qui fut le premier à utiliser une lunette en astronomie

On admit finalement cette réalité - nous n'étions pas le centre de l'univers. Les lois du mouvement des planètes (les célèbres lois de Kepler) furent établies, mais pas mieux accueillies par l'Eglise catholique. Galilée, fut même contraint, en 1633, à se rétracter devant le Tribunal de la « Sainte » Inquisition. On prétend qu'il quitta ce tribunal en murmurant « *Eppur, si muove* » (Et pourtant, elle tourne). Il fut finalement réhabilité en 1992, par la même Eglise.

Copernic, Kepler et Galilée avaient des « supporters ». Au cours du XVIe siècle, l'Italien Giordano Bruno, dominicain et philosophe, défendit courageusement la thèse copernicienne.

Dans son œuvre, il aboutit à un humanisme panthéiste. Dans un de ses ouvrages, il affirmait que la Terre n'était pas le seul astre habité et que l'univers comportait d'autres planètes habitées par d'autres êtres humains.

Toutes ces affirmations étaient autant d'hérésies aux yeux de l'Eglise catholique, car si l'univers comportait d'autres planètes habitées, il devait y avoir autant de Christs venus pour sauver les habitants de ces planètes, car pourquoi auraient-ils, eux, échappé au péché originel ?

Pour toutes ces bonnes raisons, Giordano Bruno fut brûlé vif en février 1600, sur ordre de la « Sainte » Inquisition.

Au XVIIe siècle

Puisqu'il était prouvé que la Terre n'était pas au centre de l'univers, on pouvait désormais observer scientifiquement l'environnement stellaire et en discourir sans encourir le châtiment suprême. Parallèlement à la découverte du cosmos par des télescopes toujours plus performants, le monde de l'infiniment petit s'ouvrait aussi.

Bien que Leucippe puis Aristote aient déjà imaginé l'atome comme étant la plus petite partie possible d'un corps simple, il fallut attendre le XVIIIe siècle pour approcher le monde des molécules et des atomes.

René Descartes (1596-1650) joua un rôle très important dans de développement de la physique et de la pensée occidentale. Il formula le célèbre adage *cogito ergo sum*, « je pense donc je suis » – (sous-entendu *si je suis, Dieu Est*) qui permit de tendre vers une identification de la conscience qui se développa en un dualisme de la vision mécaniste du monde qui s'avéra à la fois bénéfique et nuisible. La pensée occidentale méthodique et rationnelle devint « cartésienne », influençant toutes les sciences humaines. Objectif : expliquer – mais on ne peut pas tout expliquer, l'irrationnel existe.

Leibniz (1646-1716) emboîta le pas à Descartes et développa une pensée logique et mathématique, il inventa le calcul différentiel et intégral, et sa métaphysique, basée sur la raison, fit de Dieu un mathématicien. Dès lors, un clivage de pensées s'installa entre l'Occident et l'Orient resté fidèle à ses antiques valeurs spirituelles.

Au temps de Blaise Pascal (1623-1662), l'infiniment grand se limitait au système solaire avec la Voie Lactée et à quelques centaines d'étoiles fixes que leur éclat ou leur proximité relative rendaient accessibles à nos sens. L'infiniment petit, lui, s'arrêtait à un acarien microscopique appelé ciron, qui suscita en son temps, parmi les philosophes, le même engouement que suscitent aujourd'hui les spirales de l'ADN.

Le ciron symbolisait les limites extrêmes de la vie, au-delà desquelles elle ne pouvait trouver place pour se manifester. Mais on s'aperçut très vite, grâce au microscope qui commençait à se développer, que le ciron n'était pas le seul animalcule minuscule à peupler la Terre ; une foule d'autres lui tenait compagnie en ce monde inaccessible à l'œil humain. D'ailleurs, le ciron était fatalement composé d'organes plus petits que lui : des jambes, des jointures, des veines, des humeurs, comme tous les organismes vivants[20].

---

[20] *Op. Cit.*, pages 157-158

Bientôt, on découvrit les spermatozoïdes, les globules du sang et bien d'autres choses qui étaient invisibles à l'œil nu. Les découvertes amenant les découvertes, un monde nouveau s'ouvrait aux chercheurs.

Isaac Newton (1642-1727) construisit le premier télescope utilisable. En 1675, il fut le premier à analyser et à imaginer une théorie corpusculaire de la lumière et il définit les principes fondamentaux de la mécanique, la théorie de l'attraction universelle et des lois qui en découlent. Newton avait compris que, selon sa théorie de la gravitation, les étoiles devaient s'attirer entre elles. Apparemment, elles ne pouvaient fondamentalement pas rester au repos et devaient tomber toutes en un même point. Mais cela ne pourrait arriver si les étoiles étaient en nombre infini et distribuées plus ou moins uniformément dans un espace infini, car alors il n'existerait aucun point central vers lequel elles pourraient tomber[21].

A cette époque se posait avec acuité la notion de l'infini de l'espace sidéral, qui ouvre sur une réflexion métaphysique, en ce sens que, dans un système de dimension infinie, le centre est partout et nulle part en même temps.

Personne, à cette époque, n'avait encore imaginé que l'univers pourrait avoir eu un point de départ et être en expansion, et qu'un jour, soumis aux lois inexorables de l'entropie, arrivé à un point d'équilibre, vraisemblablement, il se contracterait pour tendre vers une fin, suivie d'un nouveau départ. L'univers du XVIIe siècle restait éternel et identique à lui-même.

Au XVIIIe siècle

Leonhard Euler (1701-1783), marque de son génie la science mathématique de ce siècle. Désormais les choses s'enchaînent rapidement et d'autres savants développent et analysent l'environnement terrestre et stellaire, ouvrant le siècle dit des « Lumières », tant est féconde la prolifération des découvertes en tous genres.

A cette époque, on mesure la Terre avec précision, on invente toutes sortes de machines et d'instruments de mesure. On ouvre de nouvelles disciplines scientifiques qui ont pour noms : chimie, physique, électrostatique, magnétisme, géodésie, stratigraphie des roches, biologie, botanique, psychologie, hydraulique, hydrodynamisme, etc. On développe les mathématiques dites supérieures et une philosophie basée sur la raison, appelée le cartésianisme. On découvre et on observe de nombreuses comètes, on répertorie plus de cent nébuleuses

---

[21] Stephen Hawking (SH), *Une brève histoire du temps*, Flammarion, p 22.

intergalactiques, on découvre la planète Uranus ainsi que deux de ses satellites. Quelques années plus tard on observe deux des satellites de Jupiter et on découvre le premier astéroïde. Tout cela avec des moyens qui, aujourd'hui, semblent dérisoires.

Au XIXᵉ siècle

Au XIXᵉ siècle, les techniques continuent à se développer à un rythme toujours plus rapide. Le système métrique unifie les moyens de mesures, remplaçant les multiples systèmes jusqu'alors utilisés. C'est le temps des grandes découvertes liées aux phénomènes électromagnétiques qui déboucheront sur tous les moyens modernes de télécommunication et aussi des moteurs à combustion interne, qui permettront bientôt les déplacements mécanisés.

On invente les premiers ballons à air chaud, puis les premiers avions : l'homme a trouvé le moyen d'être plus léger que l'air. On réalise d'énormes travaux tels le percement du canal de Suez puis celui de Panama, qui sera terminé au XXᵉ siècle. C'est aussi le temps des grands développements de la médecine et de la bactériologie, on invente les vaccins, on connaît de mieux en mieux l'anatomie.

Charles Darwin (1809-1882) pose les bases de la doctrine évolutionniste, qui fit scandale dans certains milieux, engendrant autant de détracteurs que la théorie de Galilée à son époque. Sa thèse, bien que controversée sous certains aspects, a été un moteur formidable pour comprendre le mécanisme de mutation et de sélection qui amena la diversification des espèces.

Sa théorie a permis à la paléontologie de se développer en recherchant les traces fossiles éparpillées pour écrire l'histoire de la vie sur la Terre.

Mendel (1822-1884) énonce les lois de la transmission des caractères héréditaires, ouvrant ainsi la porte à ce qui deviendra plus tard la génétique.

Laplace (1749-1827) suggère un ensemble de lois scientifiques pour tenter d'expliquer la formation des nébuleuses en rotation dont seraient issues des systèmes solaires identiques au nôtre. Une première mesure précise d'une distance stellaire faite par l'astronome allemand Bessel donne un grand essor à l'astrométrie. L'astronome allemand Galle découvre la planète Neptune dont le Verrier avait pressenti l'existence et la position par le calcul.

En physique des particules, on découvre de nouveaux éléments, certains provoquant un phénomène appelé radioactivité, mis en évidence par Marie et Pierre Curie ; on invente l'électrolyse ; on donne les bases de la théorie atomiste ; on imagine la combinaison des atomes en molécules; on définit les concepts de la sémantique moderne. La première mesure directe de la vitesse de la lumière est effectuée en 1849 par Fizeau ; les phénomènes lumineux sont de mieux en mieux expliqués.

Maxwell unifie les théories de l'électricité et du magnétisme et propose une théorie de la lumière qui fut confirmée par la suite par Michelson et Edward Morley. Pour ces deux physiciens, la lumière devait se propager dans l'espace sur une substance appelée « éther », présente dans tout l'univers.

En 1905, Albert Einstein fait remarquer que toute idée d'éther est inutile pourvu qu'on veuille bien abandonner l'idée de temps absolu.

Une remarque du même type est faite quelques semaines plus tard par le mathématicien français Henri Poincaré[22]

Grâce aux travaux de Maxwell, l'étude des phénomènes ondulatoires progresse considérablement. A la fin du XIXe siècle Joseph Thomson (prix Nobel 1906) a mis en évidence le fait que les électrons possèdent une masse et une charge électrique, mais on ne connaît pas encore le noyau des atomes.

Au XXe siècle

Nous n'accordons que peu de pensées aux phénomènes qui gèrent la nature : ceux qui engendrent la lumière du Soleil, rendant ainsi la vie possible.

Par exemple à la gravité qui nous colle à une Terre qui, autrement, nous enverrait tournoyer dans l'espace ; aux atomes dont nous sommes faits et dont la stabilité « relative » assure notre existence. D'où vient le Cosmos ? A-t-il toujours été là ? Le temps fera-t-il un jour machine arrière ? Les effets précèderont-ils les causes ?

La connaissance humaine a-t-elle des limites ? Comment se fait-il, s'il y avait un chaos au début, qu'il y ait apparemment de l'ordre aujourd'hui ? Pourquoi un Univers aussi gigantesque ?[23]

Le XXe siècle a essayé de répondre à toutes ces questions en développant une foule de nouvelles techniques, d'objets et de machines, pour essayer de satisfaire les exigences basiques d'une société humaine à l'expansion démographique galopante et pour répondre aux besoins (très relatifs) de plus en plus grands de communications et de déplacements rapides sur toute la planète. En envoyant des hommes sur la Lune, et une multitude de satellites d'observation autour de la Terre et dans le système solaire,

---

[22] *Op.Cit.*, pages 41.13, et 87-88.
[23] *Op.Cit.*, pages 41.13, et 87-88.

l'espace s'ouvre à l'humanité. La découverte des microbes et des bactéries a permis aux biologistes de mettre au point les moyens de lutte contre les agents pathogènes.

La grande découverte du support de l'hérédité, l'ADN, a aussi été à l'origine du développement de la recherche des origines de la vie et a surtout permis à l'homme d'influencer celle-ci par les manipulations génétiques, aux conséquences encore inconnues.

Ce siècle a aussi été marqué par des découvertes essentielles, développées en théories, pour connaître l'univers de l'infiniment grand et celui de l'infiniment petit. Albert Einstein développe la théorie de la relativité qui explique l'univers de l'infiniment grand, suivi par d'autres physiciens qui développent la mécanique quantique expliquant l'univers de l'infiniment petit. Le temps devient relatif, les particules dites élémentaires composant les atomes sortent du monde de la substance chimique pour rejoindre celui de l'énergie et des interactions subatomiques. Le monde subatomique, échappant à la matière conventionnelle, est dit quantique.

On est en mesure désormais de calculer la vitesse de déplacement des étoiles. On imagine les « *trous noirs* » avant de les repérer dans l'espace et on mesure les distances stellaires: on instaure l' « *année-lumière* » comme élément de mesure des fantastiques distances que l'on observe. Par des télescopes toujours plus performants, sur toute la gamme des fréquences, on regarde très loin dans l'espace, dans les amas galactiques, dans les nuages de particules. On fait parler le passé de l'univers, puisqu'on observe des phénomènes qui ont eu lieu il y a des centaines de millions, voire des milliards d'années.

Un univers en expansion a forcément un point de départ, dans lequel il est réduit à un rien, à un point nul de temps zéro, qui explose en un formidable *big-bang* donnant naissance à un *bébé univers*
Celui-ci grandira et se refroidira rapidement pour prendre des dimensions gigantesques, en un nombre impressionnant de milliards d'années.

Pour récompenser les chercheurs et les nouvelles découvertes, le chimiste Alfred Nobel, inventeur de la dynamite, fonde par testament le prix qui porte son nom. Désormais les grandes découvertes scientifiques seront attachées à ce célèbre prix.

Mécanique ondulatoire

Les progrès dans la connaissance du fonctionnement de la nature atomique des particules se développèrent tout au long du siècle depuis la découverte des particules élémentaires du noyau des atomes (protons et neutrons), puis, en 1925, fut énoncée la théorie du « *spin* » de l'électron. Le *spin* indique que toutes les particules sont soumises à un moment cinétique – elles tournent sur elles-mêmes.

Les électrons décrivent des trajectoires circulaires extrêmement rapides autour du noyau et bien que leurs masses soient beaucoup plus petites que celle des nucléons. ils définissent le volume de l'atome et sa valence, qui déterminent les liaisons chimiques lors de la combinaison des atomes en molécules.

Au XIXe siècle, Anders Angström (1814-1874) avait mis en évidence la nature ondulatoire de la lumière, à laquelle furent assimilés les rayons X, les ondes électromagnétiques et, plus tard, d'autres rayons de fréquences encore plus petites.

Gilbert Newton Lewis inventa en 1926, le terme *photon* pour parler des *grains de lumière* à l'étrange comportement, car pouvant être à la foi particules ou phénomènes ondulatoires. On sait aujourd'hui que le photon est dépourvu de masse. Comment imaginer une particule sans masse ?

Cette découverte entraîna celles de Louis de Broglie (prix Nobel 1929) et de Clinton Joseph Davisson (PN 1937) qui développèrent, vers 1927, la mécanique ondulatoire, à l'origine de la mécanique quantique, dont les premières bases avaient déjà été posées par Max Planck en 1900.

Max Planck (PN 1918) étudia les conditions d'équilibre thermique du rayonnement électromagnétique (rayonnement du *corps noir*), problème insoluble dans le cadre de la mécanique statistique classique. Il émit l'hypothèse selon laquelle les échanges d'énergie s'effectuent de façon discontinue, par *grains d'énergie*. Cette hypothèse, présentée en 1900, est la première base de la théorie quantique[24].

Planck avait suggéré en 1900 que la lumière, les rayons X et les autres ondes ne pourraient pas être émises à un taux arbitraire, mais seulement en paquets, qu'il appela *quanta*.

De plus, chaque *quantum* (singulier de « quanta ») disposait d'une certaine quantité d'énergie qui croissait en fonction de la hauteur de fréquence des ondes ; ainsi à une fréquence relativement haute, l'émission d'un seul *quantum* aurait nécessité plus d'énergie qu'il n'y en aurait eue de disponible[25].

---

[24] La constante « h » dite de Planck, a pour valeur $5{,}626 \times 10^{-34}$ joule seconde
[25] SH, Op cit., page 77.

Ce résumé succinct de la mécanique ondulatoire menant à la mécanique quantique met en évidence la difficulté d'en parler en langage clair.

Théories de la Relativité

Aristote et Newton croyaient tous deux en un temps absolu. C'est-à-dire qu'ils pensaient que l'on pouvait mesurer sans ambiguïté l'intervalle de temps séparant deux événements et que cet intervalle serait le même, quelle que soit la personne qui le mesure. Le temps était encore complètement séparé de l'espace.

Ces fonctions restent valables de nos jours pour mesurer des mouvements lents, mais ne s'appliquent plus du tout dans le cas d'objets se déplaçant à une vitesse proche de celle de la lumière.

En 1905, Albert Einstein (PN 1921) développa sa première théorie dite de la *relativité restreinte*, qui dit que la lumière se déplace toujours à une vitesse constante, absolue, indépendante du mouvement de l'observateur.

Cette théorie unifiait l'espace et le temps en un espace-temps plat, à quatre dimensions, mais ne décrivait pas les effets de la gravitation[26].

En 1916, *Einstein* propose sa deuxième théorie, dite de la *relativité générale*, qui énonce que la gravitation résulte de distorsions dans la géométrie de l'espace-temps et qui établit que les champs gravitationnels modifient les mesures de temps et de distance[27] Le fait que l'espace soit courbe signifie que la lumière ne peut plus apparaître dorénavant comme voyageant en ligne droite dans l'espace[28]. Ainsi, la relativité générale prédit que la lumière doit être déviée par les champs gravitationnels des corps massifs, ce qui fut vérifié peu après.

La théorie de la Relativité mit un terme à l'idée de temps absolu. Désormais, le temps et l'espace se combinent dans la notion d'*espace-temps*, où le temps constitue la quatrième dimension des phénomènes[29].

Ces deux théories ont marqué la science moderne. Einstein révise profondément les notions physiques d'espace et de temps et établit l'équivalence de la masse (m) et de l'énergie (E) en fonction de la vitesse de la lumière (c) par la célèbre formule ($E = m*c^2$). La masse (m) d'une particule, selon cette formule, n'est que le rapport entre l'énergie (E) et la vitesse de la lumière au carré (c^2).

---

[26] SH, *Trous noirs et bébés univers*, Ed Poche, O. Jakob, p 200
[27] SH, *Trous noirs et bébés univers*, Ed Poche, O. Jakob, p 200
[28] SH, Op. cit., p. 51
[29] AJ/JL, Op.cit. page 44

Avant Einstein, la masse d'un corps était associée à une substance matérielle indestructible. On sait aujourd'hui que la masse d'une particule n'a rien à voir avec une substance chimique quelconque, mais qu'elle est une forme d'énergie, mot qui correspond à une activité dynamique, un modèle, un processus qui se comporte paradoxalement comme une masse.

Einstein, en plus de ses compétences scientifiques, était aussi un philosophe. On lui doit les pensées suivantes, entre autres, qui montrent sa réflexion philosophique[30] :

- « *Les équations sont plus importantes pour moi parce que la politique représente le réel, alors qu'une équation est quelque chose d'éternel.* »
- « *La beauté d'une formule mathématique est un critère de vérité. Dieu, parfois, est peut-être compliqué, mais il ne peut pas être pervers. Il n'a pas pu créer un univers que seules des équations inesthétiques pourraient décrire et expliquer.* »
- « *Dieu ne joue pas aux dés avec l'univers* » : Einstein n'a jamais admis que l'univers soit gouverné par le hasard.
- « *Pour autant que les lois mathématiques renvoient à la réalité, elles sont incertaines, et pour autant qu'elles sont sûres, elles ne font plus référence à la réalité* ».
- « *Ce qui est incompréhensible, c'est que le monde soit compréhensible* ».

Cette compréhensibilité montre que notre esprit est construit de telle façon qu'il parvient à pénétrer au cœur caché de l'univers[31].

Lorsqu'en 1915-1916, Einstein formule la théorie de la relativité générale, il constate qu'appliquées à l'ensemble de l'univers, ses équations n'ont pas de solution stable. Admettant, comme on l'a cru depuis toujours, que l'univers est stable, il en conclut que ses équations ne sont pas correctes. Il leur ajoute un terme supplémentaire, la *constante cosmologique*, de telle façon qu'une solution stable devienne possible.

Quelques années plus tard, les astronomes constatent que l'univers n'est effectivement pas stable ; il est en expansion, donc la constante cosmologique est de trop. Mais un univers en expansion induit un point de départ, une origine.

Georges Lemaître, astrophysicien, fut l'auteur en 1927 d'un modèle relativiste d'univers en expansion.

---

[30] AJ/JL, Op.cit. page 67
[31] AJ/JL, Op.cit. page 19

Il formula ensuite la première théorie cosmologique selon laquelle l'univers, primitivement très dense, serait entré en expansion à la suite d'une explosion (1931). Cette idée fut reprise et développée en 1948 par Anthony Gamow. Ce sera la théorie du *big-bang*, le moment à l'origine de l'espace-temps et où l'univers était de masse zéro. Le *big-bang* est une singularité de l'univers qu'on s'expliquera plus tard par la mécanique quantique. On continue pourtant à s'interroger sur cet étrange point de départ où les lois de la physique ne fonctionnent plus.

En 1965, Roger Penrose développa la théorie des *trous noirs* imaginés avant lui par d'autres physiciens. Ces mystérieux *trous noirs* correspondent à la mort d'une étoile qui s'effondre sur elle-même en sorte que, dans cette région de l'espace-temps, rien ne peut plus s'échapper parce que la gravitation y est trop forte. Comme même la lumière se propage trop lentement pour s'en échapper, cette région n'émet aucun rayonnement et paraît noire. Cependant, le « principe d'incertitude » de la mécanique quantique permet à des particules et à des rayonnements de filtrer du *trou noir*[32]. Un *trou noir* est une singularité de l'univers qui s'explique aussi par la mécanique quantique et qui, comme le *big-bang*, échappe aux lois de la physique.

En 1970, Roger Penrose et Stephen Hawking, apportèrent la preuve scientifique que l'univers avait bien débuté par un *big-bang*.

Cet axiome eut pour conséquence un remodelage de la théorie de la Relativité générale d'Einstein vers des recherches sur la compréhension de l'univers, de la théorie de l'infiniment grand vers la théorie de l'infiniment petit, combinées en une théorie quantique de la gravitation, objet des *recherches actuelles*.

La mécanique quantique

Une autre théorie allait remettre beaucoup de choses en questions : il s'agit de la *mécanique quantique*, qui, elle, s'intéresse à des phénomènes à échelle extrêmement réduite (dimension de la structure interne de l'atome).

Contrairement à la mécanique classique, la mécanique quantique est un système de théories où les particules n'ont pas de position ni de vitesse définies avec exactitude, mais où elles se comportent sous de nombreux aspects comme des

---

[32] SH. Op.cit., page 201

ondes. De même, les ondes telles que la lumière se comportent aussi, sous de nombreux aspects, comme des particules[33].

La théorie quantique, entraîne le désormais célèbre *principe d'incertitude*, formulé en 1927 par Werner Heisenberg. Ce principe énonce qu'on ne peut jamais être complètement sûr à la fois de la position et de la vitesse d'une particule ; plus on connaît l'une avec précision, moins on peut connaître l'autre avec précision[34]

Les théories de la Relativité et de la mécanique quantique sont, malheureusement, réputées incompatibles, car elles ne peuvent pas être justes en même temps. La physique actuelle recherche une théorie unifiée expliquant tous les phénomènes régissant l'univers. La théorie dite *des cordes* est peut-être la voie à suivre pour y parvenir ou celle des *fractales* peut-être ?

Ce qui précède démontre que les principes d'incertitude de la physique moderne sont en totale opposition avec l'image rassurante d'un univers à la fois différencié, subtil, mais rigoureusement clos.

De nombreux physiciens ont travaillé sur ces théories. Citons : Otto Hahn (PN 1944) qui mit en évidence la fission de l'uranium; Sir Arthur Stanley Eddington qui découvrit en 1924 l'existence d'une relation entre la masse et la luminosité des étoiles ; Max Born (PN 1954) qui proposa l'interprétation probabiliste de la mécanique quantique; Victor Hess (PN 1936), qui en 1912, fit la découverte des rayons cosmiques ; Niels Bohr (PN 1922) qui élabora une théorie de la structure de l'atome intégrant le modèle planétaire de Rutherford et le quantum d'action de Planck et proposa une interprétation de la mécanique quantique, à laquelle s'opposait Einstein à peu près à la même époque.

Quelques années plus tard, Erwin Schrödinger (PN 1933) donna une formalisation nouvelle de la théorie quantique, introduisant en particulier l'équation fondamentale qui porte son nom, et qui est à la base de tous les calculs de la spectroscopie.

Louis de Broglie (PN 1929) travailla sur la mécanique ondulatoire; Wolfgang Pauli (PN 1945) fut également l'un des créateurs de la théorie quantique des champs, et énonça en 1925 le *principe d'exclusion,* selon lequel deux électrons d'un atome ne peuvent avoir les mêmes nombres quantiques ; Enrico Fermi (PN 1938), énonça en 1927, conjointement à Paul Dirac, une théorie permettant d'expliquer le comportement des électrons et des nucléons (*statistique de Fermi-Dirac*). Fermi construisit en 1942, à Chicago, la première pile atomique à uranium, joua un rôle majeur dans la mise au point des armes nucléaires et fut l'un des initiateurs de la

---

[33] SH, Op.cit., pages 198, et 199
[34] SH, Op.cit., pages 199 et 51

physique des particules ; Werner Heisenberg (PN 1932) formula en 1937 le principe d'incertitude lié à la mécanique quantique ; Paul Dirac (PN 1933) est également l'un des fondateurs de la théorie quantique relativiste. Il proposa une théorie combinant la mécanique quantique et la Relativité restreinte[35]. Julius Robert Oppenheimer, auteur de travaux sur la théorie quantique de l'atome, fut nommé, en 1943, directeur du centre de recherches de Los Alamos, où furent mises au point les premières bombes atomiques ; Andrei Sakharov (PN de la paix en 1975), apporta une contribution importante en physique des particules et joua un grand rôle dans la mise au point de la bombe H soviétique ; Aage Bohr (PN 1975), fils de Niels Bohr, contribua à élaborer la théorie de la structure en couches du noyau atomique et de la répartition des nucléons, dite *modèle unifié*.

Le monde des particules

Au cours du XXe siècle, tous les éléments chimiques constituant le monde dans lequel on vit, ont été identifiés. Tous ces éléments sont classés selon leur masse atomique[36]. En modifiant légèrement la structure de certains atomes lourds, on put fabriquer des isotopes artificiels, c'est-à-dire des éléments chimiques qui n'existent pas à l'état naturel.

En chimie, une multitude de nouvelles molécules sont élaborées, ouvrant la porte à l'industrie chimique, capable de synthétiser de nouveaux produits.

En 1911, le physicien britannique Ernest Rutherford (PN 1908) montre que les atomes de la matière ont bien une structure interne ; ils sont faits d'un noyau extrêmement petit, chargé positivement, autour duquel tournent un certain nombre d'électrons.

D'abord, on estima que le noyau était fait d'électrons et d'un certain nombre, variable, de particules chargées positivement appelées *protons*, parce qu'on pensait que c'était l'élément fondamental constituant la matière. Cependant, en 1932, un collègue de Rutherford à Cambridge, James Chadwick, au cours d'expériences de désintégration nucléaire, reconnaît la nature du *neutron* qui possède à peu près la même masse que le proton, mais sans charge électrique[37].

---

[35] SH, Op.cit., page 51
[36] La table de la classification périodique des éléments a été proposée en 1869 par le chimiste russe Mendeleïev. Elle compte actuellement 116 éléments, y compris les isotopes.
[37] SH, Op. cit., pages 41, 13 et 87-88

Bientôt, au moyen des puissants accélérateurs de particules comme ceux du CERN, construits en 1952-1954 sur la frontière franco-suisse à Genève, on arrivera à briser le noyau des atomes pour en identifier la structure.

Jusque vers 1980, les protons et les neutrons sont considérés comme des particules élémentaires, mais lors d'essais de collision entre protons et électrons à grande vitesse, on s'est rendu compte que ces particules étaient elles-mêmes composées de particules plus petites, qui seront appelées *quark* par le physicien Murray Gell-Mann (PN 1969)[38]. Ce monde étrange n'a, et de loin, pas encore livré tous ses secrets.

N'ayant pas la prétention de donner un cours sur la physique des particules, hors de mes compétences, je laisse le lecteur intéressé se référer à l'abondante littérature spécialisée. Le livre du physicien Fritjof Capra[39] apporte un éclairage particulièrement intéressant sur ce monde mystérieux situé entre la physique et la métaphysique.

Les quarks

Les *quarks*[40] sont, d'après les connaissances actuelles, les briques fondamentales de la matière constituant les protons et les neutrons.

Rien n'empêche de penser que celles-ci soient un jour considérées faites de particules encore plus petites telles les *bosons*.

Henry Way Kendall, physicien américain (PN 1990), participa aux recherches qui aboutirent à la découverte expérimentale des *quarks*. Ces recherches permirent à Murray Gell-Mann (PN 1969), Richard Taylor (PN 1990), Jérôme Isaac Friedman (PN 1990), Burton Richter (PN 1976) et à Samuel Chao Chung Ting (PN 1976), tous physiciens, de confirmer l'existence des *quarks* dont le dernier ne fut découvert qu'en 1994.

Les recherches faites dans les accélérateurs de particules toujours plus puissants permirent la combinaison d'autres particules, instables et d'une durée de vie extrêmement petite (à notre échelle).

Elles sont classées par familles: des plus légers, les *leptons*, aux plus lourds, les *hadrons*.

---

[38] SH, Op. cit., pages 41, 13 et 87-88
[39] Le Tao de la Physique : Op cit.
[40] SH, Op. cit., pages 88-89

Les nucléons (protons et neutrons) sont composés de six types de *quarks* nommés d'après leur « saveur » : *up (u), down (d), strange (s), charme (c), beauté (b) et top (t)*. Ces quarks se groupent en doublets de *saveurs*. Chaque *saveur* peut avoir elle-même trois *couleurs, rouge, verte et bleue*. Insistons sur le fait que ces termes ne sont que des étiquettes : les *quarks* sont beaucoup plus petits que la longueur d'onde de la lumière visible et ne possèdent évidemment aucune couleur ni saveur au sens habituel du terme.

Un proton ou un neutron est fait de *trois quarks*, chacun d'une couleur. Un proton contient *deux quarks up et un quark down*, un neutron en contient *deux quarks down et un quark up*. Il est possible de créer des particules avec d'autres combinaisons de quarks, mais elles ont toutes une masse bien plus grande, sont instables et se désintègrent rapidement en protons et en neutrons[41].

La mise en évidence des *quarks* a définitivement détruit l'image de l'atome indivisible propre à Aristote. Mais est-ce que les *quarks* sont bien les briques de construction fondamentales de la matière ? Y a-t-il quelque chose d'encore plus petit ? La suite des recherches a répondu positivement à cette *question*.

C'est un monde qui ne se laisse voir que par des effets dans les chambres à bulles des accélérateurs de particules.

La découverte des *quarks*, ces constituants des noyaux des atomes, prouve une espèce de connivence fondamentale entre notre façon de raisonner et une certaine réalité que nous approchons sans jamais pouvoir l'atteindre[42].

*

Les électrons, les nucléons et les quarks qui les composent ne sont pas faits de substances chimiques, leur nature est mystérieuse. Nous avons conscience aujourd'hui que ce que nous appelons *matière* repose sur des interactions énergétiques qui s'exercent entre les différents constituants de l'atome. Autrement dit, les particules subatomiques ne sont pas de la *matière au sens commun du terme* mais des schémas énergétiques qui n'ont rien à voir avec les blocs structurels qui étaient imaginés auparavant. Ces schémas dynamiques sont en perpétuel mouvement et en continuelle transformation. Les éléments dits chimiques se manifesteront lorsque des interactions électromagnétiques auront lieu entre divers atomes se combinant en molécules. Ce n'est que lorsque la physique atomique devient chimie que le mot *matière* prend du sens.

---

[41] SH, Op. cit., pages 88-89
[42] AL/JL, Op. cit., pages 67, 101, et 93

De quoi sont nés les *quarks* ? Existent-ils d'autres microparticules dans les électrons ? Comment imaginer des particules non matérielles ?

L'échelle d'un atome

Le monde de l'infiniment petit rejoint celui de l'infiniment grand, car les rapports d'espace entre les particules constituant un atome sont comparables à ceux régissant le monde intergalactique ; mais le monde des particules est en mouvement extrêmement rapide alors que celui des étoiles est extrêmement lent.

Le vide est bien le mot-clé de l'univers. La notion de *vide* ne doit pourtant pas être confondue avec le *néant*, car le vide contient un nombre illimité de particules non matérielles qui naissent et disparaissent sans fin dans un tourbillon d'énergie. Le *vide* devient ainsi la source de toute vie et l'essence de toute forme en progressant vers toujours plus de complexité.

Un atome mesurant quelques nanomètres de diamètre, la taille des particules le constituant est presque impossible à imaginer tellement elles sont infimes. Pour fixer une échelle au vide qui sépare les électrons du noyau d'un atome, et donner une taille relative aux particules qui le composent, il faut imaginer celui-ci à la taille d'une sphère de 50 mètres de diamètre – alors le noyau de l'atome a la taille d'un grain de sel et les électrons, celles de grains de poussière.

Les électrons, beaucoup plus petits que les nucléons, tournent sur eux-mêmes et gravitent autour du noyau à des vitesses d'environ 1000 km/seconde.

Tournant à une telle vitesse ces particules infimes sont partout et nulle part en même temps, et créent un champ d'énergie qui donne sa taille à l'atome.

En effectuant des milliers de milliards de tours par seconde autour du noyau de l'atome, les électrons créent une énergie sous la forme d'ondes électromagnétiques.

C'est ainsi que se réalisent les interactions électroniques permettant à des atomes de se combiner en amas, appelés molécules.

La masse d'un proton est environ deux mille fois supérieure à celle d'un électron. Le noyau atomique est environ 100'000 fois plus petit que l'atome total. La taille d'un électron (ou des électrons) est insignifiante en comparaison de celle du noyau : c'est donc le noyau de l'atome qui contient l'essentiel de la masse et qui définit les caractéristiques physiques de celui-ci.

Les *photons* et les *neutrinos* sont dépourvus de masse ; l'*électron* est la plus légère des particules ; les *muons*, *pions* et *kaons* sont quelques centaines de fois plus lourds que l'électron ; les autres particules sont de un à trois millions de fois plus lourdes, mais très instables.

Au cœur même du noyau, les *nucléons* (protons et neutrons) ne sont pas soudés les uns aux autres mais sont eux-mêmes animés de mouvements extrêmement rapides, qui les tiennent à une distance respective d'environ trois diamètres. On peut imaginer que les trois *quarks*, encore beaucoup plus petits constituant les *nucléons*, sont soumis aux mêmes lois dynamiques et tourbillonnent aussi à des vitesses proches de la vitesse de la lumière.

Actuellement, on imagine qu'un *quark* est fait d'une *corde d'énergie* extrêmement petite virevoltant sous forme de tore ou de ruban de Möbius ou jaillissant en arc électrique entre deux pôles d'un monde parallèle.

Cette théorie dite des cordes permettra peut-être de trouver la loi permettant d'expliquer l'univers dans son ensemble.

Notre langage est bien faible pour décrire la réalité subatomique, d'un univers à double nature, fait d'interactions énergétiques, dynamique dans toutes ses dimensions et probablement lié à un monde parallèle dont nous ignorons tout.

Formation des atomes et des molécules

En 1803, le chimiste et physicien britannique John Dalton donna les premières bases scientifiques à la théorie atomiste.

Il formula l'hypothèse que les molécules étaient des combinaisons d'atomes, qui existent à l'état naturel ou qui sont synthétisées par manipulations physico-chimiques.

Nous savons aujourd'hui que les particules élémentaires, *protons* et *neutrons*, sont la combinaison de *quarks*. Un proton constitue le noyau d'un atome d'hydrogène, le plus petit et le plus commun dans l'univers ; deux protons et deux neutrons forment un noyau d'hélium ; six protons et six neutrons, soit l'équivalent de trois noyaux d'hélium, forment un noyau de carbone, etc.

Tous les atomes, du plus léger au plus lourd, sont composés ainsi, par une part toujours plus grande de neutrons et de protons. L'atome est en équilibre électrique de par les électrons qui gravitent autour du noyau ; ils sont au nombre de 1 pour l'hydrogène, 79 pour l'or et jusqu'à 92 pour l'uranium. A l'origine, l'univers n'était constitué que d'atomes d'hydrogène, puis de deutérium (hydrogène lourd), puis d'hélium. Les atomes lourds ont été générés, beaucoup plus tard, au cœur des étoiles dans des conditions de pression et de température extrêmement élevées.

Un atome de carbone, par exemple, est à l'origine de combinaisons chimiques d'une infinie diversité, alors qu'un noyau d'hélium n'a qu'un sort bien pauvre ; et pourtant, un carbone n'est que l'agglomération de trois atomes d'hélium ; cette association provoque un bon en avant dans la progression des pouvoirs. Suivant la forme de sa cristallisation, une molécule de carbone peut avoir des propriétés très différentes.

De forme cubique centrée, la molécule de carbone pur donne le diamant, le plus dur des éléments. La molécule de graphite de structure hexagonale, aussi composée de carbone pur, est par contre un matériau extrêmement tendre.

Les antiparticules – l'antimatière

L'idée d'un univers binaire ne date pas d'aujourd'hui. L'opposition de deux forces antagonistes régissant un système est une pensée métaphysique, philosophique et religieuse aussi vieille que la pensée humaine. Les plus anciennes religions dont nous avons encore connaissance, s'appuient sur des entités opposées, donc duales, comme le bien et le mal, par exemple, pour étayer leurs doctrines.

Dans le monde des particules et des antiparticules, il ne s'agit plus de différentiation comme pour le bien et le mal mais bien d'un système binaire ; le « il y a » avec son complément le « il n'y a pas » - l'absence de l'un permettant à l'autre de se manifester.

Nous savons aujourd'hui que toute particule a son antiparticule avec laquelle elle peut s'annihiler en cas de superposition. Il pourrait exister des antimondes, des anti-temps et des anti-gens, faits d'antiparticules.

Cependant si vous rencontrez votre anti-vous, ne lui serrez pas la main ! Vous disparaîtriez tous deux dans un grand éclat de lumière[43]. Mais on ne connaît ces antiparticules qu'en laboratoire, on n'en a encore jamais identifiées dans l'espace.

La symétrie entre la matière et l'antimatière suppose que pour chaque particule donnée existe une antiparticule de masse égale et de charge opposée. La physique actuelle considère que ces paires de particules et d'antiparticules peuvent être créées si une énergie suffisante est disponible et convertible en *énergie pure* dans le processus inverse de la destruction[44]

---

[43] AL/JL, Op. cit., pages 67, 101, et 93
[44] Fritjof Kapra. *Le Tao de la physique*. Op, cit. Page 79

Il est difficile de comprendre comment des antiparticules peuvent être observées, puisqu'elles ne peuvent l'être que dans un monde fait de leur contraire, les particules

En effet, les deux systèmes superposés s'annihilent l'un l'autre, par définition. Dans la littérature spécialisée, il est pourtant fait constamment allusion aux antiparticules comme si elles avaient une réalité propre.

Comment imaginer que les deux mondes de la matière et de l'antimatière peuvent être et non-être simultanément sans s'annihiler ? Puisqu'on se trouve dans un système binaire, ondulatoire, en interactions constantes, inscrit dans un espace-temps vide et courbe, il suffirait peut-être que ces deux mondes soient déphasés d'une fraction d'onde dans l'espace-temps, pour ne jamais se rencontrer. Comme on n'est pas à une singularité près quand on parle de ce monde, encore si mal connu, cette explication en vaut peut-être une autre !

L'Univers galactique

Depuis Thalès de Milet, il y a 2550 ans, le développement d'audacieuses théories conduisit à la découverte des quarks et des galaxies lointaines.

L'intelligence humaine a incontestablement progressé de façon prodigieuse dans la connaissance de l'univers de l'infiniment petit à l'infiniment grand, en repoussant les limites de l'inconnu mais sans pour autant avoir percé, et de loin, tous les mystères.

*

En 1912-14, Vesto M. Slipher fut le premier à déterminer la vitesse radiale des galaxies et leur mouvement de rotation. En 1923-24, Edwin-Powell Hubble établit l'existence de galaxies extérieures à celle qui abrite le système solaire. Puis, se fondant sur le rougissement systématique du spectre des galaxies, qu'il interpréta comme un effet Doppler-Fizeau, il formula en 1929, une loi empirique selon laquelle les galaxies s'éloignent les unes des autres à une vitesse proportionnelle à leur distance et conforta ainsi la théorie de l'expansion de l'univers.

Mais les étoiles visibles de la Terre sont peu nombreuses et une quantité d'autres rayonnent en dehors du spectre visible ; il fallut donc analyser le rayonnement intersidéral dans les autres fréquences invisibles à nos yeux, tels les rayons X, les ultraviolets, les infrarouges, les ondes courtes et longues, etc.

Des télescopes de très grande taille furent construits pour aller chercher l'information toujours plus loin dans l'espace et, suprême luxe, on en plaça un en orbite autour de la Terre (Hubble) pour échapper à l'obstacle naturel de l'atmosphère terrestre. A partir de là, notre vision de l'infiniment grand a changé, une fois de plus.

L'univers est un inépuisable réservoir d'énigmes. Son observation dans tout le spectre électromagnétique nous a révélé un ensemble d'objets nouveaux suscitant chacun autant de questions, pour l'instant sans réponses. Les revues spécialisées se font l'écho des hypothèses et des découvertes qui vont des *trous-noirs super massifs* identifiés au sein des galaxies aux *hyper novæ* et de la *matière noire* qui représente environ 80% de la masse de l'univers (mais dont on ignore la nature et dont on sait qu'elle existe à la fois par nécessité théorique et par ses effets gravitationnels observés sur la lumière) aux grands nuages d'hydrogène neutre qui flottent au sein des galaxies ainsi qu'aux halos d'hydrogène ionisé qui emplissent l'espace intergalactique et renferment dix fois plus de matière que les étoiles.

L'univers nous parle par la lumière qu'il émet sur toute la gamme des fréquences. Cette lumière riche d'enseignements véhicule des informations vieilles de plusieurs milliards d'années. Par la lumière, on lit dans le passé de l'univers.

Grâce à un usage judicieux de la spectrographie et de l'effet Doppler, la lumière, dont une des propriétés est d'avoir une vitesse finie et universelle, est devenue une machine à remonter le temps qui nous renseigne sur la composition chimique de la source qui l'a émise, sur sa température, sa distance, sa vitesse, ainsi que sur la nature et parfois même la cinématique des milieux traversés. Les objets sombres, beaucoup plus nombreux que les lumineux, peuvent être interrogés par la mesure de leurs radiations hors du spectre de la lumière visible. Toute cette information accumulée ne dépasse guère 10% de ce que représente l'univers : tout le reste nous est encore inconnu.

*

Ce qui précède donne la mesure de notre ignorance de l'univers. Ignorer la nature de 90 % des constituants de l'univers laisse en effet planer un doute quant à notre compréhension des phénomènes le concernant !

Big-bang - une explosion de lumière dans la nuit des temps

Le XXe siècle a été le siècle de la découverte d'un univers ni immuable ni éternel et qui a une histoire.

Au temps *zéro*-origine de notre histoire, il y a environ 14 milliards d'années, notre aventure commença dans une explosion de lumière provoquée par un phénomène inouï nommé *big-bang*. Ce phénomène échappe aux lois de la physique connues, si bien qu'il est très hasardeux d'en parler. Est-ce le « *Fiat lux* - que la lumière soit » de la Genèse suivi d'une séparation de deux mondes antagonistes fait de matière et d'antimatière ? Qu'y avait-il avant ?

Dès la séparation des deux mondes, l'univers est divisé en deux, d'un côté celui de l' « *être* » dont nous sommes faits, de l'autre côté celui du « *non-être* » appelé aussi « *néant* » qui devient notre antithèse.

Le système devant être par définition en équilibre, la lutte fratricide entre les deux mondes a dû laisser des survivants des deux côtés, pour que les physiciens soient aujourd'hui en mesure de parler de ce qu'ils connaissent de l'« *être* » en essayant de répondre à la question « *comment* ». La partie « *non-être* » du phénomène reste du côté de la métaphysique qui tente de réponde à la question « *pourquoi* ».

Pour échapper à l'inconnue du *big-bang* et à ce c'est passé immédiatement après, les physiciens ont dressé un mur fictif, appelé *mur de Planck,* à 10^{-43} seconde après le *big-bang*. Dans ce laps de temps extrêmement court la physique ne n'engage pas. L'univers primordial issu de la singularité appelée *big-bang* au temps [to + 10^{-43}] était fait d'un bouillon de *fractales*[45] beaucoup plus petites que les *quarks,* identifiés à ce jour, animées de mouvements désordonnés à des vitesses proches de celle de la lumière, dans une température de plusieurs milliards de degrés.

Dans un tel environnement les notions d'espace, d'énergie et de temps échappent à toutes les lois connues, et notre logique se trouve bien démunie.

Même si cela paraît invraisemblable, après le *mur de Planck*, l'univers était déjà complet, mais de taille proche de zéro. Nous n'avons encore aucune idée de la nature des *fractales* d'origine qui par interactions successives constitueront, bientôt les bosons, les quarks puis les nucléons. Comme il a été souligné précédemment, un atome est essentiellement vide. Dans les particules subatomiques, la matière, en tant que substance, n'existe pas ; le phénomène qui fait que ces particules ont une réalité physique n'est dû qu'à des interactions énergétiques extrêmement dynamiques dans l'espace-temps. La cause qui engendre cette *énergie fractale pure*, qui deviendra plus tard la matière chimique, n'a reçu à ce jour aucune explication. Le *vide,* qui

---

[45] Le mot *fractale* cache tout ce qui reste ignoré du monde des sous-particules en dessous des quarks.

n'est pas le *néant*, permet donc d'imaginer le *tout dans le rien*, dans l'espace-temps omniprésent.

Même s'il est hasardeux, voire audacieux, de s'engager dans ce monde si mal connu, on peut dire que, vraisemblablement, la naissance de l'univers est issue de la séparation de deux mondes antagonistes : la matière et l'antimatière.

Ces mondes posent une question à résonance métaphysique : y a-t-il deux espaces en interaction, l'un *réel-concret* et l'autre inversé voire *complémentaire ou virtuel* » ?

Il faut bien l'admettre, deux espaces dans un monde binaire conduisent d'un espace-temps à un anti-espace-temps, d'un monde à un antimonde, réagissant l'un sur l'autre et échappant pour l'instant à toutes explications logiques. Il est difficile de trouver un qualificatif précis pour s'exprimer à ce sujet : « *réel* » s'oppose à « *irréel* » mais une image « *réelle* » se reflète dans un miroir sous forme d'une image « *virtuelle* ». En physique quantique, une particule « *virtuelle* » est une particule fictive permettant d'expliquer l'interaction entre quanta.

Dans le contexte de cet ouvrage, le mot « *réel* » a été choisi pour exprimer un « *monde phénoménal-concret* » et le mot « *virtuel* » est compris dans le sens de complémentaire, ou potentiel c'est-à-dire « *non manifesté* ».

Ces deux mondes antagonistes s'annihilant par superposition, comment se fait-il que nous existions ?

Certains physiciens pensent que le nombre de particules était au départ supérieur au nombre d'antiparticules réalisant ainsi un bilan positif, après annihilation d'une grande partie des particules par les antiparticules. Mais cela sous-entend que le système n'était pas en équilibre à l'origine – ce qui me fait douter du bien-fondé de cette hypothèse. Existe t-il une autre explication pour justifier la présence d'un monde *réel-concret* ?

Comme je l'ai relevé précédemment, peut-on imaginer que les deux espaces binaires, faits de matière et d'antimatière en équilibre dans un système ondulatoire inscrit dans un espace-temps courbe (un contenant la matière et l'espace-temps et l'autre l'antimatière et l'anti-espace-temps), aient été, après la lutte fratricide d'annihilation, légèrement déphasés l'un par rapport à l'autre, pour empêcher leur superposition donc leur annihilation totale ? Nous nous trouvons dans l'univers de l'*être* en parallèle avec celui du *non-être*. L'un est le « *réel - l'être* » l'autre devenant son empreinte dans le « *néant –non être* », ouvrant ainsi la porte à des conceptions à caractère hautement philosophique que j'essayerai de développer dans un autre ouvrage.

Passé la phase d'annihilation qui dura une fraction infinitésimale de temps estimée à 10^{-43} seconde, (mur de Planck[46]), la suite est plus facile à comprendre.

Après le chaos initial, l'univers s'organise, la matière qui a subsisté prend de l'expansion en se refroidissant et en diminuant sa densité. Dans ce processus, on passe du simple au complexe, vers de plus en plus d'efficacité. Quelques microsecondes après le *big-bang*, les *fractales* initiales se muent en sous-particules puis en bosons, électrons, quarks se combinant eux-mêmes en protons et en neutrons. Lorsque la température de l'univers descendit à 10 milliards de degrés, soit une minute environ après le *big-bang*, les particules élémentaires, vont tenter de s'associer à leur tour pour former les atomes légers. Après quelques minutes d'existence, l'univers est suffisamment refroidi pour permettre la combinaison des noyaux d'hydrogène et d'hélium.

Pour discuter des états très primitifs de l'univers, il faut utiliser la théorie quantique de gravitation ; mais pour concilier la mécanique quantique et la gravitation, aucune théorie complète n'est encore disponible[47].

Un Univers en expansion

Aux premières minutes de l'univers, exceptionnellement mouvementées et extrêmement chaudes, succéda une longue période tranquille. Quelques centaines de milliers d'années plus tard, l'univers prenant de l'ampleur, la température s'abaissant au-dessous de 3'000 degrés, le rayonnement put enfin se propager librement.
Cent millions d'années plus tard, l'expansion de l'univers continuant sa progression, et la température continuant de baisser, la force de gravité permit à la A matière, jusqu'alors homogène, de former des structures, comme de gigantesques boules de neige, pour former les galaxies puis les amas de galaxies que nous observons dans le ciel extrêmement élevées, se constituèrent progressivement les atomes lourds

---

[46] En deçà du mur dit de Planck, les physiciens ne peuvent pas s'aventurer car toutes les lois et tous les paramètres connus sont inapplicables.
[47] SH., Op. cit., page 169.

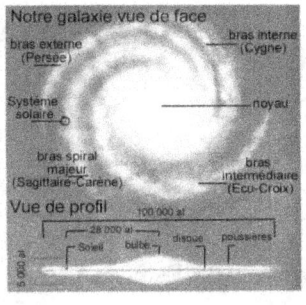

Parmi elles se trouvent notre galaxie composée de centaines de millions d'étoiles formant un ensemble d'un diamètre de cent mille (100'000) années-lumière et de cinq mille (5'000) années-lumière d'épaisseur.

Par la force de la gravité, la matière d'abord gazeuse se configura en forme de boules, appelées étoiles, à l'intérieur desquelles, sous l'effet de pressions et de températures extrêmement élevées, se constituèrent progressivement les atomes lourds.

Au cours des quatorze milliards d'années qui suivirent le *big-bang*, l'univers toujours en expansion pris la forme et la dimension qu'on lui connaît aujourd'hui, tout en ayant, malgré son gigantisme, gardé la même masse qu'à son origine.

Trou noir – big-crunch

Qui avait-il avant le big-bang ? Y-a-t-il une limite à l'expansion de l'univers ? Les *trous noirs* apportent peut-être une réponse à ces questions.

Un *trou noir* est une région de l'espace dont le champ de gravitation est si intense que rien, pas même la lumière, n'en peut sortir. Certains *trous noirs* représenteraient le stade ultime d'évolution d'étoiles de forte masse, après leur explosion en *nova, supernova et hyper nova*. Les *quasars* et les galaxies actives abriteraient en leur centre un *trou noir* dit *super massif*, dont la masse atteindrait jusqu'à 100 millions de fois celle du Soleil.

Les *trous noirs* pourraient être en quelque sorte le frein à l'expansion de l'univers, le retour vers le *big-crunch*, commençant par une concentration toujours plus forte des atomes et des particules, augmentant progressivement la densité vers des valeurs extrêmement élevées qui tendront vers l'infini à la fin du processus. Sous une telle pression, l'augmentation de la température est telle que les structures atomiques se décomposent en quarks puis en sous-particules, comme à l'origine.

Suivant cette hypothèse, à un moment donné dans l'univers, les *trous noirs* seront plus nombreux que la matière expansée, qu'ils absorberont complètement amorçant le retour vers le *big-crunch*. Je souligne que ce que je viens de dire n'est qu'une hypothèse de travail permettant d'expliquer un phénomène encore extrêmement mal connu.

Les forces qui gouvernent l'Univers

Pour arriver à l'assemblage des particules, il faut trois forces :

- la *force nucléaire* qui soude les noyaux atomiques. Cette force est à peine assez intense pour produire quelques atomes lourds, tels le carbone et l'oxygène, sans éliminer complètement l'hydrogène.
- la *force électromagnétique* qui assure la cohésion des atomes ; elle n'entre en action que lorsque la température descend en dessous de 3000 degrés : elle permet la mise en orbite des électrons autour des noyaux ;
- la *force faible* qui agit au niveau des particules appelées neutrinos ;
- une quatrième force, dite de *gravité*, interviendra plus tard pour organiser les mouvements des étoiles et des galaxies.

Ces quatre forces n'ont pas changé depuis le début de l'univers ; elles sont dosées de façon à ne pas condenser toutes les particules en atomes lourds. Ce qui parle en faveur d'un système préparant son avenir, en des lois qui, bien plus tard, déboucheront sur des combinaisons atomiques subtiles, permettant à la vie de se manifester.

La matière et l'énergie.

On sait aujourd'hui que le monde des atomes est essentiellement vide : que les électrons de taille et de masse infimes, tournant à une vitesse inimaginable autour du noyau, définissent la taille de l'atome ; que les nucléons constituant la masse de l'atome sont la combinaison de trois quarks ; que tout ce monde subatomique est en mouvement extrêmement rapide

Les particules ne sont pas faites de substances (au sens chimique du terme) mais d'interactions énergétiques se comportant en même temps comme phénomène matériel et ondulatoire ; identifiées par les traces qu'elles laissent dans les chambres à bulles des accélérateurs tels que ceux du CERN, elles ne sont connues que par leurs effets et on ne les verra jamais dans leur nature intime.

Il y a une quantité phénoménale de particules dans l'univers. La mécanique quantique répond que les particules peuvent être créées à partir d'énergie sous la forme de paires, particules/antiparticules. Mais cela même soulève la question de la provenance de l'énergie. Les physiciens ont établi que la matière dans l'univers est faite d'énergie positive, que le champ gravitationnel a une énergie négative, qu'il y a équilibre entre les deux énergies. Aussi l'énergie totale de l'univers est-elle paradoxalement égale à zéro[48].

Il existe dans l'univers une matière obscure, de nature inconnue, appelée *matière noire*, qui se révèle par ses effets gravitationnels et sa masse totale dans l'univers excéderait largement celle de la matière lumineuse.

Cette matière noire constituerait 85% voire 90% de la matière de l'univers ; on sait qu'elle existe mais on ignore tout de sa nature. Cette matière inconnue est-elle la graine de futures galaxies ? Y a-t-il réciprocité entre la « matière » et l'énergie, comme entre la « matière » et l'onde ? L'une peut-elle exister sans l'autre ? Comme entre la poule et l'œuf, qui a commencé ? Les deux phénomènes sont-ils conjoints ?

Que de questions sans réponses !

L'âge de l'Univers

Au IVe siècle, Saint-Augustin, un des Pères de l'Eglise, se basant sur la chronologie des patriarches cités dans l'Ancien Testament, avait estimé que l'univers avait été créé il y a environ 5000 ans.

On sait aujourd'hui que cet estimé théologien se trompait lourdement, puisque les derniers ajustements donnent pour origine à l'univers environ 14,5 milliards d'années. On estime que son expansion durera au moins encore 10 milliards d'années. La durée de vie de notre Soleil est limitée à environ cinq milliards d'années.

Dans ce lointain futur notre Soleil aura alors brûlé tout son carburant et finira, comme tous les corps de la galaxie, absorbé par le trou-noir identifié en son centre. Mais inutile de trop s'inquiéter, car la manifestation de la vie sur Terre aura disparu depuis déjà très longtemps.

En première estimation et pour autant que les grandeurs données précédemment soient valables, la durée d'un cycle complet de l'univers, depuis le *big-bang*, à son expansion maximum et son retour vers le *big-crunch*, durerait environ 60 milliards d'années.

Dans cette estimation, la durée de la contraction de l'univers de son maximum vers le *big-crunch* a été considérée comme égale à l'expansion.

---

[48] SH., Op. cit., pages 163/164.

Que se passera-t-il lors de la contraction ? Est-ce que le temps s'inversera ? Est-ce que la vie continuera à se développer ? Allons-nous finir dans un *big-freeze*, une « congélation infinie », comme le pensent certains physiciens ?

Le Soleil

Le Soleil est une étoile dont l'énergie provient des réactions thermonucléaires de fusion de l'hydrogène en hélium. Sa température superficielle moyenne est estimée à 5'800 K. La surface lumineuse habituellement visible, ou photosphère, présente l'aspect d'un réseau à mailles irrégulières, formé par une multitude de cellules de convection, appelées *granules*, en perpétuelle évolution. Cette couche, d'environ 100 km d'épaisseur, est le siège de taches sombres d'une très grande diversité de formes et d'étendues, qui correspondent à des zones plus froides associées à un champ magnétique intense.

On y observe également des facules brillantes qui sont les traces sur la photosphère de structures situées dans une couche plus élevée, la chromosphère, siège des protubérances. Au-delà de la chromosphère, épaisse d'environ 5'000 kilomètres, l'atmosphère solaire se prolonge par la couronne, qui s'étend dans l'espace jusqu'à des millions de kilomètres.

Le globe solaire limité par la photosphère a un rayon égal à 696'000 km, soit environ 109 fois le rayon équatorial de la Terre.

Sa densité moyenne n'est que de 1,41, de sorte que sa masse est seulement 333'000 fois celle de la Terre, pour un volume 1'300'000 fois plus important.

La distance moyenne de la Terre au Soleil est voisine de 150 millions de km : le rayonnement solaire met environ 8 minutes pour nous parvenir.

La Terre

La Terre est la troisième des planètes telluriques du système solaire dans l'ordre croissant des distances au Soleil. Elle s'intercale entre Vénus et Mars. Elle tourne sur elle-même, d'un mouvement quasi uniforme, autour d'un axe passant par son centre de gravité (axe des pôles), tout en décrivant autour du Soleil une orbite elliptique. Le demi-grand axe de cette orbite mesure environ 149'600'000 km. La révolution de la Terre autour du Soleil détermine la durée de l'année et sa rotation sur elle-même, celle du jour. La Terre a la forme d'un ellipsoïde de révolution aplati. Son diamètre équatorial mesure 12'756 km environ et son diamètre polaire 12'713 km. Sa superficie est de [$501'101 * 10^3$ km²], son volume de [$1'083'320*10^6$ km³] et sa masse de [$5,98*10^{24}$ kg]. Sa densité moyenne est de 5,52.

La Terre s'est formée il y a environ 4,6 milliards d'années. Elle est constituée d'une succession de couches solides, liquides ou gazeuses, plus ou moins imbriquées les unes dans les autres. L'enveloppe gazeuse constitue l'*atmosphère*, formée d'éléments légers volatils, qui proviennent du dégazage du globe solide. L'enveloppe liquide, ou *hydrosphère*, comprend l'ensemble des mers, océans, rivières, nappes souterraines et glaciers. Schématiquement, la partie solide de la Terre se divise en trois zones concentriques : la *croûte*, le *manteau* (subdivisé en *manteau supérieur* et *manteau inférieur*) et le noyau (subdivisé en *noyau externe* et *noyau interne* ou *graine*).

Si le Soleil a approximativement l'âge de notre Galaxie, la Terre est beaucoup plus jeune puisqu'elle n'a que cinq milliards d'années environ. Les deux premiers milliards d'années furent trop chauds pour que s'y développât quoi que ce soit de complexe. Les trois milliards d'années suivants, ou à peu près, ont été employés au lent processus d'évolution biologique qui a conduit du plus simple des organismes aux êtres capables de remonter le temps jusqu'au big-bang.

La Terre tourne sur elle-même en 24 heures ce qui représente une vitesse de rotation d'environ 1666 km/h sur l'équateur qui mesure 40 000 km de périmètre.

Plus on tend vers les pôles, plus le périmètre diminue, ce qui induit que lorsque l'on se trouve exactement sur les pôles géométriques aux latitudes 90°, la vitesse de rotation est nulle. Paradoxalement, les pôles ne tournent pas !

Comme pour une roue de bicyclette celle-ci, tourne autour d'un axe fixe. Bizarrerie géométrique paradoxale !

Conclusion du chapitre premier

Pourquoi y a-t-il un Univers ?

Léonard de Vinci, s'exprimant sur l'irréductibilité divine, disait au XVe siècle :

« Ils veulent embrasser l'intelligence de Dieu en qui l'univers est inclus et la peser et la diviser à l'infini, comme pour l'atomiser ».

Ce chapitre, essayant de donner une image de notre connaissance de l'univers aussi relative que le temps, montre que nous sommes loin de tout savoir. Platon et Aristote se posaient des questions sur l'univers, sans avoir les connaissances scientifiques que nous avons aujourd'hui. Mais nous qui savons beaucoup, nous n'avons fait que repousser les limites de la connaissance et devons admettre que Léonard de Vinci avait raison : ce n'est pas en atomisant la connaissance que l'on peut embrasser l'intelligence divine, se rapprocher de la Vérité. Puisse cette constatation renforcer notre humilité !

Pourquoi y a-t-il un univers ? La réponse à cette question ne peut venir que de l'être humain, la seule espèce vivante capable d'approcher la connaissance de cette extraordinaire machinerie faite de rien mais générant tout.

L'intelligence de cet extraordinaire mécanisme, c'est d'avoir permis à la vie et à ses multiples expressions de se manifester, en divers endroits de l'univers. La micro-parcelle du cosmos que représente notre planète Terre, n'étant certainement, par simple logique, qu'une parmi beaucoup d'autres à manifester la vie (présente sur Terre depuis environ trois milliards d'années).

L'être humain moderne a, quant à lui, manifesté sa présence il y a moins de 150'000 ans, bien que l'usage attesté du feu soit beaucoup plus ancien. Nous ne connaissons rien de la manifestation de la vie ailleurs que sur notre vieille Terre, mais nous savons, ou plutôt pressentons, qu'elle doit exister.

Une première remarque vient spontanément à l'esprit : l'immensité du système se compte en milliards d'années, pour une occupation utile – la durée de l'expression de la vie – ne représentant qu'une infime part dans ce système. Si la durée d'un cycle complet de l'univers est d'environ 60 milliards d'années et que la durée d'un cycle de vie est le double de ce que nous connaissons aujourd'hui sur Terre, soit environ 5 milliards d'années, ramenée à une année terrestre, cette durée de la vie est de l'ordre du 1/12, soit environ 30 jours de notre temps pris sur une année terrestre ; si nous faisons le même calcul avec la durée de vie de l'espèce humaine pensante et que nous admettons que cette durée est de 500'000 années (un peu plus du double de ce que nous connaissons à ce jour), cette durée serait de l'ordre du 1/100'000, soit environ 5 minutes de notre temps pris sur une année terrestre. Même si cette dernière valeur était dix fois plus grande, les proportions resteraient dérisoires.

Malgré les connaissances accumulées depuis le moment où l'être humain a interrogé des yeux la voûte étoilée, jusqu'au temps des formules savantes tentant d'expliquer toute cette fabuleuse machinerie, les questions qui se posent encore aujourd'hui sont plus nombreuses que celles que se posaient Platon ou Aristote sur le même sujet. En attendant la théorie unifiée de l'univers promise par les physiciens pour le courant du premier siècle du troisième millénaire, qui pourra peut-être expliquer un peu mieux le comment et le pourquoi de tout cela, nous allons continuer à nous poser des questions.

Première interrogation

Une des plus grandes énigmes reste le point de départ, le *big-bang*, ce moment singulier qui, par l'ouverture de l'espace-temps, dans un monde binaire, induit deux mondes parallèles ; un pour les particules, un pour les antiparticules ; un pour la matière et un pour l'antimatière ; un pour le temps et un pour l'anti-temps.

Dans ce référentiel, l'espace-temps joue-t-il un rôle de moteur tenant les deux mondes écartés l'un de l'autre ou tout simplement déphasés d'une fraction d'onde, selon l'hypothèse que j'ai suggérée plus haut, pour éviter que ces deux mondes s'annihilent complètement ? Si cela est le cas, qui ou quoi alimente le moteur ?

Dans le même ordre d'idée, le système complémentaire au *big-bang*, pourrait venir des multiples et mystérieux *trous noirs*, constituant la fin des corps célestes par leur effondrement sur eux-mêmes dans leur ultime stade d'évolution. Ce phénomène constitue-t-il le frein à expansion de l'Univers vers un *big-crunch*, ou un *big-freeze*, un retour au point de départ ?

Deuxième interrogation

Une autre interrogation est induite par la première : l'univers est-il limité dans le temps et dans l'espace ? Les dimensions fabuleuses de l'univers nous rapprochent de l'infini, notion que notre intelligence a de la peine à imaginer. L'univers gonfle, se contractera-t-il un jour ? L'infini de l'univers est-t-il limité ? Le rythme extrêmement long entre les deux limites « plus ou moins zéro au moment du *big-bang* » et « plus ou moins infini à la fin de l'expansion » nous ramène à la ronde des nombres que je détaillerai dans le chapitre 3.

Troisième interrogation

Comme je l'ai montré tout au long de ces pages, l'univers est en perpétuelle transformation. Fait à l'origine *d'énergie pure*, il en consomme une énorme quantité sous forme dégradée pour fabriquer des atomes et des galaxies – pensons à notre Soleil qui depuis près de 12 milliards d'années brûle son carburant pour nous chauffer, nous éclairer et permettre à la vie de se manifester sur une de ses planètes !

Par cette remarque, nous rejoignons le principe de l'entropie (dégradation de l'énergie), qui nous fait dire que l'univers consomme une partie de sa « matière » pour être ce qu'il est. En d'autres mots, l'univers s'use.

On le connaissait fixé entre deux limites [± 0 et ± ∞], on constate de plus qu'il s'affaiblit. Cette remarque est lourde de conséquences, car en multipliant les milliards et les milliards d'années, on imagine qu'un jour ce gigantesque univers pourrait disparaître. A moins que cette usure soit compensée par un phénomène régénérateur dont nous ignorerions tout ? Ce qui induit la présence d'une « volonté » extérieure au système l'alimentant sans cesse *d'énergie pure* !!!

Quatrième interrogation

Ce n'est pas le plus petit des points d'interrogation. Le point singulier du *big-bang* correspond à l'espace-temps *zéro-rien* donc dans un espace « virtuel » dans lequel rien n'existe « encore ».

Cela est très inconfortable à accepter intellectuellement, car dans ce point singulier, même le Créateur ou n'importe quel autre concept divin ne peut exister !

Pour éviter ce piège, tout en respectant les principes fondamentaux mis en évidence par la science, on peut formuler une autre hypothèse ; il y aurait deux univers, un réel et un virtuel, inversés l'un par rapport à l'autre. L'un serait ainsi l'empreinte de l'autre en gardant l'ensemble en équilibre, et le concept d'un Dieu omniprésent, omniscient et omnipotent serait sauvegardé.

Par ce concept, « Dieu » se trouverait « coiffant » le système binaire que représente ce double univers réel et virtuel en un cycle dynamique et continu, en corrélation avec la philosophie de Maître Eckhart[49].

Mais que valent ces hypothèses ? De quoi sera fait l'avenir scientifique ? Nul ne le sait encore, mais gageons que le monde fabuleux de l'univers intergalactique et celui tout aussi fantastique du monde subatomique nous réserveront encore de belles surprises. Philosophes et scientifiques devront se donner la main pour résoudre toutes les énigmes, car désormais physique et métaphysique sont indissociablement mêlées.

Nous allons maintenant quitter l'univers et ses points d'interrogation pour nous pencher sur une autre énigme, tout aussi passionnante : la vie, qui semble être la finalité de l'aventure cosmique. Nous verrons que malgré les progrès fulgurants de la science dans la connaissance des mécanismes secrets de la vie, nous allons aller de surprises en surprises, et nous poser de nouvelles questions, pour l'instant sans réponses.

---

[49] Maître Eckhart (1260-1328), théologien et philosophe allemand dont certaines thèses furent condamnées par l'Eglise

Chapitre 2

****

La Vie

Sur l'âme
*Si cette dépouille extérieure de l'homme te paraît merveilleusement ouvragée,
considère qu'elle n'est rien, auprès de l'âme qui l'a formée.
En vérité, quel que soit l'homme, c'est toujours quelque chose
de divin que l'homme incorpore.*

*Notre corps est au-dessous du ciel,
et le ciel est au-dessous de l'esprit.*
Léonard de Vinci

*Nous sommes reliés à l'univers
car nous sommes faits de la poussière d'une étoile.*
Un sage inconnu

Il était une fois l'univers

Des milliers d'années d'observation ont été nécessaires pour soulever quelques voiles cachant les énigmes de l'univers. Il est connu aujourd'hui dans son infinitude stellaire et dans sa microstructure atomique ; il a désormais une dimension et un âge.

La physique, en pénétrant le cœur des atomes, a compris le fonctionnement des particules qui les composent. Le monde subatomique n'est pas fait de « matière » (mot pris dans le sens de substances chimiques), mais d'interactions énergétiques. Ce monde fait d'*énergie pure* est essentiellement vide et extrêmement dynamique. Des théories mathématiques complexes essaient d'expliquer le fonctionnement de cet extraordinaire mécanisme fait de *rien* mais générant *tout*.

Procédant du simple vers toujours plus de complexité, de ce *rien* est née la chimie des éléments, qui servira de support au développement de la vie, la finalité de cet étrange phénomène.

Il y a environ 4,6 milliards d'années, quelque part dans l'univers, sur une branche située à l'extérieur d'une galaxie identique à des milliards d'autres, une nova lâcha de sa matière dans le vide, qui fut satellisée par une autre étoile, notre Soleil. C'est ainsi qu'est imaginée la formation de notre système solaire et de ses huit planètes (Pluton n'étant plus considérée comme telle). Situées en troisième position, la Terre et son satellite, la Lune sont proches du Soleil mais suffisamment éloignées de lui pour ne pas être trop fortement exposées à son rayonnement.

La Terre tourne sur elle-même et est inclinée de façon à présenter toute sa surface de façon régulière au Soleil. Cette position particulière donne à notre planète bleue des caractéristiques climatiques très variées et un charme inégalé dans le système solaire.

Un jour la Vie[50] féconda la Terre
Nous sommes nés de la poussière d'une étoile

Comportant tous les éléments chimiques lourds, et ayant des caractéristiques particulières quant à son exposition au Soleil, notre planète était prédestinée à voir s'épanouir la vie.

Il y a environ 4 milliards d'années, entraînée par son étoile, la masse de la Terre se refroidit lentement, constituant une croûte plus ou moins solide, flottant sur des couches internes en fusion. Cette période est appelée le *Précambrien* (de moins 4 milliards à moins 540 millions d'années). Durant cette lointaine époque, notre planète était un endroit inhospitalier ; sa surface devait dégager des gaz délétères, voire radioactifs ; l'eau ne devait exister que sous forme de vapeur ou combinée chimiquement avec d'autres éléments ; il ne devait pas encore y avoir d'oxygène respirable.

Les continents tels que nous les connaissons aujourd'hui n'existaient pas, la première grande plaque, appelée Gondwana, ne commença à se disloquer qu'au cours de l'ère primaire, il y a environ 500 millions d'années. Mais la vie se manifesta bien avant cette grande dislocation.

Par le lent processus de refroidissement de sa surface, l'eau présente dans l'atmosphère sous forme de vapeur se condensa, ruissela en se chargeant de divers sels minéraux et remplit les fosses creusées par les mouvements de la croûte en formation. C'est dans cet environnement liquide et hostile qu'étrangement la vie se

---

[50] Lorsque le mot *Vie* est écrit avec un V majuscule il exprime la *Vie divine* pour être distingué de ses manifestations sous forme d'*existences*.

manifesta, il y a environ 3,8 milliards d'années, sous la forme de particules vivantes, très probablement des bactéries anaérobies pour lesquelles l'oxygène est un poison.

Les prions, les virus et les bactéries

Résumé succinctement, voilà comment les biophysiciens expliquent le lent processus du développement de la vie sur notre planète, allant du plus simple vers le plus complexe. Le processus commença par la combinaison chimique des cristaux d'ARN, un des deux brins de la double hélice de l'ADN

De très longues chaînes d'acides aminés, appelées protéines, se développèrent parallèlement aux cristaux d'ARN[51]. Acides aminés et ARN puis ADN[52] sont à l'origine du développement de la vie. Le processus de ces combinaisons chimiques est pour certains le fruit du hasard des assemblages atomiques, pour d'autres, l'expression d'une intelligence extérieure d'origine divine.

Les virus sont situés à la frontière entre la vie et la matière inerte. Bien que possédant un seul type d'acide nucléique ADN ou ARN, ils ont besoin d'autres cellules vivantes pour se reproduire.

Les virus sont beaucoup plus petits que les bactéries ; leur taille est approximativement de 85 nm (nanomètres) alors qu'une bactérie peut avoir une taille de 330 nm à 1200 nm ; à titre de comparaison, une protéine a une taille de 25 nm. Un virus est trop petit pour contenir les constituants essentiels à sa reproduction mais en son sein, le jeu de la chimie va se poursuivre.

Précédant les virus et encore plus petits, les prions démunis d'ADN ou d'ARN, à l'origine des encéphalopathies spongiformes, se situent au-delà du support de la vie dans le monde des cristaux. Trouverons-nous un jour des particules infectieuses encore plus petites ? Où commence la vie ?

Deux brins d'ARN se couplant en se modifiant légèrement vont former une double hélice appelée ADN, support de l'hérédité dont nous connaissons désormais le mécanisme. Logé au sein de toutes les cellules vivantes, l'ADN a formé les premières manifestations du vivant, les bactéries. La structure d'une bactérie se

---

[51] ARN : acide ribonucléique, formé d'une seule chaine de nucléotides, indispensables à la synthèse des protéines à partir du programme génétique porté par l'ADN (il existe trois variétés d'ARN ; l'ARN messager, l'ARN de transfert et l'ARN ribosomique),
[52] ADN : acide désoribonucléique, acide nucléique caractéristique des chromosomes, constitué de deux brins enroulés en double hélice et formés chacun d'une succession de nucléotides. Porteur de l'information génétique, l'ADN assure le contrôle de l'activité des cellules.

compose essentiellement de protéines autour d'une double hélice d'ADN. Lorsque cette double hélice se reproduit, la bactérie se dédouble en deux êtres identiques, un devient deux, puis quatre et ainsi de suite[53].

Ces micro-organismes élémentaires, formés en général d'une cellule unique, sont capables de vivre et de se reproduire dans des environnements très toxiques, très chauds, ils résistent au froid et au gel. Les bactéries sont présentes partout et vivent en symbiose avec les autres êtres vivants. Elles peuvent être très utiles ou générer de terribles épidémies. Certaines d'entre elles pratiquent la photosynthèse, d'autres assimilent l'azote de l'air, etc.

Pendant des centaines de millions d'années, dans une atmosphère irrespirable et délétère, dans de l'eau chargée d'éléments toxiques, les bactéries anaérobies se développèrent et produisirent de l'oxygène en décomposant, probablement, les molécules d'eau et d'autres composants chimiques telles les roches siliceuses $[SiO_2]$[54]. L'oxygène sous la forme moléculaire $[O_2]$ remplit petit à petit l'atmosphère terrestre.

Les couches supérieures de la stratosphère exposées aux rayons du Soleil transformèrent le by-oxygène $[O_2]$ en tri-oxygène $[O_3]$ appelé aussi ozone, fonctionnant comme un parapluie protégeant le sol des effets dangereux et mutagènes des rayons cosmiques et des ultraviolets émis par le Soleil.

Il y a environ 600 millions d'années, un phénomène, pour l'instant inexpliqué, toucha la Terre qui se couvrit de neige et de glace jusqu'à l'équateur. Notre globe ressemblait à une gigantesque boule de neige. C'est l'activité volcanique qui eut raison de cet état peu propice à la vie et redonna à la Terre son aspect vivant. Les bactéries, qui s'adaptent à tous les environnements, résistèrent et continuèrent plus tard à proliférer.

Petit à petit, les conditions propices à de nouvelles formes de vie se mirent en place, telles les bactéries aérobies se nourrissant d'oxygène.

On doit l'apparition de la vie sur Terre à la chimie du carbone. Placé en sixième position dans la classification périodique des éléments chimiques, le carbone est à l'origine d'une infinie variété de combinaisons chimiques avec les éléments déjà en place ouvrant la porte à une nouvelle chimie biomoléculaire.

---

[53] Albert Jacquard (AJ) et Jacques Lacarrière (JL) : *Sciences et croyances*. Op.cit.(page 106)
[54] Les roches siliceuses comme le quartz, composent plus du 90% de la masse de la planète.

Le carbone a, de plus, la faculté de conduire des électrons d'un bout à l'autre des chaînes moléculaires, préfigurant les réseaux de communications électroniques auxquels les réseaux nerveux sont assimilés.

Pour réaliser les cellules vivantes, au carbone [C] furent associées la chimie de l'ammoniac [NH_3], et l'oxygène atomique [O], auxquels il faut ajouter le phosphore et le soufre. Tous ces éléments existaient dans l'environnement primordial.

Au cours du temps, dans le milieu aqueux et probablement aussi terrestre, se développèrent de nouvelles espèces de cellules plus grandes et plus complexes que les bactéries, capables d'utiliser l'oxygène et munie d'un noyau pour regrouper l'ADN.

Les algues

De nouvelles formes de vie allaient apparaître quand certaines de ces cellules à noyau, telles les diatomées, s'associèrent pour former les premiers êtres pluricellulaires, comme les fucus. Se nourrissant de gaz carbonique [CO_2], ces formes primaires de vie, par photosynthèse, produisirent également de l'oxygène.

Après 500 millions d'années, l'atmosphère fut suffisamment enrichie en oxygène pour atteindre un équilibre qui s'établit aux alentours de 21 % de la masse gazeuse. Cet équilibre est fondamentalement important, car avec quelques pour cent d'oxygène en plus, tout se serait enflammé spontanément.

Cet équilibre précaire, entre nécessité et danger, semble faire partie d'un plan. J'ai de la peine à admettre que cela puisse n'être que le fruit du hasard, comme le pensent certains scientifiques.

Les plantes primitives

En ces débuts marquant l'épanouissement de la vie, il faut souligner deux effets simultanés qui jouèrent un rôle essentiel dans le développement des espèces vivantes. Il s'agit de deux molécules presque identiques, la chlorophylle et l'hémoglobine. La chlorophylle est capable de fabriquer de l'énergie en utilisant la lumière du Soleil et le gaz carbonique, par un phénomène biochimique appelé la photosynthèse. L'hémoglobine, en absorbant des substances riches en énergie et l'oxygène rejeté par d'autres formes de vie, deviendra un des composants du sang des futures espèces animales.

A la fin de l'ère géologique appelée le Précambrien, soit la première période de l'ère primaire, se développèrent des formes de vie de plus en plus complexes, assemblant des millions puis des milliards de cellules.

Le processus de dédoublement des cellules, tel celui des bactéries, a été abandonné il y a un milliard d'années, par quelques « êtres » qui ont renoncé à la multiplication au profit d'un comportement tout différent : *deux êtres s'associent pour en réaliser un troisième* dans un jeu combinatoire de reproduction partielle de chacun.

L'intérêt du processus ne réside pas seulement dans l'association de deux objets : il est *dans le partage de chacun des deux géniteurs qui ne fournissent une copie que de la moitié d'eux-mêmes;* puis ces deux copies s'associent et reconstituent un ensemble de même taille[55]. Les êtres capables de procréer ne sont pas, comme leurs lointains ancêtres, construits autour d'une série de brins d'ADN, source de l'information nécessaire pour qu'ils se développent, mais autour de deux séries de brins. Ils sont à double commande. Ovule et spermatozoïde correspondent à la séparation des géniteurs en deux sexes, femelle et mâle[56].

Le premier être construit selon la nouvelle façon de se reproduire et dont nous avons retrouvé les traces fossiles est un être à corps mou vivant il y a environ 600 millions d'années (faune d'Ediacara dans l'ère précambrienne).

A partir de cette époque, après la fin de la gigantesque ère glaciaire qui couvrit la Terre de glace et de neige, on assiste à une explosion de la vie dans le monde aquatique, sur la surface solide et dans les airs. La paléontologie, en analysant les traces laissées par les fossiles a permis la reconstitution encore partielle de l'arbre généalogique des espèces.

Les premiers animaux

L'évolution des espèces prit des millions d'années pour développer la chlorophylle, la photosynthèse, l'hémoglobine, la sexualité, les réseaux nerveux, les neurones, les muscles, le squelette, les sens, la mémoire, etc. De subtils composés chimiques se transformèrent lentement en organes extrêmement sophistiqués, avec leur propre spécificité.

Le cerveau, le plus complexe de tous les organes, évolua par couches successives pour parvenir à la taille et à la perfection de celui qui distingue l'être humain des autres espèces animales.

---

[55] AJ et JL, *Op. cit.*, page 1o6
[56] AJ et JL, *Op. cit.*, page 107

Au cours de la période géologique appelée le *Dévonien* (période de l'ère primaire de –410 à –360 millions d'années) sont apparus les premiers vertébrés terrestres et les premières plantes vasculaires (qui possèdent des vaisseaux conducteurs de sève).

Cela signifie que des animaux marins, voisins des poissons, prirent l'habitude de sortir de l'eau et se transformèrent en serpents puis en une forme de lézard, se nourrissant probablement d'algues et de plantes terrestres primitives. Ces nouvelles espèces donneront un foisonnement d'êtres pluricellulaires qui envahiront l'espace marin, terrestre et aérien[57].

Il faut attendre le Trias (-245 à -205 millions d'années) et le Crétacé (la dernière période de l'ère secondaire, de -135 à -65 millions d'années), pour suivre l'épopée des dinosaures et leur disparition brutale à la fin de cette même ère géologique.

Les hominidés

C'est au courant du *Pliocène* (de -5,3 à -1,64 millions d'années) que les plus vieux hominidés sont repérés en Afrique et c'est au cours du *Pléistocène* (ère suivant le *Pliocène*), il y a environ 200'000 ans, que l'on rencontre l'homme de Neandertal[58], suivi par *Homo sapiens* il y a 100'000 ans.

Résumé en quelques lignes, voilà ce que l'on sait de l'évolution de la Vie sur Terre au cours des âges. Ce processus évolutif met en évidence une constante.

Comme pour l'évolution de la matière dans l'univers, *la vie progresse du plus simple vers le plus complexe*. Ce constat est basé sur l'observation des restes laissés par la nature dans les couches géologiques qui peuvent être datées avec une certaine précision.

Nous n'avons, par contre, aucune trace de ce qui s'est passé avant l'apparition des premiers fossiles, puisque les bactéries ne peuvent pas en laisser. Cependant, ce qu'il en est dit, est probablement proche de la réalité, car s'inscrivant dans une logique biologique bien connue :

---

[57] AJ et JL, *Op. cit.*, page 95
[58] Neandertal n'est pas le premier *Homo*, puisqu'il descend d'*Homo erectus*. Quant à *Homo sapiens*, c'est l'homme moderne.

• Bactéries aérobies :	de - 2,0 milliards d'années à nos jours
• Cellules à noyaux telles des algues :	de - 1,0 milliard d'années à nos jours
• Glaciation générale de la Terre	vers - 600 millions d'années
• Premiers fossiles marins :	dès - 600 millions d'années.
• Premiers vertébrés terrestres et plantes vasculaires.	de -360 millions d'années à nos jours
• Animaux et plantes gigantesques :	de - 245 à - 65 millions d'années
• Formation des chaînes de montagnes :	de - 53 à -34 millions d'années.
• Hominidés primitifs :	de - 5,3 à - 0,2 millions d'années
• Homme moderne :	dès - 100'000 ans

La formation des hydrocarbures (pétrole et gaz) est probablement due à l'action des bactéries des premiers âges de la vie sur Terre, alors que la formation des charbons est beaucoup plus récente, étant due à l'enfouissement de grandes quantités de végétaux sous l'action de bouleversements géologiques qui se sont produits au cours des âges (mouvements tectoniques ou chocs de météores).

La théorie de l'évolution

Pour accepter la théorie darwinienne de l'évolution des espèces basée sur la sélection naturelle, il faut admettre un processus évolutif généré par des *mutations*. Les éléments mutagènes peuvent être d'origine cosmique, comme les rayons ultraviolets et les rayons cosmiques, terrestres, comme les rayonnements radioactifs ou d'autre nature. De nombreux phénomènes ne sont pas encore expliqués et nombre de maillons manquent à la chaîne de l'évolution des espèces, si bien que, sur ce sujet, le monde scientifique est encore partagé en de nombreuses divergences d'opinions. La nature en évolution procède par essais et éliminations. Seules subsistent les espèces bien adaptées.

Quoi qu'il en soit, les espèces disparues et celles qui subsistent aujourd'hui sur la Terre se comptent par dizaines de millions.

Quelle force les a générées ? La réponse à cette question doit probablement être cherchée dans l'exceptionnelle structure de l'ADN qui n'a, et de loin, pas encore livré tous ses secrets.

En quatre milliards d'années, l'ADN, assemblant un à un des milliards d'atomes, s'est transformé en une structure unique.

Cette étonnante structure est devenue un maître de transformation, qui a façonné l'air que nous respirons, le paysage que nous voyons et l'étourdissante diversité des êtres vivants dont nous faisons partie. L'ADN s'est démultiplié en un nombre incalculable d'espèces différentes, tout en restant rigoureusement le même[59].

La structure porteuse de la vie

Il a fallu attendre l'année 1953 pour pénétrer un des secrets jusqu'alors si bien gardé de la vie et connaître la structure de l'ADN, son support. On doit cette découverte aux travaux des biophysiciens Francis Crick, J.D Watson et Maurice Wilkins, tous trois prix Nobel 1962. Ce qu'on oublie de dire, c'est que cette prodigieuse découverte de la structure de l'ADN est due à Rosalyn Franklin, cristallographe dont certains clichés photographiques permirent aux chercheurs d'aboutir dans leurs recherches. Elle aurait dû partager le prix Nobel décerné à ses collègues.

Depuis des milliers d'années, l'être humain essaie de comprendre les mystères de la vie.

Une cinquantaine d'années, seulement, nous sépare de la prodigieuse découverte de sa structure porteuse, interface entre *quelque chose d'encore inconnu* et les existences que ce phénomène a générées. Cette découverte fondamentale a révolutionné la science de la microbiologie et ouvert la porte sur le mécanisme intime des cellules qui portent le code génétique de tout ce qui vit (existe). Car de la plus infime cellule d'une bactérie à celles composant le corps d'un moustique, d'un chat ou d'un être humain, toutes contiennent ce support.

D'après A. Jacquard[60], « *L'ADN est une molécule chimique parmi beaucoup d'autres, mais sa structure dispose, à notre connaissance, d'un pouvoir qu'aucune autre molécule ne possède[61]* :». Par ce mécanisme unique une cellule peut se dédoubler, et la vie se manifester.

L'ADN et ses mystères

N'étant ni physicien, ni biophysicien, ni généticien, ni anthropologue, j'ai dû me référer à la compétence de chercheurs tels que les suivants :

---

[59] Jérémy Narby(JN), *Le serpent cosmique*, Op. Cit.
[60] AJ et JL, *Science et croyance*. Ed. Albin Michel 1999
[61] AJ et JL, *Op. cit.*, page 104

Le généticien Albert Jacquard qui s'appuie sur la raison pour expliquer les mystères des origines de la vie, ou Jérémy Narby[62] docteur en anthropologie, qui par ses hypothèses ouvre de nouvelles perspectives sur la biologie, portant l'anthropologie à la limite du rationalisme.

Jean-Claude Perez[63], mathématicien et informaticien, dans son livre *l'ADN décrypté*, explique méthodiquement comment le supra-code de l'ADN s'auto organise en de multiples résonances, selon les structures numériques contrôlées par les proportions des nombres de la série de Leonardo Fibonacci et celle de Luca Pacioli, toutes deux conduisant au Nombre d'or (voir chap. 13).
La découverte originale des résonances induites par le rythme des nucléotides dans l'ADN est à mettre en parallèle avec ce que l'on observe dans la nature : l'étrange prédominance des proportions conduisant au Nombre d'or entre les valeurs successives constituant ces séries. Comme on le verra par la suite, ce Nombre manifeste le vivant ; on le trouve en botanique et en zoologie. A titre d'exemple, citons parmi d'autres, la structure spiralée des pommes de pin, des fleurs de tournesol, des coquillages, et les proportions du corps humain.
Cette proportion, considérée comme divine depuis la plus haute antiquité, conduit aux notions d'harmonie et de Vie. Les auteurs nommés ci-dessus, auxquels j'associerai en particulier Matila Ghyka[64], offrent une approche différente, mais complémentaire du même sujet.

Une remarque s'impose d'emblée : quand on dit que la nature est construite sur le Nombre d'or, cette affirmation doit être relativisée. En effet l'analyse de ce phénomène met en évidence que la Mère Nature recherche le Nombre d'or mais sans jamais l'atteindre dans sa perfection.

Avant d'aborder l'aspect supra-humain, voire sacré de la Vie, je vais essayer de résumer le plus simplement possible comment se structure l'ADN, qui joue le rôle d'interface entre deux mondes, le rationnel et l'irrationnel.

De plus en plus, les chercheurs cernent le sujet. Ce qui, dans la structure de l'ADN, était considéré, il y a peu de temps encore, comme inutile, voire de la « camelote », ou de « l'ADN poubelle » est devenue bientôt de « l'ADN – mystère », et au fur et à mesure des recherches, de fantastiques propriétés ont été et sont encore découvertes dans ce supra-code.

---

[62] Jérémy Narby, *Le serpent cosmique*, Op cit.
[63] Jean-Claude Perez, *l'ADN décrypté* : Ed. Marco Pietteur.
[64] Matila Ghyka : (1881-1965) mathématicien et penseur (voir bibliographie).

La structure moléculaire de l'ADN et ce qui la commande

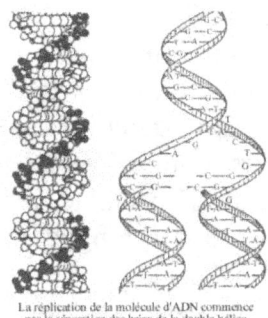

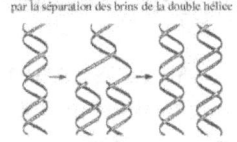

La réplication de la molécule d'ADN commence par la séparation des brins de la double hélice

Pour choisir la métaphore la plus appropriée, disons que l'ADN contenu dans toutes les cellules vivantes se présente comme une échelle, épousant la forme d'hélice avec deux montants et une multitude de barreaux. Cette double hélice accomplit un tour complet sur elle-même toutes les dix paires de bases. Comme il y a six milliards de paires de bases dans une cellule humaine, l'ADN qui s'y trouve s'enroule autour de lui-même quelques 600 millions de fois[65].

Cette structure développée mesure, pour l'être humain, environ deux mètres de longueur et sa largeur correspond à celle d'une dizaine d'atomes.

Toutes proportions gardées, cela revient à dire que cette échelle est un milliard de fois plus longue que sa propre largeur et que si ce fil avait la largeur de votre petit doigt (environ un cm) sa longueur serait de plus de neuf mille kilomètres ou, si l'on préfère, la distance séparant Paris de Los Angeles[66]. Cette échelle longue de deux mètres est embobinée dans le noyau de chaque cellule.

Les deux rubans de la double hélice s'enroulent autour d'eux-mêmes plusieurs centaines de millions de fois[67]. Une autre façon d'imaginer la taille d'un fil d'ADN serait de dire qu'il est environ cent-vingt fois plus petit que la longueur d'onde de la lumière visible[68].

Comme un être humain est constitué d'environ cent mille milliards de cellules, par une simple multiplication, on constate que dans un corps humain, il y a deux cent milliards de km d'ADN.

La distance moyenne entre le Soleil et la Terre étant d'environ 150 millions de km, la longueur de l'ADN contenu dans le corps humain correspond donc à environ 1300 fois la distance Terre-Soleil. L'ADN de nos cellules peut embobiner la Terre cinq millions de fois. Ces chiffres sont fabuleux et nous replongent dans les proportions gigantesques des distances interstellaires[69].

---

[65] JN, *Op. cit.*, p 177
[66] JN, *Op. cit.*, p 92
[67] JN, *Op. cit.*, p 102
[68] JN, *Op. cit.*, p 92
[69] JN, *Op. cit.*, page 93

L'ADN est présent partout, de la surface de la terre au fond des mers, on le trouve dans l'air, dans les couches profondes de la croûte terrestre, au fond des océans, dans les grottes, sur les montagnes, dans la neige et les glaces.

Dans une poignée de terre, il y a des milliards de bactéries, levures, champignons microscopiques, vermines, déchets végétaux ou animaux, tous contenant de l'ADN. Ce monde couvrant toutes les espèces, des bactéries aux organismes les plus compliqués, constitue la biosphère qui entoure toute la Terre[70].

En continuant ce petit jeu de multiplication, et en considérant l'ensemble des espèces vivantes qui peuplent notre planète, la distance cumulée des longueurs d'ADN présente sur Terre se mesurera en années-lumière, comme dans le cosmos.

Je ne vais pas entrer trop dans le détail de cette fabuleuse structure, assez complexe à résumer.

Le pouvoir d'auto reproduction de la molécule ADN est dû à sa construction particulière. Les barreaux de l'échelle sont composés d'atomes moins solidement assemblés que ceux des montants ; les deux montants peuvent donc se séparer, puis chacun reconstitue son complémentaire.

Au lieu d'une échelle, il y en a deux identiques à la première[71]. Cette action auto reproductrice est commandée par des enzymes qui fonctionnent comme enzymes de lecture, de duplication, de rédaction et de réparation.

Les protéines fonctionnant en complémentarité avec la structure de l'ADN sont de longues chaînes d'acides aminés, qui sont assemblées dans l'ordre spécifié par les instructions écrites dans l'ADN et qui accomplissent quasiment toutes les fonctions essentielles des cellules. Elles attrapent les molécules pour les assembler en structures cellulaires, elles les démontent pour en extraire leur énergie, elles transportent l'oxygène et d'autres éléments nutritifs entre les cellules, elles forment des récepteurs capables de capter les molécules ultra-spécifiques ou des antennes sensibles à des charges électriques[72].

Les enzymes sont de grosses et longues protéines qui accélèrent prodigieusement les activités cellulaires et qui agissent avec une vitesse et une sélectivité incroyables.

Ainsi, l'anhydrase carbonique, une enzyme présente dans notre sang, est capable d'assembler un demi-million de molécules à la seconde ; les enzymes qui réparent la double hélice de l'ADN en cas de cassure et qui vérifient l'exactitude de la duplication du texte génétique, corrigeant les erreurs de chemin, ne se trompent qu'une fois tous les dix milliards de lettres ; les enzymes lisent le texte ADN,

---

[70] JN, *Op. cit.*, page 111
[71] AJ et JL, *Op. cit.*, page 104
[72] JN, *Op. cit.*, page 135

transcrivent le message en ARN (un seul montant de l'échelle), découpent les passages non codants de celui-ci, font le montage du message final, construisent la machine qui lit ces instructions et qui fabrique d'autres enzymes.

[Structures chimiques : Adenine, Guanine, Cytosine, Thymine]

Ce système des protéines-enzymes fonctionne comme une usine biochimique extrêmement efficace, mais dont on ne comprend pas vraiment la totalité du fonctionnement[73].

Chaque barreau de l'échelle de l'ADN est constitué de 4 bases identifiées par des lettres **A** (adénine), **G** (guanine), **C** (cytosine) et **T** (thymine), qui définissent les caractéristiques de notre code génétique, dont le génome[74] est désormais connu et identifiable[75].

Dans les gènes, le langage de l'ADN devient compréhensible : tous les mots ont trois lettres et comme l'alphabet de l'ADN dispose de quatre caractères, il y a 64 mots possibles [4*4*4], qui possèdent tous un sens, et correspondent soit à un des vingt acides aminés utilisés dans la construction des protéines, soit à l'un des deux signes de ponctuation *start* ou *stop*. Il y a donc vingt-deux sens possibles pour les soixante-quatre mots[76]. Dans toutes les espèces vivantes, les protéines sont constituées exactement des mêmes vingt acides aminés. La protéine moyenne est une chaîne longue d'environ deux cents acides aminés, choisis parmi ces vingt et alignés dans un certain ordre[77].

Entre bactérie, moustique, chat ou être humain, le principe est le même, il n'y a que l'ordre des lettres qui change. Une bactérie contient environ 10 millions de bits d'information génétique, alors qu'un champignon microscopique en possède un milliard et la cellule d'un corps humain 6 milliards[78]. Cela revient à dire que la manifestation des informations présentes dans l'ADN d'une bactérie est très pauvre

---

[73] JN,*Op. cit.,* page 136
[74] Génome : Patrimoine génétique. Ensemble des gènes portés par les chromosomes.
[75] AJ et Jl, *Op. cit.,*page 106
[76] JN,*Op. cit.,* page 102
[77] JN,*Op. cit.,* page 80
[78] Ibif, p,111

et qu'elle s'est enrichie au cours du développement des espèces plus évoluées pour atteindre son maximum dans l'être humain.

Ces propriétés relativement bien connues permettent à la biotechnologie de prélever des séquences du génome humain et de les introduire dans l'ADN d'une bactérie.

Par exemple, si le génome prélevé correspond à celui qui fabrique l'insuline, la bactérie va en fabriquer une réplique exactement identique à celle produite par le pancréas humain[79].

Il faut cependant rester très prudent dans les manipulations génétiques, la science n'a, et de loin, pas encore une vue complète de ces phénomènes. On sait depuis peu que le vivant est beaucoup plus complexe que prévu. Au regard de nouvelles découvertes, il semble que certaines informations génétiques impliquent plusieurs gènes agissant en groupe, s'activant et se désactivant les uns les autres au sein de complexes réseaux de régulation.

Cela complique considérablement l'approche génétique de certaines maladies ; la complexité d'un être vivant dépend probablement plus du nombre de liaisons que du nombre de gènes.

Quant au *clonage*, il offre des perspectives thérapeutiques intéressantes mais soulève des questions d'éthique fondamentale, dès lors qu'il devient possible de reproduire à l'identique un animal ou un être humain sans passer par les voies naturelles de la procréation.

Les chromosomes

Pour constituer un être humain, l'information nécessaire, ou *génome*, tient en 3 milliards de lettres réparties sur le long d'un fil unique d'ADN. Par endroits, ce fil s'enroule sur lui-même pour former vingt-trois segments plus compacts appelés chromosomes. Nous héritons tous d'un jeu complet de chromosomes de chacun de nos géniteurs et nous disposons ainsi de 23 paires. Chaque chromosome est constitué d'un très long fil d'ADN, qui est déjà à sa base un message double – avec le texte principal sur un ruban de la double hélice, et son duplicata en creux sur l'autre. De cette façon, toutes nos cellules contiennent deux génomes complets de même que leurs copies. Notre message génétique est donc doublement double, et contient au total six milliards de paires de bases, soit douze milliards de lettres[80].

---

[79] Ibid, p.80
[80] JN,*Op. cit.*, page 101

Les parties non codantes du texte de l'ADN et autres secrets

Les enzymes de lecture ne lisent qu'une partie de l'ADN, celle qui code le patrimoine génétique (les gènes) qui. dans les cellules humaines, ne représente que le 3 % de l'ensemble de la chaîne. Les 97 % restants ne sont jamais lus ; leur utilité demeure mystérieuse[81].

Les chercheurs ont trouvé, éparpillées dans ces parties non codantes du texte, de nombreuses séquences sans queue ni tête (apparemment) qui se répètent inlassablement et mêmes en palindromes, c'est-à- dire des mots et des phrases qui peuvent être lus dans un sens ou dans l'autre. Cette incohérence apparente, au sens aujourd'hui inconnu, occupe une grande partie du génome et alterne avec les gènes[82].

Des recherches très récentes ont mis en évidence une autre propriété de l'ADN. Celui-ci fonctionnerait comme un « cristal apériodique »[83] qui capte et transporte efficacement les électrons. Ce cristal émettrait, à des fréquences ultra-faibles et à la limite du mesurable, des biophotons, c'est-à-dire des ondes électromagnétiques – et ceci plus que toute autre matière vivante[84]. Qui dit photons dit lumière ou énergie sous forme d'ondes/particules électromagnétiques. Comme notre corps compte des milliards de cellules, la somme de toute cette micro-énergie, n'est plus négligeable et pourrait faire de nous des systèmes[85] récepteurs/émetteurs. Les cellules nerveuses de notre cerveau, les neurones et leurs synapses, communiquent entre elles par échange d'électrons créant ainsi une différence de charge électrique appelée potentiel d'action. Je me suis souvent demandé d'où provient cette électricité qui commande à notre système nerveux ? Peut-être que la réponse se trouve dans ce qui précède.

Il est possible que les hallucinations ou «l'aura » qui semble être émise par notre corps trouvent leurs explications dans ce phénomène. De même, la *conscience* pourrait être constituée par le champ électromagnétique formé par l'ensemble de ces émissions, pense le professeur Fritz Albert Popp, qui continue en disant[86];

---

[81] JN,*Op. cit.*, page 177
[82] JN,*Op. cit.*, page 102
[83] AJ et JL, Op. cit., pages 54 - 129
D'après le généticien Maxim Frank Kamenetskii, « *l'ADN est un cristal linéaire et unidimensionnel, où chaque paire de bases est entourée par seulement deux voisines. Il est dit apériodique, puisque la séquence des paires de bases est aussi irrégulière que celle des lettres d'un texte cohérent [...]. Ainsi, ce ne fut pas une surprise que ce cristal unidimensionnel d'ADN, d'un type entièrement nouveau ait beaucoup intrigué les physiciens* »
[84] JN, *Op. cit.*, page 110 et référence 6 page 180
[85] JN, *Op. cit.*, pages 118 à 125
[86] JN, *Op. cit.*, page 127

« Mais comme vous le savez, nous comprenons encore très peu de chose concernant les bases neurologiques de la conscience ».

Lors d'Expo 02, dans le pavillon Biopolis sur l'Arteplage de Neuchâtel (CH), j'ai vu un modèle de l'ADN à grande échelle montrant la structure atomique de ce cristal exceptionnel. J'ai été surpris de constater que cette structure se construit sur des formes hexagonales et pentagonales (voir le schéma des nucléotides dans les pages précédentes).

Cela est corroboré par ce qu'écrit Jérémy Narby : « *Les quatre bases de l'ADN sont hexagonales (comme les cristaux de quartz), mais chacune d'entre elles possède une forme légèrement différente. Lorsqu'elles s'entassent l'une sur l'autre, formant les barreaux de l'échelle torsadée, elles s'alignent dans l'ordre arbitraire dicté par le texte génétique. La double hélice de l'ADN possède ainsi une forme légèrement irrégulière ou apériodique. Toutefois cela n'est pas le cas pour le tiers du génome constitué de séquences répétitives, comme ACACACACA..., par exemple. Dans ces passages, l'ADN devient un arrangement régulier d'atomes ou un cristal périodique – capable à mon sens, et par analogie avec le quartz, de capter autant de photons qu'il en émet.*

La variation de la longueur des séquences répétitives (dont certaines contiennent jusqu'à 300 bases) permettrait ainsi de capter des photons de fréquences différentes, et constituerait une nouvelle fonction possible pour une partie de l'ADN non-codant[87] », qui pourrait ainsi jouer un rôle électromagnétique insoupçonné.

Quant à la forme pentagonale des combinaisons atomiques, on la trouve dans la chaîne des nucléotides, se rattachant ainsi à un symbole attribué à *la Vie*, comprenant dans ses proportions le Nombre d'or.

On retrouve le même principe dans les séquences des groupes de lettres de la chaîne du génome codant et non-codant[88] construites selon les nombres des séries de Leonardo Fibonacci et de Luca Pacioli, conduisant également au Nombre d'or.

Dans le chapitre parlant de ce nombre si exceptionnel, je reviendrai sur ce sujet.

---

[87] JN, *Op. cit.*, page 129
[88] JN, *Op. cit.*, pages 128 - 129

Se reproduire ou procréer

Les plus anciennes formes de vie, comme les bactéries, se reproduisent par duplication de leur ADN. Ce procédé de dédoublement, toujours présent au sein du monde des cellules élémentaires, fut complété, il y a environ un milliard d'années, par un système plus perfectionné mettant en jeu deux êtres s'associant pour en réaliser un troisième. Ce fut un grand moment de l'histoire de la vie sur la planète Terre. Selon Albert Jacquard, ces êtres ont substitué, à un procédé qui fait du nombre, un procédé qui fait du neuf. Dès ce moment tout a changé car fusionner, c'est produire un être nouveau, autonome, c'est créer et non se reproduire[89]. Cette révolution biologique a été à l'origine de toutes les espèces sexuées, de la plus élémentaire à la plus évoluée, comprenant les plantes, les insectes, les reptiles, les oiseaux, jusqu'aux plus grands et plus évolués des mammifères.

Albert Jacquard insiste sur la différence existant entre *plus* et *et* dans le domaine biologique et génétique. En arithmétique, *un **plus** un font deux,* qu'il s'agisse de cailloux ou d'êtres humains. Mais en biologie, *un **et** un font trois* lorsqu'il s'agit d'un couple, en ce sens que l'enfant n'est pas la simple addition des chromosomes de ses progéniteurs, mais un être génétiquement nouveau. Malheureusement, notre vocabulaire habituel ne rend jamais compte de ces différences et contribue même à les nier.

Il est fréquent, voire constant, d'employer le mot reproduction pour l'acte de procréer. Cela est absurde, car *la reproduction est une duplication* pratiquée, entre autres, par les organismes monocellulaires qui choisissent de se couper en deux plutôt que de se fusionner avec les autres organismes[90].

Il y a une subtile distinction à faire entre le « *plus* » qui est additif et le « *et* » qui est créatif[91]. Comme pour donner raison à ce qui précède, en grammaire, « *et* » est une conjonction de coordination dite copulative.

Origine de la vie

Les découvertes fondamentales de la structure de l'ADN ouvriront, je l'espère, de nouvelles perspectives sur l'univers de la pensée, des phénomènes psychiques et des relations subtiles entre les espèces au niveau de l'âme universelle (*l'anima mundi*) qui anime la biosphère. Dans cette perspective, l'âme (ce qui

---

[89] AL et JL, *Op. cit.,* page 54.
[90] AL et JL, *Op. cit.,* page 194.
[91] JN, *Op.cit.*, pages 128-129

anime), que je ne confonds pas avec l'esprit, prend tout son sens d'intermédiaire entre « ce qui est en haut et ce qui est en bas » selon la Table d'émeraude d'Hermès Trismégiste, reproduite intégralement au chapitre 4.

Malgré le saut en avant dans la connaissance des mystères de la vie que représente la compréhension du génome humain, l'origine du phénomène reste bien mystérieuse. Dans ce contexte, l'âme s'apparente à l'énergie ; l'esprit, quant à lui, échappe à toute définition et reste, pour les croyants, la clé du mystère de l'origine de la Vie.

Les thèses évolutionnistes élaborées par Darwin au XIXe siècle sont difficiles à mettre en doute, car elles entrent dans une logique scientifique, même si tous les maillons de la chaîne dite de l'évolution des espèces n'ont pas été trouvés. Nous avons relaté précédemment les différentes étapes qui conduisent l'ensemble des espèces depuis les micro-organismes unicellulaires aux organismes les plus complexes comprenant des milliards de cellules.

La théorie évolutionniste ne s'explique que par l'action d'un agent extérieur modifiant localement le génome de la cellule, forçant le verrouillage de l'ADN. Il ne peut s'agir que d'un agent mutagène, de même nature que ceux qui provoquent les cancers et les autres troubles d'origine génétique. D'autre part, le principe d'hérédité auquel se réfère Darwin est tout autre de ce qu'il imaginait. Il ne connaissait pas le processus de la transmission génétique, qui n'entraîne pas la transmission des caractéristiques des parents aux enfants, mais seulement la transmission de la moitié des facteurs, les gènes, qui gouvernent ces caractéristiques.

C'est à cela que l'on doit l'immense diversité des espèces vivantes utilisant ce principe.

Un des grands arguments développés par le généticien Albert Jacquard revient à dire que les bonds en avant du monde vivant ont été, le plus souvent, *la victoire du raté, du pas comme les autres, du handicapé*. Le fruit de l'effort pour surmonter un handicap est un moteur. L'Etre humain serait donc un primate raté ![92]

Bon nombre d'entre nous s'accordent à penser que, s'il est possible d'accepter les théories évolutionnistes, revues et corrigées, pour les espèces animales dites inférieures, ce concept est plus difficile à admettre pour l'être humain, descendu d'un primate quelconque. D'aucuns préféreraient que l'espèce humaine ait été sélectionnée spécialement par la main du Créateur. Sans entrer dans cette polémique, je souligne que ce phénomène se ressent particulièrement au sein des églises monothéistes.

Que l'être humain soit l'aboutissement d'une évolution génétique n'enlève, à mon avis, rien à l'aspect spirituel de la Vie. J'estime par contre que ce concept doit être étendu à tout ce qui vit et non pas seulement à l'espèce humaine, même si elle

---

[92] AL et JL, *Op. cit.*, page 79.

est la plus évoluée. Il n'y a que très peu de temps qu'en Occident, les animaux ne sont plus considérés comme des choses – alors qu'il y a des religions sur Terre pour lesquelles tout ce qui vit est sacré.

L'avis d'un rationaliste

Pour le généticien Albert Jacquard, la vie n'est pas apparue, tout simplement parce que, pour lui, le concept de vie n'a pas de contenu. Sur la Terre, comme partout dans l'univers, s'est développé un mouvement menant à toujours plus de complexité, entraînant l'apparition de pouvoirs toujours nouveaux.

Un atome d'hydrogène a beaucoup moins de pouvoir qu'un atome de carbone, qui n'est en fait que l'agglomération de trois héliums. Or l'atome de carbone a été un bond en avant dans le processus de la vie en devenir[93].

Continuant sur cette idée, au cours des milliards d'années qu'a duré le processus, l'imagination créatrice des rencontres de hasard entre groupes d'atomes soudés entre eux et prêts à réagir face à d'autres groupes était sans limites. L'apparition de molécules capables de s'auto reproduire n'est donc pas un événement fabuleux ; ce qui est par contre vraiment extraordinaire, c'est qu'un seul modèle de molécule auto reproductrice ait été mis en place, l'ADN[94].

Il est difficile de tracer une frontière strictement définie entre ce qui est considéré comme inanimé et ce qui est vivant. La structure de l'ADN ne devient vivante qu'associée à d'autres molécules appelées protéines, elles-mêmes constituées de vingt acides aminés.

On retrouve la structure de l'ADN débarrassée de ses protéines dans les restes des espèces disparues, donc ayant cessé de vivre. Mais la fabrication des protéines est gérée également par l'ADN, comme tout le reste.

Les acides aminés dérivés de l'ammoniac [NH_3] ont pu être fabriqués naturellement au hasard des rencontres atomiques, comme d'autres molécules s'agglomérer en chaîne pour constituer une protéine, et s'allier à un cristal appelé ADN, lui-même étant le fruit du hasard des rencontres atomiques.

Il est possible aujourd'hui de synthétiser en laboratoire des molécules telles l'urée, un des composants de la vie, mais aussi des acides aminés à partir d'éléments très simples existants à l'état naturel.

Le facteur temps permet d'imaginer que l'inerte a engendré le vivant progressivement au cours de milliards d'années.

---

[93] AL et JL, *Op. cit.,* page 101.
[94] AL et JL, *Op. cit.,* page 105.

Albert Jacquard continue en disant :

> *La continuité du mouvement vers la complexité a fait apparaître des objets que l'on peut qualifier de vivants, de même ces objets ont poursuivi leur évolution, profitant d'un élan identique et ont disposé de pouvoirs de plus en plus étranges, jusqu'à la réalisation du chef-d'œuvre de complexité qu'est l'être humain[95].*

Une fois passé du processus originel de la multiplication à la procréation, l'élan vers la complexité s'accélère.

L'arbre généalogique des espèces se développe en d'innombrables branches dont beaucoup ont séché et disparu, d'autres ayant continué leur croissance jusqu'à nos jours.

L'avis d'un croyant

La spiritualité recherche la nature secrète, cachée derrière une nature physique qui, dans sa structure intime, est aussi invisible que peut l'être un esprit. Le monde des particules est aussi invisible à nos microscopes les plus perfectionnés, que l'était jadis le monde des esprits élémentaires habitant la nature[96].

Les créationnistes considèrent que chaque chose vivante ou inanimée est l'œuvre d'une intention céleste, d'anges ou de démons. Il existe donc pour les créationnistes, un *plan divin* à l'origine de tout.

Que doit-on penser des plantes vénéneuses, des crocodiles et des microorganismes vecteurs d'épidémies ? Ils font partie du tout, donc aussi du plan ; le bien et le mal sont omniprésents comme les anges et les démons, et n'existant que l'un par rapport à l'autre.

Le Créateur n'a pas créé le jardin d'Eden qui n'est qu'un mythe d'avant la botanique. Les plantes et les autres espèces sont nées de l'ordonnancement progressif du chaos, vers plus de complexité des messages codés dans l'ADN.

C'est dans ce sens qu'il faut chercher la relation originelle qui conduit de la Création à la Vie et à ses multiples manifestations.

---

[95] AL et JL, *Op. cit.*, page 62.
[96] AL et JL, *Op. cit.*, page 160.

Jusqu'à Galilée, la Terre a été le centre de l'univers. Depuis que l'on sait que ce n'est pas le cas, l'être humain a perdu son privilège, son exclusivité cosmique[97]. Dans l'immensité de l'univers il y a certainement une multitude de planètes présentant les mêmes caractéristiques que celles qui ont permis à la Vie de se manifester dans le système solaire.

Le croyant rêve d'un Dieu d'amour, omniprésent, omniscient, omnipotent, intervenant dans la destinée des créatures vivantes. Ce n'est, hélas, qu'un beau rêve. Les guerres, les épidémies, les catastrophes les malheurs du monde, la lutte pour la survie, pain quotidien de toutes les espèces, ne sont que le reflet d'une dualité mettant en équilibre les forces du bien et du mal. Construction et destruction sont nées en même temps, à l'origine du monde.

Si Dieu « *est* », il a, selon Leibnitz, peut-être donné la première chiquenaude pour lancer le système et depuis se contente d'assister au déroulement d'un programme cosmique inéluctable[98].

L'hypothèse spiritualiste est admissible sans entrer en contradiction avec ce que nous enseigne la science. Du *big-bang* aux *trous noirs*, le processus de construction de l'univers est régi par des lois que nous connaissons de mieux en mieux, de même pour le processus évolutif de la vie depuis les bactéries jusqu'aux mammifères.

J'approuve Einstein quand il dit que « *Dieu ne joue pas aux dés avec l'univers* », pensée qui peut être prolongée en disant, que ce que nous appelons Dieu régit ce système par des Nombres entiers et irrationnels dont nous parlerons dans la deuxième partie. Bâti sur une énergie pure, le monde subatomique, fait d'interactions énergétiques, a généré la chimie des substances, qui elle-même a généré la vie. Les règles qui régissent tout cet univers de l'infiniment petit à l'infiniment grand, ne peuvent pas être dues au hasard. Il y a une telle intelligence et une telle beauté dans tout cela que j'aime l'idée d'un Dieu que je ne peux pas comprendre, qui est au-delà de mon intelligence.

Nos ancêtres avaient le choix entre l'athéisme ou la foi. Aujourd'hui, le croyant doit faire face à un intermédiaire appelé la *raison*. S'appuyant sur le concret, le prouvé, révélé par les sciences ne pouvant pas tout expliquer, la raison laisse heureusement grande ouverte la porte sur l'irrationnel qui entoure toute spiritualité.

La notion d'un temps devenu relatif - au sens donné par les théories d'Einstein - confère au concept de Dieu sa vraie dimension, celle de n'en avoir aucune, d'être hors d'un concept purement matériel. La vraie grandeur de Dieu

---

[97] AL et JL, *Op. cit.*, page 168.
[98] AL et JL, *Op. cit.*, page 169.

c'est d'être en même temps dedans et hors du temps, dans le tout et dans le rien. Comment comprendre cela ?

On verra en étudiant la symbolique des Nombres, que le mystère des origines tourne autour du Nombre Trois - le binaire associé au temps de façon à ce que les deux aspects réel et virtuel du monde ne s'annihilent pas. Tel pourrait être le rôle de la *source* de l'énergie pure, agissant comme un moteur produisant la force nécessaire au développement d'un système qui, partant de rien, génère le tout.

Ainsi, pour le croyant qui essaie malgré tout de comprendre, le hasard créateur, motorisé par la nécessité, laisse plus d'interrogations qu'il ne donne de réponses. A mon avis, la probabilité d'une émergence fortuite de la vie, certes possible dans un contexte hasardeux, est d'une probabilité extrêmement faible.

Nous sommes faits de la poussière d'étoiles et, comme le disaient, les fidèles du culte d'Orphée, nous sommes les enfants de la Terre et du Ciel étoilé. C'est une des rares certitudes que nous ayons. Si ce monde est en même temps rationnel et irrationnel, nous le sommes aussi.
La symbolique des Nombres va révéler qu'une étrange connivence existe entre les Nombres 5 et 6, l'un reflétant le divin et l'autre la Terre dans sa structure physique. Or ces deux formes constituent la structure même des nucléotides de l'ADN. Doit-on y voir un *coefficient de forme* faisant inter réagir le divin avec la matière pour générer la Vie ?

Le réveil de la conscience

Pour reprendre l'image d'Albert Jacquard, l'être humain est probablement un primate raté. Ce qui le distingue des autres mammifères, c'est son cerveau, qui contient près d'une centaine de milliards de neurones, soit dix à vingt fois plus que les autres primates. Ces neurones sont connectés entre eux par les synapses, dont l'effectif est de l'ordre d'un million de milliards.
Les circuits ainsi mis en place donnent des possibilités de connexions se chiffrant à une valeur proche de l'infini. Cette incroyable complexité sert de support à l'activité cérébrale, et permet à l'intelligence, à la réflexion, puis à la conscience de se réveiller dans ce grand mouvement appelé la Vie.

Prenons n'importe quelle partie d'un organisme vivant, qu'il soit végétal, animal ou humain : une feuille d'arbre, une oreille, un œil, un foie, un os, un système nerveux, une articulation, un poil ; chacun de ces organes est prodigieusement organisé, d'une complexité et d'une intelligence inouïes. L'articulation d'une patte de moustique est de la micromécanique de précision et auto-réparatrice. Est-ce vraiment le fruit du hasard et de la nécessité ?

Autre remarque au sujet de la *conscience* produit de l'*intelligence* : si celle-ci est le fruit du hasard et de la nécessité d'une nature physique elle-même tributaire de cette loi, la nature physique elle-même devrait être *consciente* par définition.

Cette réflexion retourne le paradoxe contre le hasard et la nécessité. Doit-on donner au mot *conscience* un autre sens, pour le faire cadrer dans une démarche uniquement rationnelle qui a tendance à chercher des palliatifs ou en tout cas à minimiser tout ce qu'elle ne comprend pas ? Selon Robert Wesson, au sujet de la théorie de la sélection naturelle, «*aucune théorie simple n'est à même de faire face à l'énorme complexité révélée par la génétique moderne*»[99].

Une fois conscient, un être vivant ne se contente pas d'« *être* » et d'utiliser les pouvoirs que la nature lui a apportés ; il sait qu'il « *est* » et s'interroge à propos de sa nature[100]. L'être humain, parmi toutes les autres espèces, a développé des capacités hors du commun, grâce au langage, à l'écriture, aux autres moyens d'expression comme la musique, la peinture, l'architecture, la poésie, etc. L'être humain dans la collectivité humaine a pu se développer en tant qu'individu, ce que n'ont pas fait les autres espèces[101]. Dans cet ouvrage, j'ai relaté la lente évolution de la connaissance acquise au cours des âges par *homo sapiens-sapiens*. S'il a fallu des milliers d'années à l'espèce humaine pour maîtriser son environnement, la progression de ses pouvoirs au cours de ces dernières décennies a été telle que l'observation d'Albert Jacquard en est confortée : la progression de l'évolution tend vers toujours plus de complexité, et l'avenir de l'humanité et des autres espèces n'est probablement pas encore à son apogée.

Désormais, l'être humain a le pouvoir d'intervenir dans la mécanique subtile du génome des espèces vivantes. Où cela va-t-il mener ?

En faisant de l'être humain la seule créature conçue à l'image de Dieu, les religions monothéistes rejetaient toutes les autres espèces dans les ténèbres du non-divin. D'un côté, le monde végétal et animal, et de l'autre, le monde humain. Cette vision étroite donnait tout pouvoir à l'espèce humaine et bonne conscience pour dominer, voire exploiter sans vergogne, toutes les autres espèces. Cette coupure était ignorée des civilisations anciennes et des religions animistes, pour lesquelles le monde végétal et animal était le réceptacle des esprits et des dieux. Les métamorphoses d'hommes en

---

[99] JN, *Op. cit.*, page 139.
[100] AL et JL, *Op. cit.*, page 111.
[101] AL et JL, *Op. cit.*, pages 112 à 114.

plantes ou animaux, très fréquentes dans les mythologies, impliquaient une identité de nature entre l'être humain et les autres espèces.

Dans les tribus dites primitives, on n'abattait du gibier et on ne coupait un arbre qu'après avoir prié son totem. On ne prenait dans les autres espèces végétales ou animales que ce qui était nécessaire à la survie de la tribu. Cette conscience écologique a malheureusement disparu de nos civilisations dites évoluées.

Les religions qui ont un profond respect de tout ce qui vit, à l'image du bouddhisme (qui n'est paradoxalement pas une religion déiste), correspondent toujours à cet idéal et rassemblent de plus en plus d'adeptes en Occident.

Du Serpent cosmique à l'échelle de l'ADN

Dans son livre *le Serpent cosmique*, Jérémy Narby part à la recherche de ce mythe vieux comme l'humanité. Le serpent est effectivement omniprésent dans toutes les anciennes traditions, sous de multiples formes : il est l'intermédiaire, le vecteur entre ce qui vit sur Terre et la Vie au sens divin du terme. Il est souvent présenté double.

Au cours de ses recherches, cet anthropologue est entré en contact avec des chamans de la forêt amazonienne dont les connaissances botaniques sont admirées par les scientifiques. Ce processus divinatoire est propre à toutes les civilisations dites primitives, et s'obtient soit par des substances hallucinogènes, soit par des jeûnes, des danses et d'autres intermédiaires. Les chamans se réfèrent à un monde ophidien ou similaire, où ils puisent directement leurs connaissances très pointues de la nature, et se transmettent un savoir acquis patiemment au cours des âges.

Un autre symbole est universellement présent dans les traditions humaines. C'est celui de l'échelle, torsadée ou non, représentant une communication entre Ciel et Terre. L'échelle de Jacob présente dans notre tradition judéo-chrétienne, en est un exemple concret.

L'échelle, l'*Axis Mundi*, l'axe du monde, qui connecte les différents niveaux du cosmos, se trouve dans tous les mythes des traditions anciennes. On le retrouve également sous la forme d'un arbre qui devient soit temple récepteur, soit totem, toujours dans le sens d'intermédiaire entre les deux mondes.

Attardons-nous un instant sur les diverses traditions qui évoquent ce mythe. Selon le *Dictionnaire des symboles*[102], le serpent est un *vieux dieu* que nous retrouvons au départ de toutes les cosmogonies, avant que les religions de l'esprit ne le détrônent. Il est ce qui anime et ce qui maintient.

---

[102] Jean Chevalier et Alain Gheerbrant, *Dictionnaire des symboles*, Robert Laffont, 1969

Le Léviathan, dans la très ancienne mythologie phénicienne, était un monstre aquatique honoré comme une divinité. Ce symbole, dans la Genèse, est devenu le serpent tentateur, le mauvais, l'expression du paganisme, qui devra se soumettre à Yahvé, le dieu unique. Le Léviathan avait la mission de transmettre la connaissance du bien et du mal, ouvrant la porte vers la spéculation dualiste qui conduit à l'émergence d'une prise de conscience supérieure, faisant d'un esprit pensant l'égal de son Créateur. Mais cela, Yahvé l'avait interdit en plantant dans le jardin d'Eden l'arbre de la Connaissance dont il ne fallait pas manger les fruits. La désobéissance d'Adam et d'Eve fit que le serpent maudit devint un des symboles occidentaux du mal sur Terre.

Dans la mythologie grecque, Zeus, le maître des dieux, soumet l'énorme serpent Python, premier maître de Delphes. Il fut tué par Apollon, qui s'empara de l'oracle et fonda les jeux pythiques. C'est aussi pourquoi la prophétesse qui rendait les oracles d'Apollon à Delphes s'appelait la Pythie. Python était fils de Gaia - la déesse de la Terre - et incarnait les forces de la nature. Pour l'abattre, Zeus dut s'appuyer sur Athéna, déesse de la Sagesse, des Arts et des Sciences et de la Raison. On assiste dans ce mythe, à la lutte d'influence entre les deux aspects du monde, celui des dieux voulant conserver leurs prérogatives et celui des créatures engendrées qui voudraient bien pouvoir s'élever à leur niveau.

Le Caducée, emblème d'Hermès (le Mercure romain), messager des dieux, est un axe vertical autour duquel s'enroulent deux serpents entrelacés. Cette représentation exprime l'équilibre des courants cosmiques, image encore renforcée par la forme spiralée des serpents autour de l'axe vertical et au sens encore accentué lorsque, dans la tradition grecque, il est surmonté de deux ailes. On donne à ce symbole valeur de fécondité, ce qu'il est effectivement, puisqu'il est transmetteur de la Vie entre les deux mondes. Ce n'est pas un hasard si la médecine en a fait son symbole.

Dans la mythologie hindoue, on retrouve cette idée dans la Kundalini, cette énergie cosmique qui se trouve à l'intérieur de chaque être, reliant la nature psychique et spirituelle à la nature physique du corps par les sept centres endocriniens. Les adeptes du yoga savent en canaliser l'énergie, permettant à ce « serpent » de se déployer et de favoriser l'éveil de la conscience.

Chez les taoïstes chinois, ce symbole prend la forme du *yin-yang*. Ce cercle cosmique divisé en deux parties égales par une ligne sinueuse, une partie blanche (le Yin) une partie noire (le Yang), chacune contenant la racine de l'autre, exprimée par un point de la couleur complémentaire. Ce symbole condense la philosophie de Lao-tseu, l'ordonnancement du monde matériel et de l'esprit. On trouve aussi ce symbole sous une forme légèrement différente : deux formes serpentines et complémentaires lovées l'une dans l'autre.

L'Ouroboros, le serpent qui se mord la queue, symbolise un cycle d'évolution refermé sur lui-même. Ce symbole renferme en même temps les idées de mouvement, de continuité, d'autofécondation et, en conséquence, d'éternel retour. La forme circulaire de ce symbole peut être interprétée aussi comme l'union du monde chthonien, figuré par le serpent, et du monde céleste, figuré par le cercle. Il signifierait ainsi l'union de deux principes opposés, soit le ciel et la terre, soit le positif et le négatif, soit l'expression du monde binaire, le *yin* et le *yang* chinois.

Quetzalcoatl, le serpent à plumes des Aztèques, symbole de *l'énergie vitale sacrée,* et son frère jumeau Tezcatlipoca, tous deux enfantés par le serpent cosmique Coatlicue[103], expriment la même idée.

Le symbole du Serpent cosmique se trouve aussi dans la tradition égyptienne, où on le voit souvent représenté avec des pieds humains, ce qui lui donne une double personnalité. Dans les fresques des tombes, on le voit s'élever dans un ciel étoilé en emportant dans l'au-delà la momie sur son dos.

L'Uræus, le cobra femelle placé au front des pharaons, personnifie l'œil brûlant de Re, le souffle vital vivifiant et fécondant. On le retrouve stylisé géométriquement dans la symbolique royale des Tutsis du Ruanda.

On peut continuer cette investigation en reliant ce symbole ophidien à celui des nagas, des dragons, des vouivres, si présents dans les mythologies de tout le continent eurasiatique.

Ces quelques exemples montrent que dans les mythologies anciennes, un symbole ophidien, souvent double, exprime une relation entre deux mondes, celui du divin et celui concret, de nos existences sur Terre. Ces traditions ont expliqué l'émergence de la Vie sur Terre par une action extérieure qui ne pouvait être que divine. Ce symbole prenait souvent la forme d'une échelle, exprimant ainsi la même idée. L'échelle a ceci de particulier, que métaphoriquement, elle nous relie à la structure de l'ADN, qui se présente de la même façon et qui se love dans les cellules comme un serpent.

Or l'ADN, comme on l'a vu, est le support matériel de la vie. Comme le serpent cosmique, l'ADN n'est ni masculin ni féminin, il s'agit d'un système androgyne et double du principe vital[104]. Le serpent cosmique est un maître de la métaphore, il crée en se transformant ; il change tout en restant le même[105].

---

[103] JN, *Op. cit.,* page 69.
[104] JN, *Op. cit.,* page 73.
[105] JN, *Op. cit.,* page 92.

Depuis qu'elle a adopté un point de vue exclusivement rationnel, notre civilisation s'est coupée du serpent-origine, intermédiaire cosmique et transmetteur de la Vie. La découverte de la structure de l'ADN n'a pas modifié cette attitude. Heureusement que les chamans des sociétés humaines qualifiées de primitives continuent à communiquer avec le serpent cosmique de la nature et sans le savoir, peut-être avec celui de l'ADN.

Les animistes auraient-ils raison ?

Les religions animistes estiment que tous les êtres vivants et dans tous les genres, sont animés par le même principe vital. Une plante ne parle pas, mais elle sait chercher la lumière du Soleil, elle sait étendre son territoire comme un animal, elle contient une âme, puisqu'elle est animée. Une simple feuille d'arbre est plus perfectionnée que nos plus sophistiqués panneaux solaires, car elle est capable de transformer la lumière du Soleil en énergie vitale puis en chimie moléculaire par la photosynthèse.

L'œil d'un insecte ou d'un mammifère est bien plus perfectionné que n'importe quelle caméra électronique. Il en va de même pour une oreille ou n'importe quel autre organe vital.

Ceci est corroboré par la découverte de l'ADN présent dans toutes les espèces vivantes, quelles soient, microbiennes, végétales ou animales.

Le miracle de la vie manifestée touche toutes les espèces vivantes dans la biosphère. La manifestation de la vie n'est-elle quelque chose de sacré que pour l'espèce humaine? Je n'entrerai pas dans une controverse théologique à ce sujet, estimant personnellement que tout ce qui vit mérite respect, même ce qui semble apparemment nuisible.

Peut-être que les paroles de Jésus-Christ, qui pour les chrétiens est le représentant spirituel de la Lumière et de la Vie sur Terre, prendraient une autre valeur si on les éclairait autrement : *«Tout ce que vous ferez au plus petit d'entre les miens, c'est à moi que vous l'aurez fait»*. Faire mal à ce qui vit, indépendamment de l'espèce, ferait ainsi mal à la Vie et par définition, au principe qui la véhicule !

On peut évidemment rétorquer que Jésus mangeait du poisson et que, sans le vouloir, il a probablement écrasé un moustique ; que dans le plan divin, les grands mangent les petits ; ou comme le dit si bien Albert Jacquard, « *La nature ne nous donne pas de leçon de morale.* »

On peut ainsi justifier beaucoup de faiblesses à l'égard de la nature, mais cela n'enlève pas le respect que l'on devrait avoir pour les créatures qui peuplent la Terre. Elles nous accompagnent sur le chemin de la Vie, et nous avons besoin d'elles, comme nous avons besoin de la couleur d'une fleur et de la joie d'un chant d'oiseau. L'être humain, qui par sa conscience s'est élevé au-dessus des autres espèces, devrait cesser d'être le plus nocif des prédateurs de la planète.

Comment expliquer la vie ?

Les atomes sont faits d'interactions énergétiques dans un vide presque absolu, dans lequel le mot matière n'a aucun sens. La liaison des atomes entre eux par des interactions électroniques génère les molécules, matière chimiquement inerte, incapable de se reproduire, mais présentant la propriété de se combiner avec d'autres molécules, toujours au moyen d'interactions électroniques, vers toujours plus de complexité. Au hasard des rencontres et après des milliards d'essais improductifs, des molécules stables ont pu se combiner pour créer les substances chimiques que nous connaissons ; en particulier, les cristaux de l'ADN, structure élémentaire spiralée des cellules vivantes qui, associées aux acides aminés, sont capables d'utiliser de l'énergie, d'évoluer, de se reproduire et de mourir.

Des essais en laboratoire ont permis la synthèse de certaines molécules élémentaires à la base de la vie, prouvant ainsi que cette voie naturelle vers la manifestation de la matière animée est possible.

*

Pour les croyants, la Vie « *est* » quelque chose d'intemporel pulsant dans tout l'univers, émanant par « *Celui qui commande au Tout* ». La Vie divine se manifeste en des lieux privilégiés, telle notre planète Terre, en animant tout ce qui contient un ADN. Ce phénomène fonctionne par un *intermédiaire* appelé *âme*, mot qui peut être compris comme concept métaphysique, (*qui anime*), ou comme réalité scientifique, si sous ce vocable se cache le mot *énergie*.

Quand on parle de ce qui « *existe* » ou de ce qui est « *animé* » et qu'on essaie de comprendre comment et pourquoi cela est ainsi, on se trouve face aux mêmes interrogations qui se posaient quant à la finalité de l'univers.

La *vie manifestée* semble être l'objectif final de ce phénomène universel. Nés de la poussière d'une étoile, nous sommes reliés au cosmos par ses deux infinis, celui de l'infiniment petit de ses particules à celui infiniment grand de ses galaxies. Des mythologies anciennes considéraient les corps célestes habités par des esprits, et le Soleil générant chaleur et lumière comme le dieu suprême.

La Terre génère de l'énergie. A-t-elle une âme ?

Les limites de notre ignorance ont été repoussées considérablement, mais sans pour autant pouvoir répondre à la question : pourquoi quelque chose d'aussi gigantesque, d'aussi intelligent, d'aussi beau ? Qui « est » derrière tout cela ? Qui est le moteur de cet extraordinaire mécanisme ? Le hasard ? Dieu ?

Dieu étant un concept qui échappe au domaine scientifique, la science a tendance à privilégier le hasard, qui avec beaucoup de temps – et il y en a beaucoup dans l'univers - peut expliquer rationnellement comment les choses se sont passées. *Big-bang*, fractales, quarks, interactions énergétiques, expansion, association d'atomes et de molécules vers toujours plus de complexité, manifestation de la vie, *trous noirs*, contraction, *big-crunch* et retour vers un autre cycle. L'effet est connu, mais non la cause !

Malgré les progrès époustouflants de la science, les origines de la vie restent un mystère. Toutes les tentatives essayant de donner une explication rationnelle au phénomène nous laissent sur notre faim.

La Terre n'est certainement pas le seul endroit privilégié dans l'univers où la vie a pu s'exprimer sous de multiples formes ; nous ne pouvons pas être une exception dans l'univers.

La vie manifestée, qui semble être la finalité du prodigieux mécanisme, n'a de sens que si quelqu'un peut en témoigner. Dans notre système solaire, seule l'espèce humaine et son cerveau ouvert sur la conscience, est capable de cette faculté. Sans cette reconnaissance, tout cela serait vain.

La vie, qui a rempli la biosphère, est d'une générosité sans égale. Elle donne sans compter, ce qui semble souvent à nos yeux un énorme gaspillage. Si donner, c'est aimer, on doit voir dans cette action, ce que d'aucuns appellent l'amour de Dieu. Cet amour donne mais reprend aussi, sans cesser pour autant de donner, car il s'agit d'une pulsion plus forte que l'aspect destructeur qui fait aussi partie du plan.

Mais cela ne nous renseigne pas sur le « *comment* » de la Vie. Comment a été fait l'ensemencement de la Terre, il y a près de quatre milliards d'années ? Est-ce dû au hasard et à la nécessité comme le pensent les rationalistes ? Même ceux qui pensent que l'ADN est d'origine extra-terrestre, apportée par des civilisations en avance sur nous ou transportée par une météorite préalablement ensemencée, ne font que repousser le problème des origines d'un degré au-delà.

Nous ne savons pas, telle est la réponse, ayons le courage de l'admettre. Est-ce qu'un jour la science pourra répondre à cette si importante question ?

Au moment du *big-bang,* une impulsion a été donnée au phénomène en mettant en marche l'horloge du temps cosmique, qui tient écarté les deux phases du binaire, qui sans cela, s'annihileraient. Ce phénomène binaire en action, par la lutte fratricide des deux mondes antagonistes, induisit la lumière (photon –

onde/particule) qui généra, le temps, donna l'espace-temps, qui de rien allait produire le tout.

La Vie est fille de la Lumière.

- Et avant le *big-bang*, qu'y avait-il ?
- Qui sommes-nous ? Où allons-nous ?
- Comment retournerons-nous au principe même de la Vie ? Sous quelle forme ?
- S'il y a une Vie spirituelle, et qu'après notre passage ici-bas nous la réintégrons, comment cela se fera-t-il ?
- Au-delà de l'espace dans lequel nous errons, resterons-nous dans un référentiel temps ? Sinon, comment pourrons-nous garder notre conscience ?

Anaxagore, Socrate, Pythagore, Platon et Lao-tseu se posaient déjà les mêmes questions des siècles avant notre ère. Mystère, mystère, mystère, merveilleux mystère. Nous verrons dans les prochains chapitres comment la science des Nombres essaye de répondre à ces troublantes questions.

*

L'analyse que je fais de ce phénomène, éclairé à la lumière de la symbolique des Nombres semble montrer que pour rester en équilibre entre l'être et le non-être, tout le système doit rester binaire ; le non-être devenant l'empreinte de l'être dans le néant. Je développerai plus en détail ce phénomène dans un ouvrage en préparation en rejoignant la pensée de Maître Eckhart qui plaçait Dieu au-delà de la Trinité dans un concept considéré hérétique par ses supérieurs hiérarchiques.

Chapitre 3

****

Les chiffres et les Nombres

*Le néant touche à l'être,
car il en est justement l'absence*
Théocritias d'Apamée

Les chiffres.

Le besoin de compter précéda l'écriture, répondant aux exigences du trafic commercial dans l'évaluation des marchandises et des biens. Dans l'antiquité les quantités étaient représentées par des objets faciles à dénombrer tels : des petits cailloux, des traits verticaux gravés sur des tablettes de bois ou d'argile ou d'autres objets auxquels une valeur fixe était attribuée. Des signes ou des symboles graphiques furent progressivement inventés pour exprimer les grandeurs multiples telles [5, 10, 20, etc.]. Les doigts des mains donnèrent logiquement les bases [5 et 10]; d'autres bases, comme [6, 12, 20 ou même 60] furent également utilisées.

En rappel à l'usage des cailloux dénombrant des quantités, le mot latin *calculi* (« caillou ») donna en français, le mot « calcul » désignant les opérations usuelles de l'arithmétique et même les pierres qui se développent dans les reins ou le foie (calculs rénaux ou biliaires)

Les lettres de l'alphabet qui allaient révolutionner la façon d'écrire ont été inventées par les Phéniciens[106] vers l'an 1000 av. notre. ère, mais c'est aux Indiens que l'on doit l'invention des signes propres aux chiffres.

La passionnante histoire des chiffres véhiculant l'histoire des hommes est magnifiquement exposée dans le livre de Georges Ifrah[107].

---

[106] Les Phéniciens qui essaimèrent sur tout le pourtour de la Méditerranée, développèrent un alphabet, fruit de la transformation successive des signes cunéiformes et probablement aussi de l'écriture démotique de l'ancienne Egypte.
Cet alphabet ne comporte que des consonnes comme les autres écritures sémitiques qui encore actuellement, ne transcrivent pas toutes les voyelles. Les grecs adoptèrent cette écriture en y incorporant 5 nouveaux signes pour écrire les voyelles.

La découverte du zéro et l'essor des mathématiques

L'évolution du commerce entre les peuples exigea des moyens de plus en plus perfectionnés pour favoriser le contrôle des échanges. Ainsi se développèrent les abaques, les bouliers et les planches à compter. Ces moyens utilisés par les Grecs, les Romains, les Chinois et d'autres peuples, permirent l'exécution des quatre opérations arithmétiques avec des chiffres disposés en colonnes ou en lignes.

Comme l'illustre l'image ci-dessous, dans un abaque, les emplacements correspondant à un nombre vide (zéro) restaient vides.

Exemples de transcription de la valeur 305120

Abaque romain

10^6	10^5	10^4	10^3	10^2	10	1
$\overline{M}$	$\overline{C}$	$\overline{X}$	M	C	X	I
	•	•	•	•	•	
	•	•	•	•	•	
	•	•	•	•		
		•				
		•				
3	0	5	1	2	0	

En écriture latine

CCCMMMMMCXX

Avant l'invention du *zéro-origine*, il n'était pas possible de développer les mathématiques, qu'il ne faut pas confondre avec l'arithmétique.

La mise au point des signes cursifs correspondant aux chiffres [1 à 9] a été très vite subordonnée à l'invention du *zéro de position* [0], tel qu'il se présente inscrit en position interne ou caudale, dans un nombre quelconque comme [305120]. Cette découverte fondamentale n'a pas été évidente, puisqu'elle a échappé à la majorité des peuples anciens.

A titre d'exemple, l'illustration ci-avant donne la transcription de la valeur [305120] écrite dans un abaque romain. En écrivant cette même valeur en lettres

---

[107] Georges Ifrah. *Histoire universelle des chiffres. Lorsque les nombres racontent les hommes.* Deghers, 1981

latines on se rend compte qu'il est impossible d'exécuter des opérations arithmétiques par ce moyen. La même transcription en grec ou en hébreux est encore plus compliquée, les chiffres et les lettres se confondant sous le même symbole avec ou sans signes additifs.

Aux alentours du VIIe siècle de notre ère (peut-être plus tôt), les Indiens des Indes septentrionales inventèrent des signes spécifiques pour les chiffres et firent l'importante découverte du nombre *zéro-origine* qu'ils symbolisèrent par un point [.] appelé *bindu*. Ce nombre placé à l'origine de la chronologie numérale devint la charnière entre les nombres positifs et les nombres négatifs.

Le *zéro de position* fut symbolisé par un petit cercle [o] appelé *sunya* (« *nombre-vide* ») pour le distinguer de l'autre[108]. Cette invention fondamentale, permit l'élaboration de l'algèbre, de la trigonométrie, de l'utilisation des nombres négatifs et favorisa ainsi le développement fulgurant des mathématiques.

Il y avait donc à l'origine, deux zéros distingués par un symbole différent. Cette différentiation fut supprimée par l'usage. De nos jours, à l'exception des Arabes qui conservent le point pour exprimer les zéros, l'usage généralisé de ce nombre est exprimé par un cercle, une forme ovoïde ou elliptique.

*

Il fallut beaucoup de temps pour que la notion de « *rien* » fût conçue comme un nombre. Ce qui semble maintenant évident ne l'a pas toujours été.

L'invention des signes cursifs, pour les lettres et les chiffres, a permis un prodigieux progrès ; par les signes graphiques des lettres on pouvait transcrire tous les mots et tous les sons des langues humaines, et par les signes des chiffres toutes les valeurs numériques.

L'invention du *zéro-origine*, a ouvert également la voie de l'écriture des fractions, permettant de chiffrer ce qui jusqu'alors était impossible, par exemple la moitié de un [1/2 = 0,5].

Avant l'invention des chiffres, les fractions n'étaient exprimées que par des proportions géométriques. On savait par exemple qu'en pliant en deux une cordelette on obtenait deux moitiés ; qu'en déroulant le périmètre d'un cercle sur une ligne droite en en divisant cette mesure par la longueur du diamètre de ce cercle développé, on obtenait toujours une grandeur légèrement supérieure à trois, quelle que soit la dimension du cercle ; cette grandeur approximative fut plus tard appelée Pi [109][π = 3,14159...], la constante du cercle. De la même façon furent découvertes le *Nombre d'or* grand Phi [Φ = 1,618...] et son inverse la *Divine*

---

[108] G Ifrah, *Op cit*. page 486
[109] (Pi) En mémoire de Pythagore

Proportion [petit phi = 0,618...][110] et les racines carrées données, entre autres, par les diagonales de certains parallélépipèdes. Ces Nombres à caractère divin permirent la réalisation harmonique de nombreux chefs-d'œuvre antiques.

L'Inde était très en avance sur le Moyen-Orient et l'Occident, dans la connaissance des mathématiques. Dans un ouvrage daté de l'an 628 de notre ère, l'astronome indien Brahmagupta, enseigne comment effectuer les opérations arithmétiques fondamentales mais aussi la façon de réaliser l'élévation des nombres aux puissances et l'extraction des racines.

Les Arabes, commerçant avec cette région du monde oriental, s'approprièrent cette connaissance et la développèrent largement en s'appuyant aussi sur les œuvres scientifiques de la Grèce antique, dont ils eurent connaissance bien avant l'Occident. Au IXe siècle, un savant arabe d'origine persane, Mohammad ibn Musa al-Khowarizmi (« son nom donna le mot algorithme »), figure parmi les plus illustres mathématiciens du monde arabo-islamique.

Dans un remarquable esprit de synthèse unissant la rigueur de la systématisation des mathématiciens grecs à l'aspect essentiellement pratique de la science indienne, les Arabes firent progresser de façon fulgurante l'arithmétique, l'algèbre, la trigonométrie et l'astronomie.

Is diffusèrent cette science dans tout le Moyen-Orient, dans le Maghreb puis en Espagne, pays qu'ils occupèrent durant tout le Moyen-âge de l'an 711 à l'an 1492. L'expansion arabe vers la France fut stoppée par Charles Martel[111] à Poitiers, en l'an 732.

Il est extrêmement regrettable, que les cultures chrétienne et musulmane, au lieu de collaborer au progrès civilisateur, aient lutté l'une contre l'autre pendant des siècles, se traitant mutuellement d'hérétiques ou d'infidèles, à se détruire au nom du Dieu ou d'Allah.

Gerbert d'Aurillac, qui devint le pape Silvestre II en l'an 999, introduisit en Occident le système numéral développé par les Arabes, avec les chiffres calligraphiés en arabe du Maghreb.

---

[110] (Phi) en mémoire de Phydias l'architecte du Parthénon d'Athènes ou de Fibonacci, le premier mathématicien de l'Occident.
[111] Charles Martel : père de Pépin le Bref et grand-père de Charlemagne.

Le zéro en tant qu'origine des chiffres, ne parvint dans l'Occident chrétien qu'au XIIe siècle, permettant enfin de quitter les anciens abaques de calcul pour l'arithmétique et les mathématiques modernes.

Mais ce n'est qu'à partir du XVe siècle que l'Occident abandonna les chiffres romains pour les chiffres dit arabes utilisant la forme cursive encore utilisée de nos jours.

En langue arabe le mot *ṣifra* signifie « *le vide* » ; en hébreu le mot *sépher*, a la même signification. Au XVe siècle, après de multiples adaptations, ce mot a donné en français « chiffre », pour désigner l'ensemble des nombres. Le mot français « zéro » provient de l'italien *zéfiro*, issu du latin *zéphirum*[112] lui-même provenant du mot arabe *ṣifr*.

Le tableau ci-après, inspiré de l'ouvrage de G. Ifrah, retrace l'évolution des chiffres dès le VIIIe siècle ; il existe d'autres variantes locales.

Signes indiens au IXe siècle	.	٦	٢	٢	૪	६	٢	?	T	9	٦.
Signes indiens repris par les arabes au Xe siècle	o	١	٢	٣	۶	୪	۶	٧	٨	9	١.
Chiffres arabes orientaux XIIIe siècle	ọ	١	٢	٣	ع	୪	٢	٧	٨	9	١.
Chiffres arabes actuels	•	١	٢	٣	٤	٥	٦	٧	٨	٩	١.
Chiffres arabes occidentaux au XIVe siècle	.	٢	2	3	۴	y	6	1	8	9	٢.
Chiffres européen Espagne au Xe siècle		I	2	3	૪	Y	Ь	7	8	9	
Chiffres européen XVIe siècle	o	)	2	3	4	5	6	7	8	9	)o
Chiffres occidentaux actuels	0	1	2	3	4	5	6	7	8	9	10

---

[112] Au XIIIe siècle, Leonardo Fibonacci inventa, dans son *Liber Abaci*, le nom *zéphirum* qui devint *zefiro* en italien puis *zéro* en français.

L'évolution des signes numériques n'est donc qu'un choix parmi les signes usuels développés au cours des âges. Il y en a d'autres.

En langue arabe actuelle, le zéro s'exprime par un point et le cinq à la forme d'un œuf (ou d'un cœur).

Comme nous le verrons par la suite, cette façon d'exprimer ces deux chiffres est plus conforme à la valeur symbolique des nombres correspondants que le graphisme utilisé en écriture occidentale.

Sanskrit	éka	dvi	tri	catur	pança	sat	sapta	asta	nava	daça
Latin	unus	duo	tres	quattuor	quinque	sex	septem	octo	novem	decem
Grec	hen	duo	treis	tettares	pente	hex	hepta	okto	ennéa	deka
Russe	odjn	dva	tri	tchetjre	pjat'	chest	sem'	vosem'	devjat'	desjat
Français	un	deux	trois	quatre	cinq	six	sept	huit	neuf	dix

Le tableau donné ci-dessus montre la parenté entre les noms des nombres sanskrits, latins, grecs, français et russes.

S'ils sont si proches, c'est que ces cinq langues sont toutes des langues dites indo-européennes, c'est à dire qu'elles ont un ancêtre commun d'époque préhistorique – peut-être la langue d'un peuple originaire d'Ukraine ou d'Anatolie.

Mais il n'y a pas de rapport avéré avec le Moyen-Orient et ses langues sémitiques.

 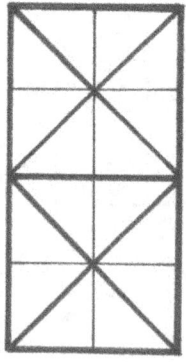

Le graphisme de tous nos chiffres et de toutes nos lettres se retrouve dans les symboles du carré ou du rectangle (double carré) associés à leurs diagonales et axes principaux.

J'ignore qui est à l'origine de ce choix graphique donnant les signes de nos lettres et de nos chiffres.

Les Nombres

Si les chiffres permettent de compter, de quantifier et d'établir des rapports mathématiques, les Nombres expriment, quant à eux, non pas une quantité mais une « *qualité* ». Ils ouvrent une porte sur la connaissance philosophique et la spiritualité débouchant sur l'approche du « *concept divin* » à l'origine de la création, permettant à la Vie de se manifester en des lieux privilégiés de l'univers.

Nous distinguerons donc les Nombres des chiffres, les premiers ouvrant sur la philosophie, les seconds sur l'arithmétique et les mathématiques.

« *Tout est ordonné par le Nombre* ». Lorsque, dans le chapitre 4, nous parlerons de la symbolique des Nombres, cet adage pythagoricien nous guidera en nous permettant de jeter un pont entre la foi du charbonnier et la rationalité scientifique.

La symbolique des Nombres, dont l'origine remonte très au-delà de notre ère, va nous permettre de jeter, avec nos yeux du XXIe siècle, un regard particulier sur la structure du cosmos.

Les Nombres irrationnels

Il est une catégorie de Nombres, dits irrationnels, qui a revêtu une importance capitale tout au long de l'histoire de l'évolution de la pensée humaine, qui débuta bien avant l'invention des chiffres au sens développé plus haut. La spiritualité, qui par définition est irrationnelle, se rattache donc logiquement à ces Nombres particuliers.

Certains de ces Nombres sont issus de proportions géométriques qui peuvent être définies par les anciens outils du géomètre : l'équerre, le compas et la règle,

Certaines de ces proportions étaient connues plusieurs millénaires avant notre ère puisqu'elles se retrouvent inscrites dans les proportions de nombreux édifices, telle la Grande pyramide de Khéops et d'autres constructions à caractère sacré..

On dit que trois nombres construisent l'univers. Ils sont tous les trois irrationnels et incommensurables:

- [Pi (= 3,1416…)] la constante du cercle et de la sphère,
- [e = 2,718…] l'exponentielle base des logarithmes népérien[113],
- [grand Phi (Φ = 1,618…)] le Nombre d'or servant de vecteur de liaison à l'expression de la *Vie divine* dans le cosmos et son inverse,
- [petit phi (φ = 1/Φ = 0,618…)], celui de la *vie physique* sur la Terre.

Il existe une multitude d'autres nombres irrationnels et incommensurables, en particulier ceux issus de l'extraction de certaines racines [$\sqrt[n]{\ }$].

La philosophie des Nombres au cours des âges

Au VIe siècle avant notre ère, Pythagore passe pour être le Père spirituel de l'antique philosophie numérale qu'il importa essentiellement d'Egypte et de Mésopotamie. Il est surtout connu pour son théorème des triangles rectangles, qu'il n'a certainement pas lui-même découvert, mais qu'il a eu le mérite de faire connaître. On lui doit des recherches géométriques sur les polyèdres réguliers inscrits dans la sphère, sur les proportions harmoniques et musicales, etc. Ses disciples étaient formés en mathématique et en mystique dans la stricte discipline de son école de Crotone. Son œuvre nous est partiellement connue grâce à Platon, le célèbre philosophe grec disciple de Socrate.

Dans l'esprit pythagoricien, il faut souligner que *les Nombres impairs véhiculent l'esprit et que les Nombres pairs sont le support des structures matérielles*. La même relation existe dans le langage ; les voyelles expriment les sons, le sacré, l'âme, et les consonnes la structure porteuse du sacré, en quelque sorte son squelette. Par respect pour cette règle en particulier, les anciennes cultures sémitiques, n'avaient pas les voyelles dans leurs écritures.

Toujours dans l'esprit pythagoricien ; *les Nombres s'expriment par leur inverse en exaltant leurs vertus*. Ce principe sera amplement utilisé dans l'analyse symbolique des Nombres sacrés.

La philosophie platonicienne a un point commun avec la kabbale hébraïque qui considère les Nombres comme des intermédiaires entre la *Pensée Suprême* et celle de l'être humain. Cette approche en même temps philosophique, physique et métaphysique du phénomène préoccupe l'intelligence de l'homme depuis la nuit des temps.

---

[113] Il existe d'autres bases logarithmiques.

Les Juifs approfondirent cette voie philosophique dans le *Sefer Yetsirah – le Livre de la Création du monde*. Les kabbalistes, les gnostiques, certains pères de l'Eglise chrétienne, les hermétistes et les alchimistes développèrent à leur tour ces valeurs en les intégrant à leurs doctrines. La culture chrétienne est très riche en symbolisme numéral.

Dans la Chine antique, à la même époque que Pythagore, Lao-tseu développa le taoïsme qui est aussi une philosophie basée sur les Nombres. Sous un aspect plus abstrait, on retrouve cette philosophie dans la religion de l'Egypte pharaonique et dans le brahmanisme.

Quelques définitions.

Les Nombres (et les chiffres) se composent de nombres impairs, de nombres pairs et de nombres irrationnels incommensurables.

- Les nombres pairs sont toujours des multiples de deux : [2, 4, 6....]
- Le Nombre Un est impair mais unique, l'Unité, dont je reparlerai plus tard.
- Les autres nombres impairs sont toujours composés d'un nombre pair auquel s'additionne l'Unité [nombre pair + 1].
- Certains nombres sont aussi appelés *nombres premiers*. Ce sont les nombres qui ne peuvent être divisés que par un et par eux-mêmes [3, 5, 7, 11,...]. Ainsi, neuf est un nombre impair mais n'est pas un nombre premier (9 peut être divisé par 1, par 9 mais aussi par 3).

La recherche de ces nombres disposés de façon aléatoire sur l'échelle des chiffres de 1 à l'infini, a ouvert la porte à une foule de découvertes en mathématiques auxquelles les plus grands mathématiciens ont participés[114].

- Tout *nombre pair* peut être décomposé de la somme de deux nombres premiers : par exemple [10 = 3+7 ou 5 + 5, etc].
- *Nombre parfait* : est ainsi nommé un Nombre qui est égal à la somme de ses diviseurs autres que lui-même. Le premier nombre parfait rencontré dans la succession des nombres entiers est 6 car [1+2+3 = 6], le suivant est 28, car [1+2+4+7+14 = 28].
- Les *nombres irrationnels* constituent une classe séparée et ne doivent pas être considérés en chronologie numérale. Exprimés arithmétiquement, les nombres incommensurables ont une quantité illimitée de chiffres après la virgule.

---

[114] *La Symphonie des nombres premiers*, de Marcus du Sautoy, © 2005, Editions Héloïse d'Ormesson

- Les *nombres limites*, sont ceux qui se situent à l'origine des nombres (le zéro) et à la fin de la succession des nombres (l'infini).
- Les *Nombres transcendants* sont des nombres complexes qui ne sont pas algébriques, tels Pi (π) et l'exponentielle (**e**).
- Les *nombres imaginaires et complexes (i)*. Ils ouvrent sur un monde fascinant aux vertus extraordinaires issues d'une équation exprimant que [$i^2 = -1$], soit que. [$i = \sqrt{-1}$]. Par ces nombres, on étend le territoire de la ligne à la surface et on constitue un outil pratique pour résoudre de nombreux problèmes mathématiques.
- *Les fractales* : ouvrent une voie mathématiques vers la théorie du chaos.

Le Nombre d'Or

Il s'agit du plus intéressant des nombres irrationnels, aux multiples propriétés, connues en Orient[115] depuis la nuit des temps et en Occident chrétien, depuis le XIIème siècle. De très nombreux chercheurs se sont exprimés à son sujet, mettant à disposition de l'esprit curieux une quantité d'ouvrages forts intéressants.

Vu son importance dans la symbolique des Nombres, le chapitre 13 lui sera entièrement réservé. J'exposerai les relations qui existent entre lui et les autres nombres irrationnels, ainsi que les rapports extraordinaires de ce Nombre avec la géométrie, les mathématiques et le monde vivant. On le retrouvera tout au long de la chronologie numérale, caché, discret, universel et flamboyant.

Tout cela en fait un Nombre qualifié de divin, la *Divine proportion*, le *Pont d'or du cosmos*, vecteur d'harmonie et de beauté dans l'univers, en relation étroite avec la *Vie divine* et sa manifestation sous forme d'existences, en quelque sorte le *Code secret de Dieu*.

Autres Nombres irrationnels

Certaines racines de nombres génèrent des nombres irrationnels. La valeur symbolique de la racine carrée ($\sqrt{}$) exprime ce qui est caché dans le nombre ; par son graphisme en forme de toit, ce signe évoque l'*essence*, le *principe* du nombre cité, ce qui est enfoui au cœur des choses.

---

[115] Il semble que ce Nombre particulier si familier aux Egyptiens, ait échappé aux autres cultures humaines antiques. Il reste encore largement méconnu du public dans nos sociétés dites modernes.

En symbolique numérale on exprime, par exemple, les valeurs suivantes par[116] :

- $\sqrt{2}$ le terrestre, l'humain, la non-conscience du divin, l'ignorance
- $\sqrt{3}$ la super conscience
- $\sqrt{5}$ l'incarné, le divin en nous.
- $\sqrt{\Phi}$ L'essence de la Vie divine devenant *l'expression christique* dans l'univers.
- $\sqrt{\varphi}$ L'essence de la vie terrestre devenant *l'âme de la vie* qui anime tout ce qui existe sur Terre.

De nombreuses autres racines ont fait l'objet du même type d'analyse symbolique – avec souvent beaucoup de subjectivité ce qui ne les rend pas toujours crédibles.

Nombres de valeurs limites

Pour les mathématiciens, l'*infini* n'est pas un nombre, car par définition il s'agit d'une valeur tendant vers une fin mais sans jamais l'atteindre. Cette valeur est toujours associée aux signes plus ou moins [+ ou -] ce qui indique clairement que les *infinis* des deux signes se rejoignent en un point, leur donnant ainsi une finalité.

Lorsque j'utiliserai le langage métaphysique, je vais considérer l'*infini* comme un nombre à l'égal des autres, mais qui n'aura plus le sens que lui donnent les mathématiques.

Par contre, le *zéro* est considéré par les mathématiciens comme un nombre origine de valeur rien, articulation entre les valeurs positives et les valeurs négatives.

Il gardera le même sens en symbolisme des Nombres, avec une nuance de taille quand le zéro sera écrit [$10^{-\infty}$], car dans cette écriture, ce Nombre devient une valeur inatteignable comme l'infini.

---

[116] Théo Kölliker, *Croire ou comprendre*. Op.cit.

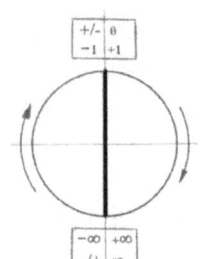
La philosophie numérale pythagoricienne ne considérait pas le zéro en tant que Nombre, car la notion de vide ou de rien n'y était pas attachée ; l'univers était de tout temps, éternel et immuable. L'évolution de la pensée et des connaissances scientifiques permet aujourd'hui de prendre en compte cette notion [zéro] jusqu'alors occultée

Pour bien concrétiser l'idée prenant en compte les deux limites [**0** et ∞], j'ai exprimé sur le périmètre d'un cercle l'ensemble des chiffres positifs et négatifs en situant les deux pôles-charnières représentés par l'« infini » et le « zéro ». Les deux limites séparent les nombres négatifs des nombres positifs.

(+ ou -) zéro : l'origine de tous les chiffres
(+ ou -) infini: la limite inatteignable des chiffres

- Zéro [± 0] est en même temps la fin et le début de quelque chose.
- Infini [± ∞] est en même temps la fin et le début d'une limite en polarité avec zéro.
- L'ensemble des chiffres se déroule sur la circonférence d'un cercle, tournant comme les aiguilles d'une montre.
- Entre [± 0 et ± ∞] sont situés tous les chiffres positifs de [+1 à + ∞] et les chiffres négatifs de [- ∞ à -1]
- Le graphisme particulier des chiffres *0* et du *1* se trouvent exprimés par le cercle et son diamètre

Une relation très particulière

Les Nombres zéro [0] et infini [∞] sont deux nombres singuliers, qui offrent d'étranges particularités. Ces nombres définissent un rapport mathématique qui a une résonance symbolique importante et essentielle à souligner.

En mathématique, *zéro* est l'inverse de l'*infini* ; l'*infini* est l'inverse de *zéro* ou encore *zéro* multiplié par *infini* égale *un* :

$$[1/\infty = 0] \quad \text{ou} \quad [1/0 = \infty] \quad \text{ou encore} \quad [0*\infty = 1]$$

La résolution de cette équation n'est pas en accord avec l'esprit des mathématiques car elle donne une solution aberrante.

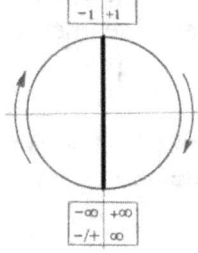

En effet, zéro multiplié par n'importe quel nombre donne toujours zéro ; or dans l'expression mathématique ci-dessus, la multiplication de zéro par l'infini donne *un* et non pas *zéro* [0*∞ = 1].

Il s'agit d'une exception ; quelque chose se passe, une fraction infinitésimale avant infini, comme le démontre l'équation corrigée suivante :

$$(0 * \infty) - (\infty/\infty) = 1 - (\infty/\infty)$$
$$1 \ - \ 1 \ = 1 \ - \ 1 \ \ = 0$$

Les mathématiciens ne peuvent pas accepter cette équation corrigée, car même s'il est exact qu'un nombre divisé par lui-même vaut toujours [1] cette considération n'est pas valable pour l'*infini*. Quand on touche aux valeurs limites, comme *zéro* et *infini*, les mathématiques pures se confrontent à la métaphysique et les chiffres se démarquent des Nombres.

Singularités géométriques et arithmétiques.

Il n'y a pas de doute que pour une infime fraction en-dessous de l'*infini* la logique est respectée [0*n = 0] mais lorsque la grandeur « n » passe à l'*infini*, le produit devient « un » et non plus « zéro ». Il s'agit d'une singularité mathématique, une aberration.

Il existe une autre singularité, géométrique celle-là, tout aussi aberrante. Tous les esprits curieux la connaissent. Il s'agit de la grandeur des diagonales des

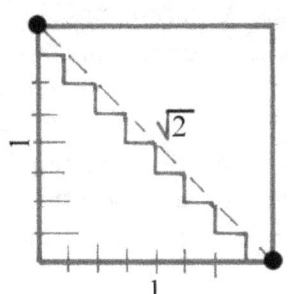

parallélogrammes. Le dessin ci-dessous explicite cette singularité. La diagonale d'un carré (par exemple) de grandeur [1 sur 1] vaut la racine carrée des côtés du carré, soit [$\sqrt{2}$ = 1,414...], nombre dans ce cas incommensurable. Cette règle est valable pour tous les parallélogrammes carrés, rectangles ou quelconques.

Si l'on tend vers cette diagonale en montant en escaliers, celle-ci reste constamment égale à la somme des deux côtés : soit 2.

L'addition des marches et des contremarches donne toujours [deux] dans l'exemple du carré de grandeur [1 sur 1]. Cette condition reste valable jusqu'à une infime fraction en dessous d'un nombre infini de marches.

Comme dans le premier exemple, quand on atteint l'infini(té) de marches et de contremarches, le système *bascule* vers une valeur plus petite : pour le carré, celle-ci passe brusquement de [2 à 1,4142..]. Il s'agit également d'une singularité géométrique, mais aussi d'une aberration inexplicable mathématiquement.

Les deux singularités exposées ci-dessus, montrent que tout se passe dans une fourchette infiniment petite donc proche de *zéro*, ce qui prouve indéniablement que ces deux Nombres [0 et ∞] sont étroitement liés dans l'Unité.

Il y a probablement d'autres singularités du même genre que j'ignore. Celles que j'ai citées, parlent en faveur d'un concept échappant à la raison, tout en restant concret sur le plan des mathématiques.

Comme les Nombres [± 0 et ± ∞] sont des nombres charnières ayant une consonance métaphysique, l'explication du phénomène est peut-être à rechercher en dehors des mathématiques pures ? La ronde des chiffres exprime bien que l'ensemble des nombres positifs et négatifs, du fait des doubles signes du *zéro* et de l'*infini*, se déroule en un cercle fermé.

Ces singularités signifient plusieurs choses : *Rien* multiplié par *Tout* vaut *Un* et non *zéro*. Dans la symbolique des Nombres, *Un* correspond à l'*absolu*, au *Non-manifesté* ; comme le cercle est l'expression symbolique, en même temps, de l'*Unité, du Dieu-absolu,* mais aussi du *Tout* (l'univers) et qu'on le retrouve dans la graphie du *zéro*, on est bien au cœur de quelque chose de très particulier.

Comme un cercle est défini par un centre (le point), un rayon et un mouvement qui permet à l'extrémité du rayon de dessiner le périmètre, on se trouve en face de trois choses essentielles liées par le mouvement dans l'espace-temps. Le périmètre du cercle lui-même n'a ni commencement ni fin et tourne indéfiniment sous l'action du mouvement.

Selon ce qui précède, et sans sombrer dans l'invraisemblable, il me semble logique de dire que ce qu'on appelle *Dieu-absolu* [*Un*], englobe tout un processus ; *Un* et *Tout* forment un ensemble dynamique.

Ces phénomènes inexplicables gardent aux mystères divins leur grandeur irrationnelle, dans les limites des deux pôles du monde de l'infiniment petit à l'infiniment grand.

Le Nombre Un

Le Nombre [1] a des propriétés mathématiques et géométriques qui en font un Nombre unique en son genre. Comme je reviendrai sur ce nombre fondamental dans le chapitre 4, je me contenterai d'en résumer ici l'essentiel.

J'ai démontré précédemment l'étroite relation qui lie les Nombres *zéro*, *infini* et *un* [0, ∞ et 1].

Un est omniprésent dans toute la série des Nombres ce qui induit une grande résonance métaphysique. Ce Nombre exprime l'omniprésence du concept de Dieu tout au long de la création, mais aussi avant et après, ce qui conduit au postulat du *Un* qui englobe le *Tout*.

L'expression populaire, « *un Point c'est Tout* ! » trouve peut-être ici une résonance métaphysique.

Dans mon exposé, ce postulat s'exprimera par le symbole du Nombre *Un* inséré dans un cercle exprimant *Tout*, soit ①.

La progression numérique s'établira ainsi :

(1)	(1 + 1)	(1 + 2)	(1 + 3)	(1 + 4)	(1 + 5)	etc
①	① + 1	① + 2	① + 3	① + 4	① + 5	etc
1	2	3	4	5	6	etc

Le Nombre [0]

Dans la symbolique des nombres *zéro* est un Nombre. Quand il est considéré comme « *zéro de position* » il est chiffre et intervient comme amplificateur des nombres purs. Il est alors placé à droite du nombre : tels 10, 20, etc. Lorsqu'il est placé à gauche des nombres, *zéro* devient réducteur, affaiblissant et destructeur puisqu'il tend vers la valeur nulle « *zéro-origine* », puis vers les nombres négatifs :

Nombres négatifs	Charnière	Nombres positifs
....[-1.0], -0,9,......- 0.2, - 0.1,	[± 0],	+0.1, +0.2, +0.3,...+0.9, [+1.0]

On constate que le phénomène débute au Nombre [*un*]. Entre [*un*] et [*zéro*] se trouvent toutes les fractions positives plus petites que un. A partir de zéro, les fractions négatives vont en croissant vers [−1].

Zéro peut prendre aussi la valeur de « *zéro-rien* ». Dans ce contexte il s'écrit [$0 = 10^{-\infty}$], (dix puissance moins infini) et correspond à une valeur inatteignable, tout en restant le début de quelque chose, d'où sa valeur métaphysique qui va l'aligner sur les deux autres Nombres *Un* et *Infini*.

Le Nombre *Zéro* est donc ambivalent et porteur de deux qualités qui s'annulent mutuellement. Le symbolisme rattaché à ce Nombre a ouvert la voie à de nombreuses polémiques, car il peut induire la notion de néant, précédant la manifestation. Or « *rien* et *néant* » ne sont pas synonymes.

*

La Connaissance par les Nombres, qui sera traitée dans le chapitre suivant, mettra en évidence un phénomène propre à cette voie philosophique. *Les Nombres impairs véhiculent l'esprit, les Nombres pairs véhiculent la structure permettant à l'esprit de se manifester, le tout sous l'omniprésence de l'Unité divine symbolisée par le signe ①.*

Conscient de la différence entre quantité et qualité, l'analyse des Nombres de [1 à 10], constituant l'ensemble de cette ancienne philosophie, nous conduira des origines du phénomène de la création à son apogée jusqu'à son retour vers le point de départ. Le tout sera éclairé par les connaissances acquises au cours de la lente évolution de l'humanité.

Tout au long du processus de la création, les Nombres nous guident vers un but.

Certains de ces Nombres sont omniprésents, souvent cachés et ne se laissant voir que par la subtilité de l'analyse mathématique des symboles dans lesquels ils se trouvent.

Cette approche pourra rebuter ceux ou celles qui ne sont pas férus en ces sciences appelées géométrie ou mathématique.

Un fait avéré et démontré géométriquement qui n'apparaît pas immédiatement dans le raisonnement, mettra en évidence que le Nombre d'or, véhicule de la *Vie divine*, sera, à l'exemple du Nombre *Un*, omniprésent tout au long du lent processus de développement de l'univers des origines à l'expression de la vie au sens où on la connaît.

On pourra critiquer ou compléter les relations, peut-être pédantes, qui se rencontreront inévitablement au cours de cette analyse.

Tout n'a pas été dit et cette voie induit une continuelle remise en question.

Deuxième partie

La connaissance par les Nombres

Tout est ordonné par le Nombre
Pythagore

*Le principe de notre incertitude
est que notre compréhension de l'Un ne nous vient,
ni par la connaissance scientifique, ni par la pensée,
comme la connaissance des autres choses intelligibles,
mais par une présence qui est supérieure à la nôtre*
Plotin, Ennéades

*Le grand livre de la nature est écrit
avec l'alphabet de la géométrie*
Galilée

Chapitre 4

****

La symbolique des Nombres

Introduction

Au cours de la première partie de cet ouvrage, j'ai exposé comment, malgré les progrès de la science, les mystères de nos origines restent encore très obscurs à notre entendement.

Le monde concret de la physique et celui plus subjectif de la métaphysique, font partie d'un même univers, et, au-delà des apparences, science et philosophie se confondent.

Dans cette deuxième partie, je vais considérer *la Vie* comme une émanation d'origine divine, et ses manifestations (physiques) dans tout l'univers comme étant la finalité de l'expression d'une volonté supérieure justifiant la création.

Avant de comprendre scientifiquement les règles et les lois qui gouvernent l'univers, les philosophes ont d'abord réfléchi et interprété, par le raisonnement, certains phénomènes naturels.

Ce qui semble évident aujourd'hui ne l'a pas toujours été. Plus personne n'ignore que la Terre est ronde et tourne autour du Soleil, dans une galaxie parmi une multitude d'autres. Le monde des planètes et des étoiles n'est plus le siège des dieux et de leurs manifestations.

Plus personne n'ignore que ce sont les bactéries et les virus qui provoquent des épidémies et non pas une malédiction divine. Paradoxalement, malgré le fait que le nombre de mystères, dans tous les aspects de la connaissance, ait diminué, il reste aujourd'hui, pour comprendre notre environnement, plus de points d'interrogation qu'ils n'y en avaient du temps de Pythagore et de Platon.

La métaphysique des Nombres inventée par nos lointains philosophes n'avait aucun rapport avec ce que nous appelons les mathématiques.

Les Nombres avaient valeur de métaphore et se développaient en continuité du [Un] vers le [Dix] : ce dernier prenant la dimension d'une nouvelle Unité, le [Un/Tout - ①] englobant tout le reste selon le modèle de la Tetraktis pythagoricienne.

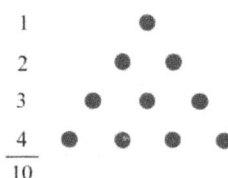

La notion [*zéro*], en tant qu'origine des nombres n'était pas encore concevable, car ce nombre n'a été « inventé » que beaucoup plus tard. Cela revient à dire que la notion de « *rien* » n'avait pas le sens qu'on lui donne aujourd'hui ; l'univers était immuable, sans origine ni fin.

En parlant de l'univers et de ses mystères, dans le paragraphe, « *Transmission de la connaissance de l'antiquité à nos jours* », j'ai développé la manière dont les philosophes de l'antiquité grecque se représentaient l'univers et comment la connaissance quitta progressivement le sein des temples pour celui des écoles ouvertes et démocratiques, comment le panthéon divin, petit à petit, fit place à la raison.

La pensée des philosophes antiques reflète les questions fondamentales, à la base de toutes les réflexions cosmogoniques et leurs répercussions philosophiques et scientifiques.

Cette réflexion est basée essentiellement sur la connaissance de la métaphysique numérale et de la géométrie qui lui est attachée.

Nombre et géométrie

La science des Nombres est une démarche philosophique de la connaissance vers la spiritualité qui débouche sur la compréhension du mystère divin qui engendre *la Vie*. Cette science est construite sur quatre règles essentielles:

- Un *Nombre n'exprime pas une « quantité mais une qualité, un concept, une idée »*. La quantité est l'affaire des chiffres, non des Nombres. La meilleure approche symbolique de cette science est la géométrie.
- La deuxième règle affirme que : « *les Nombres s'expriment par leur inverse* ». On doit cet adage à Pythagore qui le justifia par le phénomène des cordes vibrantes, dont

le nombre de vibrations varie comme l'inverse de la longueur de la corde. Ce principe symbolique étendu à tous les nombres est en corrélation avec les mathématiques qui confirment que le numérateur dénombre et que le dénominateur qualifie.

- La troisième règle dit que « *les Nombres impairs véhiculent l'esprit et les Nombres pairs le concret, le monde matériel* ». L'analyse détaillée des Nombres démontrera cette réalité à haute portée initiatique. J'attire ici l'attention sur le fait que dans mon postulat l'« *esprit* » ne doit pas être confondu avec l'« *énergie* » qui est le propre de l'« *âme* » (phénomène qui anime).

  En physique, l'énergie est le produit d'une puissance par une durée, donc soumise aux lois de la dégradation par l'entropie. L'esprit échappe à cette loi.

- Aux trois règles précédentes, j'ajoute une autre relation fondamentale disant que *l'Unité divine est omniprésente tout au long du processus symbolique de la progression des Nombres et entraîne dans son sillage la Vie divine qui sera symbolisée par le Nombre d'or.*

Dans l'ancienne Egypte, la géométrie était déjà enseignée comme une voie pour parvenir à la connaissance divine. Tout axiome de vérité devait pouvoir s'exprimer géométriquement, car tout phénomène se situait dans l'espace et le temps comme la résultante de mouvements et de rythmes qui lui donnait sa forme et son caractère par le Nombre.

D'où la maxime « *l'homme est la mesure de l'univers* », et l'idée qui se reflète dans la célèbre inscription trouvée à Saïs dans le delta du Nil, sur la tombe d'un prêtre d'Amon de la XXIIe dynastie : « *Je suis Un qui devient Deux, je suis Deux qui devient Quatre, je suis Quatre qui devient Huit et je suis Un qui les protège.* » On peut également citer la Table d'Emeraude attribuée à Hermès Trismégiste, « le trois fois grand », qui nous vient également de la lointaine Egypte et qui dit: « *Ce qui est en haut est comme ce qui est en bas........* ».[117]

La géométrie permet une approche ésotérique de la philosophie. Elle a donné naissance aux premiers théorèmes qui plus tard se développèrent mathématiquement. De même, elle a ouvert les portes à la trigonométrie (la science des angles).

Les mots « théorème » (du grec *theôrêma* qui signifie « objet d'étude ») et « théorie » (du grec *theôria* qui signifie « procession » mais aussi « action

---

[117] Selon la traduction de Fulcanelli, donnée intégralement en annexe à ce chapitre.

d'observer » sont rapprochés par certains étymologistes du mot grec *théos* signifiant « dieu »[118].

Comme pour en souligner l'importance, on aurait ainsi donné un caractère divin et ésotérique aux considérations géométriques et mathématiques. L'inscription « *Nul n'entre ici s'il n'est géomètre* », qui figurait au fronton de l'école platonicienne appelée l'Académie, illustre bien l'importance fondamentale que les philosophes de l'époque accordaient à cet art qu'est la géométrie.

La géométrie ne se limitait pas à mesurer la Terre (selon l'étymologie du mot) ou d'autres surfaces et volumes, mais elle amenait progressivement le chercheur à découvrir et éclaircir les mystères de la construction du cosmos.

Grâce aux Nombres et aux formes, les figures géométriques devinrent des symboles révélateurs, porteurs d'un message s'appliquant aux questions les plus subtiles de la métaphysique et de l'ontologie (la science de l'être).

Les Anciens cherchaient la vérité dans le Nombre et la fonction géométrique, car cette voie, échappant aux pièges de la dialectique, s'imposait par sa simplicité et sa rigueur et ne pouvait pas être déviée par des considérations subjectives, personnelles ou sentimentales.

Dans ce qui va suivre, je montrerai comment cette vision était juste et comment elle a gardé sa valeur jusqu'à nos jours. La construction de formes géométriques est restée une voie de recherche et de méditation.

Dans la philosophie des Nombres, les *nombres irrationnels* vont jouer un rôle fondamental car tout ce qui touche au concept divin est irrationnel ; or les Nombres géométriques tels que le cercle ou le pentagone induisent des constantes irrationnelles, telles [pi (π)] et [grand phi (Φ)] et son inverse petit phi [$1/\Phi = \varphi$] qui font de ces formes géométriques des symboles divins.

Du temps de Pythagore et de Platon, du fait de la méconnaissance du zéro-origine, il était impossible d'exprimer mathématiquement, des valeurs irrationnelles telles que [π], la constante du cercle et de la sphère ou [Φ], le Nombre d'or, le Nombre de la *Vie divine* et de l'harmonie. Il était par contre, parfaitement possible d'exprimer ces valeurs par des proportions géométriques.

---

[118] *Le Dictionnaire étymologique de la langue grecque* de P. Chantraine indique que ce rapprochement est « ingénieux mais ne semble pas démontré ».

C'est ce qui a permis, dès la plus haute antiquité, d'utiliser ces valeurs, hautement symboliques, dans l'expression de l'art sacré et de comprendre leur importance philosophique. Les deux Nombres irrationnels [π et Φ], liés l'un à l'autre dans le cercle, par les propriétés du pentagone et de son étoile[119], prenaient ainsi place dans le concept divin. Ce qui fit dire à Pythagore que dans l'univers *Tout est ordonné par le Nombre* ».

D'autres nombres irrationnels, tels que certaines racines carrées, étaient également connues. Vu l'importance des symboles concernés, par exemple, la diagonale du carré qui vaut [$\sqrt{2}$] et celle du double carré qui vaut [$\sqrt{5}$], ils étaient vénérés autant que les deux autres déjà cités. Les extraordinaires constructions érigées dans l'antiquité témoignent en faveur de cette connaissance.

Pendant longtemps, les nombres irrationnels connus le furent uniquement sous forme de proportion. Ils ne purent être chiffrés que beaucoup plus tard lorsque les signes des chiffres, et surtout le zéro, furent inventés.

A l'avènement du zéro-origine, vers le VIIe siècle de notre ère, les mathématiques issues de cette invention provoquèrent une explosion de la connaissance, et de nombreux autres nombres irrationnels furent découverts, fixant les règles d'un univers rationnel et irrationnel à la fois.

A ces premières constantes s'ajoutèrent progressivement une multitude d'autres, en rapport avec certaines valeurs mathématiques telles que l'exponentielle [e = 2,718..] à la base des logarithmes népériens ou naturels, le Nombre d'Avogadro[120], la constante de Planck [h][121], la vitesse de la lumière [c].[122] A cette liste, on pourrait ajouter la masse et l'énergie des particules élémentaires, qui sont autant de constantes, sans oublier les lois de la mécanique céleste définies par Kepler, celles de la mécanique de Newton, etc.

*

Une multitude de réponses a été donnée aux questions fondamentales qui se posent depuis la nuit des temps. *Où, quand*, et *comment* résument en trois mots les

---

[119] Voir le sous-chapitre 13
[120] *Amadeo Avogadro*. (X1776-1856) : chimiste et physicien italien. Il émit l'hypothèse selon laquelle il y a le même nombre de molécules dans les volumes égaux de gaz différents, à la même température et à la même pression, soit :   6,022 136 7 * 10^{23} mol^{-1}.
[121] La constante « h », dite constante de Planck, a pour valeur 6,626 *10^{-34} joule-seconde.
[122] *Vitesse de la lumière* : proche de 300'000 km/sec.

mystères de nos origines. De ces questions sont nés tous les mouvements philosophiques et religieux, souvent antagonistes, qui modelèrent la structure mentale des sociétés humaines au cours des âges.

Pendant très longtemps, la connaissance était réservée à une élite religieuse ou sectaire et ne sortait pas du cœur des temples ni des cercles d'ouvriers initiés réalisant leurs chefs-d'œuvre. Malgré les guerres, les anéantissements, ces secrets, gardés jalousement, ont défié les siècles.

Venus du Moyen-Orient, ces secrets se sont mêlés aux traditions occidentales celtiques structurées sur le même système, mais probablement d'origine différente. Le Moyen-âge édifia sur cette base, l'art roman puis l'art gothique.

Durant la Renaissance (XVe et XVIe siècle), on chercha à remonter aux sources de l'art grec et à remettre en honneur la culture antique. Ce fut une époque riche et prodigieusement fructueuse dans les arts et les sciences, et qui vit naître des êtres exceptionnels : Léonard de Vinci, Luca Pacioli, Albrecht Dürer, Michel-Ange et tant d'autres. Malheureusement, dès cette époque, l'architecture sacrée s'écarta souvent de son symbolisme fondamental et perdit ses qualités intrinsèques au profit de l'art nouveau qui répondait à des critères architecturaux, bien souvent étrangers à la science des Nombres. Quelques exceptions, comme le château de Versailles, construit harmoniquement et orienté selon les anciens principes chers aux bâtisseurs, confirment la règle.

Et pourtant, malgré tout, cette force étrange qui nous vient de si loin est encore là, intacte. Bien peu de monde s'y intéresse. On n'enseigne pas cette science dans les écoles, mais elle fleurit dans une littérature spécialisée et fait l'objet de recherches continuelles.
De nombreux auteurs ont laissé leurs noms dans cette quête de l'absolu :

On peut citer de façon non exhaustive : Petrus Telemarianus[123], Matila Ghyka, Theo Kölliker, Dom Neroman, Dr Allendy et tant d'autres, qui ont contribué à la diffusion de ce message.
La foi, qui demande non pas de comprendre mais de croire, reste le moteur de la doctrine chrétienne et des autres religions. Les choses changent.
Dans les sociétés occidentales - et dans celles influencées par elles - assoiffées par le rationalisme scientifique, la raison exige aujourd'hui, d'autres

---

[123] Petrus Telémarianus, voir note 2.

nourritures ; elle veut comprendre. Mais, comme par définition l'irrationnel échappe à la raison, celle-ci semble s'égarer de plus en plus et la foi reste, paradoxalement, fidèle à ses dogmes.

Si les connaissances scientifiques ont considérablement progressé, la connaissance du mystère divin, est restée par contre stagnante, intouchable. Par analogie, c'est comme si la médecine d'aujourd'hui était restée fidèle aux pratiques de Galien (au IIe siècle de notre ère), sans évoluer.

Pourquoi la connaissance de Dieu n'a-t-elle pas progressé de la même façon ? Doit-on repenser ce concept ?

Il n'est pas facile de rester cohérent dans l'analyse de l'aspect symbolique de la connaissance de l'origine des choses, car elles sont liées les unes aux autres par une logique qui n'est pas forcément mathématique. On a tendance à faire cette analyse en dissociant ou en isolant les Nombres les uns des autres, comme on le fait souvent en sciences où les disciplines sont dissociées en spécialités. Comme on le verra par la suite, les Nombres s'interpénètrent, ce qui ne rend pas leur interprétation toujours facile et évidente.

La métaphysique des Nombres a été développée bien avant que la science n'explique le mécanisme de l'univers de l'infiniment grand et de l'infiniment petit. Dans ce chapitre, nous essayerons de voir si cette philosophie est toujours d'actualité ou si elle n'est plus adaptée à la mentalité de notre époque.

Parler des premiers Nombres de [1 à 3], revient à évoquer l'origine de la création et de *la Vie* qu'elle transmet. Ils sont par définition difficiles d'accès. Comme on l'a vu dans les chapitres précédents, ces deux aspects de la connaissance butent sur une multitude de points d'interrogation et d'hypothèses plus ou moins étayées. Ce que l'on sait de l'univers et de *la Vie* étant doublé désormais de l'aspect métaphysique du concept de Dieu, ne va pas simplifier l'analyse.

Les lecteurs pourront parcourir ce qui suit sans chercher à trop comprendre et affronter cette connaissance à partir du Nombre [4], lorsque le *cadre-formateur* est constitué. A partir de là, le message devient plus clair et en principe à portée de tout le monde.

A la fin de ce chapitre, un résumé succinct, donnera un éclairage global à ce qu'on appelle la symbolique des Nombres.

Cette façon d'aborder la théologie n'est pas facile d'accès et nécessite certaines compétences en mathématiques, en géométrie et un minimum de foi en quelque chose d'indéfinissable.

Je me classe du côté des croyants qui ne s'appuient pas sur des dogmes pour étayer leur foi, et j'accepte qu'un matérialiste ou un athée qui lira peut-être ce livre, ne comprenne pas le message qu'il est sensé véhiculer.

Ce livre n'a pas été écrit pour défendre une doctrine, mais pour entrouvrir une porte vers un peu de lumière, dans l'espoir de permettre l'éveil de la conscience à un monde spirituel d'une beauté et d'une intelligence qui échappent à la raison.

Les Nombres de [1 à 10] vont expliciter la création de l'univers en une logique chronologique indéniable.

*

Dans ce système il est indispensable d'accepter que :

• [Un] représente le Nombre de *Dieu* !
• Le Nombre d'or [Φ], celui de la *Vie divine* !
• Le Nombre [5], celui du *divin*.

Ce qui exclu de cet ouvrage, les sceptiques, les athées et tous ceux qui sont allergiques à une forme même non dogmatique des grands mystères divins.

****

Texte des secrets d'Hermès, écrit sur la Table d'émeraude, trouvée entre ses mains, dans l'antre obscur ou son corps inhumé a été découvert
(selon la traduction de Fulcanelli)

Il est vrai, sans mensonge, certain et très véritable, ce qui est en bas est comme ce qui est en haut, et ce qui est en haut est comme ce qui est en bas ; par ces choses se font les miracles d'une seule chose.

Et comme toutes les choses sont et proviennent de Un, par la médiation de Un : ainsi toutes les choses sont nées de cette chose unique par adaptation.

Le Soleil en est le père, et la Lune, la mère.
Le vent l'a porté dans son ventre.
La Terre est sa nourrice et son réceptacle.

Le Père de tout, le Thélème du monde universel est ici.
Sa force ou puissance est entière si elle est convertie en terre.

Tu sépareras le terre du feu, le subtil de l'épais, doucement avec grande industrie.
Il monte de la terre et descend du ciel, et reçoit la force des choses supérieures et des choses inférieures.
Tu auras par ce moyen la gloire du monde, et toute obscurité s'enfuira de toi.

C'est la force, forte et toute force, car elle vaincra toute chose subtile et pénétrera toute chose solide.
Ainsi le monde a été créé.
De cela sortiront d'admirables adaptations, desquelles le moyen est ici donné.

C'est pourquoi j'ai été appelé Hermès Trismégiste, ayant les trois parties de la philosophie universelle.

Ce que j'ai dit de l'œuvre solaire est complet.

Chapitre 5

****

Les Nombres [O, ∞, 1, 2 et 3]

Le Nombre de valeur Rien : (+/- Zéro)
et le Nombre de valeur Tout (+/- Infini)

Le Nombre *zéro*, le Nombre du *rien*, ne doit pas être confondu avec le *néant*[124] (le non-être, ce qui n'est pas). *Rien,* qui exprime le *début de quelque chose,* n'a que rarement, été considéré par les adeptes de la philosophie numérale[125] bien que par ce Nombre on entre de plein pied dans la métaphysique.

Dans le chapitre 3, j'ai déjà évoqué la valeur symbolique numérale attachée aux deux Nombres limites, *zéro* et *infini***,** ainsi que la relation les reliant à l'*Unité,* au *Un*, dans un contexte particulièrement irrationnel, dans lequel les mathématiciens ne s'aventurent pas.

Comme dans le langage symbolique les chiffres ne doivent pas être confondus avec les Nombres, j'ai admis que l'*infini* était lui-même un Nombre fini.

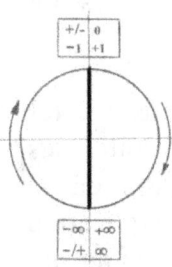

Disposés sur le périmètre d'un cercle, *zéro* et *infini* agissent comme deux pôles charnières séparant les valeurs négatives des valeurs positives. Cette disposition met en relief l'importance du *cercle* qui couvre l'ensemble des nombres rejoignant le grand symbole de l'*Unité divine***,** que j'ai exprimé par le Nombre [Un/Tout] inscrit dans un cercle ①.

---

[124] En effet, si on peut parfaitement envisager une capacité d'être du *rien* comme en témoigne l'affirmation « ce n'est rien », tel n'est pas le cas avec le *néant* dont le sens implique une négation même de ce qui est ; ainsi dire : « c'est le néant » constitue alors une absurdité sémantique.
[125] Théo Kölliker en parle dans son livre : *Croire ou comprendre* (p 115)

Du centre [0] vers la circonférence [∞], un même symbolisme grandit avec le rayon du cercle dans un mouvement dynamique dessinant la circonférence; par extension, le symbole devient spatial lorsque le rayon définit la sphère.,

Dans ce contexte, le *zéro* rejoint déjà l'*infini* car du centre de rayon nul au cercle de rayon infini, le même graphisme coiffe le *rien* (le *zéro*) le *centre* du cercle [0], et le *tout*, le *cercle* [O].

Dans un prochain chapitre, je parlerai abondamment du symbole du cercle et de son modèle sphérique se rattachant à Dieu et à l'univers. Ce qui précède exprime bien comment les choses sont reliées entre elles, et comment [1] est omniprésent sur toute l'échelle des valeurs. Un Nombre quel qu'il soit, est toujours la valeur précédente additionnée à l'*Unité* : par exemple, [4 = 3 + ①]. Dans le symbole graphique précédant de la ronde des chiffres, le « *Un* » se dessine selon son symbole « universel » par un trait vertical dans l'axe du cercle.

Parler du nombre *zéro* peut sembler banal, car qu'y a-t-il de plus simple que la notion de *rien*. Or dans la réalité mathématique et philosophique, *rien* peut prendre deux formes débouchant sur des conceptions très différentes d'une même réalité.

Le zéro origine.

Zéro, avec ses deux signes positif et négatif, peut se situer à l'origine des nombres et fonctionner comme charnière entre les nombres négatif et les nombres positif. Ramené au développement de l'univers, ce nombre de valeur *nulle/rien* exprime le moment du passage du *big-crunch* au *big-bang*, lorsque l'univers n'a encore ni masse, ni densité, ni existence.

En analysant ce tout début de l'univers, nous savons que dans un tel environnement, les notions d'espace, d'énergie et de temps échappent à toutes les lois connues et que notre logique s'en trouve bien démunie. Cet instant, qui n'en est pas un, est une singularité de l'espace-temps, échappant à toute explication scientifique. Le temps de ce passage est instantané et relatif au sens donné par Einstein[126] à ce mot. Il est cependant difficile, voire impossible, d'imaginer un

---

[126] Le temps est une notion relative. Le physicien Stephen Hawking le démontre dans son livre, « *Une brève histoire du temps, du big-bang aux trous noirs* » (Flammarion 1989).

espace-temps relatif, prit dans un système binaire par définition équilibré par un *anti-espace-temps tout aussi relatif.*

Cette hypothèse qui peut sembler farfelue cadre avec le monde des particules et des antiparticules, régi par la mécanique quantique, dans un espace vide et dynamique fait d'*énergie pure*, pour laquelle aucune définition n'existe pour l'instant.

Comme je l'ai déjà dit, il est impossible de concevoir un système cohérent sans faire appel à un mécanisme double, soit binaire, *en même temps réel, voire concret, et inversé, complémentaire, ou virtuel.*

Ce concept peut s'exprimer comme deux mondes complémentaires, l'un *est* pendant que l'autre *n'est pas*. Ou bien, autrement exprimé, l'un est le reflet en négatif de l'autre. Ce qui revient à dire qu'au moment du [*big-crunch / big-bang*], le *rien réel* se trouve en face d'un *tout virtuel*, et que *l'espace-temps réel* est lui-même équilibré par un *espace-temps virtuel*.[127] Toujours selon cette hypothèse, la situation devrait s'inverser au moment où l'univers, freiné dans son expansion par l'augmentation du nombre et de la masse des trous noirs (autre singularité), atteindra ses limites vers l'infiniment grand.

Je suis très conscient de la subjectivité qui enrobe ce que je viens de dire au sujet de l'image que l'on peut se faire de l'origine de l'univers. Face aux limites des connaissances actuelles et face aux multiples points d'interrogation qu'elles suscitent, il faut admettre notre ignorance et accepter que les mystères fassent partie d'un message caché qui ne se dévoilera peut-être jamais.

On sent dans cette analyse, que *zéro-origine* contient le passé et en devenir tout ce qui va suivre dans un espace-temps impossible à décrire. Ce monde est propre à l'univers physique sur lequel nous évoluons.

Le zéro-rien.

Les physiciens, pour parer aux questions sans réponses que pose la singularité du *big-bang* s'ouvrant sur l'*être*, proposent qu'au moment de la séparation le nombre de particules étaient supérieures au nombre des antiparticules, ainsi lors de l'annihilation des particules de signes contraires, celles qui étaient en plus grand nombre ont créé l'univers de l'*être*.

Mais comme dans cet espace-temps primordial, aucune loi, ni règle, ni paramètres, ne sont valables, les physiciens ont dressé un mur fictif à 10^{-43} seconde

---

[127] Selon le sens particulier donné en page 65 aux termes « réel et virtuel ».

après le big-bang (10 millions de milliard de milliard de milliard de milliardième de seconde). En deçà de ce mur, la connaissance de l'infiniment petit s'arrête. Bien que ce laps de temps soit pour nous quasi instantané, le monde qui reste à explorer entre le *mur dit de Planck* et le *zéro-rien* est lui encore immense car *zéro-rien* peut s'écrire :

$$[0 = 10^{-\infty}]$$

Dans ce contexte *zéro-rien* et *zéro-origine* se démarquent. Si le *zéro-origine* garde son caractère mathématique, le *zéro-rien* devient une limite inatteignable car tendant vers l'infini. Ces deux solutions apparemment incompatibles du même problème ont une grande résonnance philosophique.

Pour les mathématiques, le *zéro-origine* [0] est indispensable aux raisonnements propre à cet art ; pour les philosophes le *zéro rien* $[0 = 10^{-\infty}]$ donne à ce concept une valeur métaphysique qui dit que la connaissance de Dieu est inatteignable vers l'infiniment petit.

Comme par définition ce même phénomène agit vers l'infiniment grand, *Dieu reste inconnaissable dans ses deux limites.*

Le zéro et l'infini

J'ai déjà relevé qu'en mathématique, *zéro est l'inverse de l'infini, l'infini étant lui-même l'inverse de zéro* ; ces deux Nombres sont ainsi liés par l'Unité, selon le rapport développé dans le chapitre 3 (section *Une relation très particulière*). Ce rapport est parfaitement irrationnel et non conforme à l'esprit mathématique, ce qui renforce sa valeur symbolique, et met en évidence que les Nombres ne sont pas des chiffres.

$$\boxed{0 * \infty = 1}$$

En arithmétique, n'importe quelle quantité multipliée par zéro donne zéro, sauf si ladite quantité tend vers l'infini.

Quand on touche aux valeurs limites telles, *zéro* et *infini*, la physique et la métaphysique se confondent, et les valeurs attribuées aux Nombres limites deviennent symboliques. Les aberrations de ce genre prennent une allure métaphysique.

En vertu de la règle qui dit que les Nombres s'expriment par leur inverse, ces rapports mathématiques montrent que plus l'extension d'un concept augmente plus la compréhension qu'on en a, diminue. À la limite, quand l'extension devient infinie, la compréhension tombe à zéro[128].

Si *rien* c'est peu de chose, deux fois *rien* n'agrandit pas la valeur, pourtant, le signe infini [∞] est fait de deux zéros accolés ! Prescience ou connaissance de ceux qui ont inventés ces signes arithmétiques ?

*

Des relations étroites relient les nombres [0, ∞ et 1] dans un contexte mathématique et métaphysique, et les deux *zéros*, que sont *origine* et *rien* vont nous faire découvrir une bien étrange philosophie du Nombre Un dont je parlerai bientôt.

*

Comme un cercle est défini par un centre (le Point), par un rayon (fait de points disposés en ligne droite se développant de zéro vers l'infini) et par un mouvement (action dynamique) qui permet à l'extrémité du rayon de dessiner le périmètre (ligne composée d'une infinité de points sans début ni fin, et tournant inlassablement), on se trouve en face de trois choses essentielles liées entre elles par le mouvement dans l'espace-temps. Il y a une analogie entre ce qui précède et ce que l'on sait du monde subatomique fait d'interactions dynamiques, et par extension dans l'univers galactique, comme je l'ai décrit dans le chapitre premier.

Le cercle contient toutes les caractéristiques d'un symbole divin essentiellement dynamique, il servira donc de repère symbolique quant au mystérieux concept de Dieu.

Le graphisme du *zéro* est lui-même porteur de message, car il est universellement exprimé par un cercle ou une forme apparentée à l'exception de la culture arabe qui le représente par un « *point* » – qui est un cercle de rayon nul.

Je reparlerai du symbolisme du cercle/sphère dans le chapitre 15 (*la sphère et les polyèdres*), en montrant comment les Nombres de [1 à 10] s'expriment dans le cercle/sphère, du centre (zéro, le Point) vers le périmètre (Tout, la circonférence), en un système cyclique. Une relation étroite existe donc entre les deux graphismes du même symbole (point et cercle), justifiant la corrélation métaphysique propre aux Nombres [*zéro/tout*].

*

---

[128] Théo Kölliker, *Op.cit.* page 103.

Selon la graphie usuelle, j'aimerais attirer l'attention sur la façon d'exprimer les fractions mathématiques plus petites que [1].

$$\boxed{\text{Par exemple } 1/10 = 0,1}$$

On remarque, que le *zéro* précède le point ou la virgule, comme séparateur dans les nombres décimaux (selon l'usage de la norme anglo-saxonne ou francophone). C'est le point ou la virgule qui indique la fraction, et non pas le *zéro* qui le précède. Ceci est valable pour toutes les autres fractions positives et négatives (par exemple : 2,3, où le zéro disparaît mais non le point ou la virgule.

Je rappelle également qu'entre [0 et 1] se trouve un nombre infini de fractions, ce qui signifie qu'entre ces deux grandeurs, la notion d'infini est omniprésente.

En parlant des premiers Nombres [1, 2 et 3], je ne ferai que prolonger les considérations symboliques écrites ci-dessus : le voile du mystère continuera à cacher le concept divin.

L'Unité, le Un, le Un/Tout, le ①

Le Nombre *Un* n'est simple qu'en apparence à l'image du concept de Dieu.

Comme *zéro-origine* et *zéro-rien* ne partagent pas exactement le même concept, celui du *Un* peut ainsi prendre deux formes différentes :

- Une première, en s'appuyant sur le *zéro-origine et l'infini*, soit sur les nombres négatifs et les nombres positifs selon la ronde des chiffres, couvre le concept du « *Dieu-Tout* », celui de l'univers physique.
- Une deuxième, en s'étalant entre l'infiniment grand et l'infiniment petit, s'appuie sur le *zéro-rien* qui sert de limite inférieure et éclaire le concept du *Dieu-être* qui se distingue ainsi du *non-être* ou du néant, son antithèse.

Selon ce qui précède, on peut dire que ce qu'on appelle le *Dieu-absolu* [*Un*], englobe *tout* un processus complexe et dynamique autour du cercle mais aussi autour du centre de ce cercle (qui a pour valeur [*zéro-rien ou zéro-origine*]) d'où le signe distinctif du cercle contenant le Un, ①.

Nombre d'un Dieu inconnaissable et incommensurable, [1] a des propriétés mathématiques qui en font un Nombre unique en son genre. *Un* est le seul Nombre dont l'inverse soit égal à lui-même, le carré égal à son inverse et la racine carrée égale à elle-même :

$$1 * 1 = 1 / 1 = \sqrt{1} = 1$$

Ce qui signifie que ce concept est égal à lui-même, dans sa multiplicité, sa divisibilité et dans son essence.

Et, comme je l'ai relevé précédemment, dans un contexte complètement irrationnel, *Un* est aussi le produit de *zéro* par l'*infini,* une autre façon de définir un Tout.

$$0 * \infty = 1$$

Un est aussi le résultat d'une équation mêlant le rationnel l'irrationnel, le transcendant, le complexe et l'imaginaire ($\sqrt{-1} = i$). Célèbre équation de Leonhardt Euler.

$$1 = e^{2*\pi*i}$$

équation dans laquelle, [e] représente l'exponentielle, (nombre irrationnel et transcendant), une des trois valeurs qui construisent l'univers.

Une propriété particulière des nombres est qu'un nombre quelconque multiplié par son inverse est toujours égal à [1]. Ainsi ; dans le cas particulier du Nombre d'or :

$$\Phi * 1/\Phi = 1 = \Phi * \varphi$$

Ce qui revient à dire que dans ce cas particulier, la *Vie divine* exprimée par le Nombre d'or [Φ], multipliée par son inverse, la vie physique [φ], retourne à Dieu. Ce qui fait de ce concept le contenu et le contenant de *la Vie*, raison d'être de l'univers.

Anticipant sur la symbolique des Nombres en faisant intervenir le nombre [9], celui de la *connaissance*, le Nombre [*Un*] est aussi la limite de 0,9999999.... vers l'infini, indiquant qu'une connaissance tendant vers l'infini est nécessaire pour comprendre Dieu, ce qui par définition est irréaliste.

Bien que cette liste ne soit pas exhaustive, ces propriétés arithmétiques particulières parlent d'elles-mêmes et mettent en évidence que le Nombre [*Un*] ne peut être dissocié du reste des autres Nombres. Il s'agit d'un Nombre créateur mais aussi accompagnateur.

Par ce qui précède, ceux qui disent que Dieu est mathématicien ou que *les mathématiques sont le langage de l'univers* (Einstein *dixit*) doivent se sentir conforter dans leurs convictions.

Vu sous cet angle, le *Dieu-Tout* est identique à lui-même dans sa divisibilité, dans sa multiplicité, et dans sa propre essence : il est aussi le produit du rien par le tout, la combinaison du rationnel de l'irrationnel, du transcendant de l'imaginaire et du complexe, et la raison d'être de l'univers, *la Vie*.

Ce Nombre est aussi beaucoup d'autres choses qui font que ce concept est difficile d'accès, et échappe à la raison en prenant une dimension inaccessible à la conscience humaine.

Si Dieu est le *Un-Tout* et s'étale du *zéro-rien* au *Tout infini*, qui sont des Nombres que l'on ne peut jamais atteindre. Dieu reste inaccessible à ses deux extrémités ; ce qui sous-entend qu'il est impossible dans avoir une connaissance complète.

La suite de mon propos va nous entraîner sur la voie du *zéro-rien* conduisant à l'*Être*, laissant de côté de *zéro-origine* conduisant au *Dieu-tout,* car l'univers sur lequel nous évoluons est celui de la matière.

L'*Unité* a toujours été considérée comme le départ d'un processus, conférant à cette notion la référence d'un *concept Dieu créateur* duquel tout émane. Comme je l'ai dit dans le chapitre 3 en distinguant les chiffres des Nombres, le *Un* est omniprésent tout au long de la progression des Nombres, à l'image du concept de Dieu dans le contexte d'une *création continue*, dans toutes les dimensions de l'espace-temps. Cette façon de voir servira tout au long de ce qui va suivre.

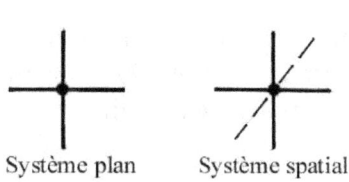

Géométriquement, l'*Un-absolu* est exprimé par un point sans dimension, donc invisible, le *zéro-origine* (à ne pas confondre avec le *zéro-rien* qui lui, par définition, n'a ni substance ni taille, mais est le début de quelque chose).

Système plan   Système spatial

L'*Un-absolu* peut aussi être défini par le croisement de deux lignes, ce qui déjà le projette dans un plan d'action sans limites, ni irréel ni imaginaire (celui dessiné par les deux lignes invisibles). Si *Un* est exprimé par le croisement de trois lignes (dont une doit impérativement être hors du plan), l'action sera spatiale (volumique).

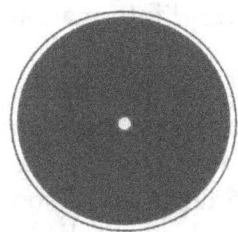
Une autre façon de symboliser ce *Dieu-absolu*, est de le représenter sous la forme d'un cercle noir centré. Tant que le centre reste visible on se réfère au *Un*. Lorsque le centre disparaît à la vue, le *Un* tend vers *zéro-rien*, et lorsqu'il grandit vers les limites du cercle *Un* prend la taille de l'*infini*.

Le Binaire, la dualité, le deux - la différentiation - la manifestation à l'état virtuel.

Le mot *binaire* exprime un « concept » qui est symbolisé par le Nombre [2]. Ce mot couvre un domaine qui ne peut exister en tant que tel, car il est intimement lié à la dimension « espace-temps ». Le [deux + l'espace-temps] c'est déjà le *trois* qui est une nouvelle façon d'exprimer le Un/Tout, ①.

Il est communément admis que ce Nombre symbolise en physique le moment si paradoxal où l'univers se divise en deux mondes antagonistes, fait de matière et d'antimatière cherchant à se neutraliser par annihilation.

Le symbole chinois du *t'aï-chi* ou Yin-Yang, dont je reparlerai par la suite, est l'expression graphique symbolique la plus parfaite pour exprimer cet état si particulier du *binaire*.

On confond souvent *binaire* et *dualité*, ce qui peut conduire à des interprétations erronées du phénomène, bien que ces deux termes fassent partie d'un même concept.

Le *binaire* c'est le [*il y a*] et le [*il n'y a pas*], le *réel* par rapport au *virtuel* qui, je le répète, n'a de raison d'être que par rapport au temps qui amène le deux au niveau du *ternaire*. Supprimer le temps revient à supprimer instantanément le *binaire* et toute trace de la manifestation, car les deux valeurs opposées et de signes contraires s'annihilent par superposition[129].

Dans ce contexte, pour bien marquer la différence avec la *dualité*, le mal est l'absence de bien et vice et versa, l'Etre s'oppose au Non-être, la mort est l'absence de vie, etc.

---

[129] A mettre en évidence avec le phénomène d'annihilation des particules par les antiparticules.

Quand on parle du *binaire*, il ne s'agit pas d'opposition, mais d'*absence* d'un terme par rapport à l'autre. Ainsi fonctionnent tous les ordinateurs et tous les systèmes numériques, par des BIT (*binary digit*), unités élémentaires d'information ne pouvant prendre que deux valeurs distinctes notées [1 et 0].

En informatique, le système *binaire* ne manifeste que [*il y a du courant électrique*] par rapport à [*il n'y a pas* de courant électrique]. Par analogie, dans un ordinateur, l'électricité correspond au concept espace-temps, qui amène le *binaire* au niveau du *ternaire*. Interrompre le courant, c'est arrêter l'ordinateur et son système binaire. Le système *binaire*, étant relatif, est irrémédiablement lié à l'espace-temps, autrement dit, l'espace est un produit du temps.

La *dualité* exprime le caractère de ce qui est double en soi, comme la coexistence de deux éléments différents, le bien ou le mal, le grand ou le petit, le chaud ou le froid, avec toutes les nuances y relatives conduisant jusqu'aux extrêmes que sont les deux *polarités* – par exemple l'infiniment grand et l'infiniment petit.

Le symbole qui exprime le mieux ce caractère *dual*, c'est le damier dans lequel alternent les cases blanches et les cases noires. Mais dans ce symbole, les deux couleurs noires et blanches peuvent aussi se comprendre dans le sens *binaire*, puisque le blanc est le mélange de toutes les couleurs alors que le noir est au contraire l'absence de couleur.

Ces simples remarques montrent la subtilité du langage et la confusion qui peut naître du mélange des interprétations ; d'autant plus que ces deux couleurs – qui en fait n'en sont pas – ont ensemble une qualité : elles sont toutes les deux pures. Pour parler du Nombre [2], je le répète, on doit faire intervenir le « temps », ce qui conduit naturellement au niveau du Nombre [3].

La *dualité* exprime donc le champ, de la *différentiation*, jusqu'à la limite extrême que constitue la *polarité*. Par exemple, chaud n'existe que par rapport à la notion de froid, avec toutes les nuances que l'on connaît, comme très chaud, tiède, brûlant etc. Il en va de même avec grand et petit, bien ou mal, puissant ou faible, etc.

L'espace-temps

> La symbolique du Nombre [2] ne peut être comprise qu'en l'isolant du vecteur espace-temps, qui est omniprésent tout au long du processus.

Selon cette hypothèse de travail :

- L'espace-temps omniprésent, permet aux choses de se manifester.
- L'espace-temps permet le remplissage de l'espace par le *binaire*: le [*il y a*] et son opposé le [*il n'y a pas*]. Le [2], par l'espace-temps omniprésent, est déjà le [3].
- Le système *binaire* associé à l'espace-temps omniprésent devient le moteur de la création.

On est encore si loin d'une compréhension du début de la manifestation de l'univers, lorsque les deux phases du *binaire* se sont écartées en cherchant à s'annihiler, que toutes les réponses trouvées ne sont que des hypothèses. Ce qui ne fait aucun doute, par contre, c'est que l'univers existe puisque nous sommes dedans.

Les physiciens estiment que la masse de *matière* était supérieure à celle de l'*anti matière* et qu'ainsi la lutte fratricide entre les deux mondes s'est soldée par la victoire de la matière sur son contraire. Cela induit que le système n'était pas en équilibre à son origine, ce que personnellement je trouve hautement contestable.

Pour cette raison, je préfère imaginer que, sans pouvoir expliquer pourquoi ni comment, deux mondes antagonistes cohabitent en parallèle, et qu'un anti univers fait d'antimatière et peuplé d'anti philosophes, dans un anti espace-temps se pose actuellement les mêmes questions face à son aspect complémentaire.

Pourquoi deux mondes ne pourraient-ils pas coexister en parallèle, l'un étant l'empreinte de l'autre dans son opposé à l'exemple du fameux symbole du *t'aï-chi* ?

Ce qui aurait pour corollaire de garder l'idée très philosophique du *monde dualiste* qui partagea l'opinion religieuse au cours des siècles, et de donner raison à Maître Eckhart[130] qui au XIVᵉ siècle avait formulé une hypothèse très hérétique que le *Dieu-être* que nous vénérons était accompagné d'un *Dieu non-être* (néant) et que le *Dieu-tout, qu'il nomma Déité,* devait se situer en deçà du monde binaire dans son état d'inaccessibilité.

Cette vision hérétique par rapport aux dogmes chrétiens, est, à mon avis, extrêmement intelligente.

*

Quittons la métaphysique pour le devenir physique de l'univers.

---

[130] Maître Eckhart, 1260-1328 : Philosophe allemand aux thèses condamnées par l'Eglise de son siècle. Réhabilité depuis.

Passé le stade inexplicable des origines engendré par le moteur binaire, l'univers se développe, grandit, se refroidit et produit les premières interactions fractales qui ouvriront le monde des sous-particules.

Progressant vers toujours plus de complexité, l'univers va poursuivre son expansion en diminuant sa densité et en gardant un bilan énergétique nul.

L'avenir de cet univers reste une grande inconnue. Les trous noirs, prenant de plus en plus d'importance, amorceront, peut-être, le retour vers un *big-crunch*, pour redémarrer dans un autre cycle.

D'un point de vue philosophique, ce phénomène peut être exprimé en utilisant les expressions védiques, « l'*Expir* et l'*Inspir* de Brahma (de Dieu) ». L'univers suivrait un rythme comparable au mouvement de nos poumons

La très ancienne civilisation indienne et Anaximandre[131] auraient-ils pressenti cette connaissance bien avant Einstein ?[132]

Je suis conscient que toutes ces réflexions sont éloignées de la rigueur scientifique car non prouvées. Ce qui ne fait plus de doute, par contre, c'est que ce que nous considérons comme solide et stable n'est en fait qu'une illusion, un monde fait de vide, comme la « *maya* » de l'Hindouisme.

Le symbole du *t'aï-chi* ou yin-yang, dont j'ai déjà parlé exprime admirablement cette idée. Il nous a été transmis par un contemporain de Pythagore, le Chinois Lao-tseu (ou Laozi). Dans le taoïsme[133], le Tao ou Dao, mot qui signifie « la Voie », désigne le principe suprême et impersonnel d'ordre et d'unité du cosmos.

---

[131] Anaximandre au VIe s. avant notre ère., voyait l'univers comme un organisme soutenu par le *pneuma*, le souffle cosmique, de la même façon que les organismes vivants sont soutenus par l'air.
[132] Veda : livres sacrés de l'hindouisme, écrits en sanskrit à partir de 1800 avant notre ère. Attribués à la révélation de Brahma, les quatre Vedas sont des recueils de prières, d'hymnes, de formules se rapportant au sacrifice et à l'entretien du feu sacré (*Larousse illustré*)
[133] Taoïsme : religion populaire de la Chine qui s'inspire des doctrines de Lao-tseu et d'antiques traditions locales. Cette voie philosophique a profondément marqué les civilisations chinoises. Selon Lao-tseu (VIe s. avant notre ère.), l'adepte doit apprendre à s'unir au Tao (ou Dao), c'est-à-dire « la Voie » qui est à la fois principe primordial de l'univers et l'agent de ses transformations infinies. Le taoïsme professe notamment des enseignements sur les énergies, la méditation et la « Longue Vie ». Souvent méprisé et persécuté, le taoïsme a durablement marqué la civilisation chinoise. (*Larousse illustré*).

Dans sa théorie des mutations, Lao-tseu dit : « *Rien n'a jamais commencé, tout n'est que la transformation d'un état primitivement existant* ».

Cette affirmation ne prend pas en défaut ce qui a été dit précédemment concernant l'origine d'un univers cyclique passant d'un *big-crunch* à un *big-bang*[134] *par le zéro-origine,* ou même dans le cas ou l'univers aurait pour origine le *zéro-rien.* Le *t'aï-ki, Taïji,* exprime en même temps le binaire par l'opposition du noir et du blanc et le ternaire, par l'ondulation qui les sépare.

Le mouvement et le temps qui sont, par définition, associés au *yin-yang* conduisent certainement aussi à une dimension plus subtile en rapport avec Dieu.

Ce concept universel contient en parlant de Dieu: son souffle – sa *volonté d'être* – son amour (mot pris dans le sens d'une générosité sans limite) manifesté par la création.

En examinant ce symbole on remarque que là où l'épaisseur des formes est la plus épaisse, il y a au cœur de cette masse, un point de couleur complémentaire à l'autre. Cela indique que les opposés ont leurs germes dans leurs compléments : le blanc contient une parcelle de noir et réciproquement : le *yin* contient en lui-même le germe du *yang*, que le *yin* est engendré par le *yang* et vice et versa.

Ce qui veut probablement dire que la matière, a ses racines dans l'antimatière et réciproquement – le temps dans l'anti-temps - l'*être* dans le *non-être* (absence de l'être). On retrouve dans ce symbole le contexte de l'équilibre du « réel et du virtuel » déjà évoqué, autrement dit, l'expression de la complémentarité du phénomène et de sa cause.

Ce symbole est aussi exprimé de façon légèrement différente, comme deux formes serpentines, lovées l'une dans l'autre, nous rappelant le mythe du serpent cosmique, le transmetteur de la Vie et de la connaissance.

Ce symbole a aussi la particularité de ne présenter aucune symétrie axiale, tout en présentant deux moitiés équivalentes en surface et identiques de forme, ce qui en fait indiscutablement un symbole dynamique.

---

[134] Dans son livre Fritjof Capra en fait une magistrale démonstration. *Op.cit.*

Tout part du cercle, et tout est contenu par lui. Or le cercle, c'est l'image du Tao, l'absolu, l'Unité. Le *t'aï chi* symbolise admirablement le message du binaire et de la dualité, qui s'engendrent l'un l'autre en un système dynamique et vivant.

Ce symbole est si parlant que l'on peut vraiment se demander si Lao-tseu ne disposait pas de sources de connaissances très anciennes assimilées par l'antique culture chinoise.

Ce qui précède met en évidence et rappelle que les trois premiers nombres sont indissociables. Le Nombre [2] associé au *binaire* n'existe que par rapport au *temps* (on reste dans le cadre du *ternaire*), qui n'est qu'une nouvelle façon d'exprimer le Un/Tout, ①.

Les Nombres 1, 2 et 3

Les trois premiers Nombres, [1, 2 et 3], forment un Tout, une nouvelle Unité. Ils nous parlent du concept de Dieu et de la création. On donne au nombre [3] la valeur de *principe dynamique et organisateur* – le *manifesté en action* – ou si l'on préfère, le binaire en action dynamique dans l'espace.-temps.

Après la séparation si paradoxale et si inexplicable des deux mondes binaires, passé le mur de Planck, l'univers de l'*Etre* peut prendre son essor. Ne nous préoccupons plus de ce qui se passe de l'autre côté et considérons que nous nous trouvons du côté *réel*, donc manifesté de la création.

Cette action qui commença, il y a près de quatorze milliards d'années, ira se développant jusqu'à une limite pour l'instant inestimable, suivant un processus de développement qui a été amorcé par les premières interactions des fractales originelles engendrant les sous-particules, suivies des bosons, des quarks, des protons, neutrons, puis des premiers atomes, jusqu'aux systèmes les plus complexes. Reste à savoir comment et pourquoi tout cela à été possible à partir de rien ? A moins de faire intervenir une volonté divine extérieure ? Question qui ouvre vers la métaphysique la plus subtile !

L'univers subatomique est fait de vide et d'interactions énergétiques extrêmement dynamiques, qui n'ont rien à voir avec la matière au sens chimique du terme. Une *énergie pure*, échappant peut-être au phénomène de l'entropie serait à l'origine de ce phénomène.

Ce n'est qu'avec la combinaison des atomes en molécules par d'autres interactions que l'on peut parler de chimie et de matière solide, dont la sensation de poids est elle-même relative puisqu'elle n'existe que par rapport à la force spatiale de la gravité[135].

Big-bang, trous-noirs, matière noire, systèmes galactiques et atomiques, ne sont que des hypothèses réalistes face aux multiples inconnues de l'immense réservoir d'énigmes que constitue l'univers.

Ce qui fait que tous ceux qui ont parlé de la symbolique des Nombres ont été confrontés au même problème : reflet des inconnues du début de l'univers, l'analyse des premiers Nombres intimement liés, formant une entité, une nouvelle *Unité,* est très difficile, d'où la qualification théologique de *mystère divin* attachée à la « *Tri-Unité* » que paradoxalement les mathématiques éclairent.

Le binaire-ternaire et la physique

Dans le chapitre 1, on a relevé, en parlant des *quarks* constituant les protons et les neutrons, qu'ils sont au nombre de six ; il faut deux *quarks up* et un *quark down* [2 + 1] pour former un proton et deux *quarks down* et un *quark up* [2 + 1] pour former un neutron.

En physique des particules, on trouve le schéma [2 + 1] dans la combinaison des quarks et dans la composition du premier atome, l'atome d'hydrogène, le plus léger, celui qui représente l'essentiel de la masse de l'univers ; cet atome est composé d'un neutron et d'un électron, [2] particules de signes opposés dont l'une tourne autour de l'autre (cette action dynamique omniprésente constituant le [2 + 1]. On retrouve dans le plus petit des éléments le schéma ternaire d'origine - le binaire par les particules de charges opposées, tenues écartées par le mouvement (l'espace-temps).

Géométriquement, le Nombre [2] s'exprime par deux points ou un segment de droite, avec une extrémité et une fin. Il peut aussi être représenté par deux lignes, soit parallèles, soit se croisant en un lieu ramenant ce symbole dans le schéma donné pour le Nombre [1]. Quelle que soit leur représentation, ces deux lignes définissent un plan d'action, toujours théoriquement invisible, tout en n'étant ni irréel ni imaginaire.

---

[135] Le poids d'un objet varie selon l'endroit de l'espace où il se trouve. Par exemple, sur la Lune, un même objet est environ 6 fois plus léger que sur la Terre.

En mathématiques, il y a trois façons de passer du [1] au [2] entraînant l'utilisation de trois opérations arithmétiques :

$$1 + 1 = 2 \qquad 1 * 2 = 2 \qquad 1 / \tfrac{1}{2} = 2$$

En géométrie, un segment de droite est défini comme étant le lieu géométrique d'une série de points alignés entre deux limites. Un segment de droite exprime donc le début d'une manifestation, mais encore à l'état virtuel. En effet, sur le plan géométrique et physique, un segment de droite est, par l'épaisseur du trait, visible à l'œil nu ; en réalité, ce segment est constitué d'une série de points infiniment petits et juxtaposés. Comme le point exprime l'invisible, l'absolu, une droite (ou un segment de cette droite) est donc, par définition, immatérielle, au même titre que les points dont elle est constituée. Par ces considérations, on entre de plein pied dans la géométrie ésotérique. Elle seule permet la mise en évidence d'une réalité philosophique difficilement concevable au niveau du verbe.

En géométrie ésotérique, entre la ligne ou un segment de cette ligne, seules les limites sont différentes. Que l'on prenne la ligne dans son intégrité ou qu'un segment de cette ligne, le nombre de points qui les constituent est infini dans les deux cas.

Le tracé de la ligne, qui est une action dynamique, met donc en relation l'espace-temps et l'*infini*. D'où cette notion étrange et inexprimable qu'est l'*infini* [∞] que l'on représente comme un [8] couché – le Nombre [8] étant celui de la *conscience*, indique que l'infini lui échappe.

Pour illustrer ce qui vient d'être dit sur l'omniprésence d'une autre dimension pour exprimer le Nombre [2], prenons l'exemple d'une corde de violon tendue. Cette corde représente le *binaire* ; le son, le *ternaire*, ne sera émis par la corde que si celle-ci est mise en vibration.

Ce qui est valable pour le violon l'est également pour tous les mouvements vibratoires qui baignent tout le manifesté, des quarks, des atomes, des phénomènes électromagnétiques, au mouvement des astres, etc. A tous les niveaux de l'univers physique et métaphysique, tout est rythme, mouvement, vibrations, phénomènes ondulatoires.

On sait que l'atome n'existe que pour autant qu'il y ait mouvement des particules les unes par rapport aux autres [électron + proton + mouvement = trois = manifestation]. Décomposé, l'atome prend l'état ionisé, les protons, les neutrons et les électrons étant désassemblés.

Malgré les apparences, la notion du *binaire* n'est pas simple à comprendre ni à expliquer. On part de l'*absolu* pour arriver à une tentative de *manifestation* et de *différentiation*, tout aussi absolue et pratiquement inexprimable, si ce n'est par la géométrie. D'autre part, à partir de cette volonté de manifestation véhiculée par le binaire, on pénètre déjà dans le monde encore virtuel de la création, dans lequel le temps lié à l'espace infini, est le moteur de la manifestation.

Sous quelle volonté s'effectue le passage du [1] au [2] ? [1] étant inexprimable et absolu, il est impossible de répondre à cette question sans faire intervenir une « volonté extérieure ». On dit que pour parler du [1], il faudrait être soi-même le [1]. Mais parler à qui puisque nous serions seuls ? Et comment puisque nous sommes nous-mêmes multiples ?

Pour échapper à l'ambiguïté du Nombre [2], inexprimable s'il n'est pas associé à une troisième dimension, le temps, je vais parler du [Un-Trois] qui synthétise l'ensemble du phénomène.

> Le [Un-Trois], l'Unité, est l'association du binaire et du temps.
> Le [Un-Trois] est fait de tout ce qui le divise
> au-delà de toute imagination.
> Le [Un-Trois] donne une indication de la dimension
> du concept du Dieu « créateur »

C'est à partir du Nombre [3], que la raison commence à saisir et à comprendre le processus de la création. C'est à partir de ce Nombre, que certaines théologies parlent *d'un Dieu unique et triple à la fois*.

Les chrétiens se rallient à cette façon d'exprimer cette idée en l'appelant le « mystère de la Sainte Trinité », qui existait comme concept bien avant notre ère.

L'islam dit qu' « *une autre vérité que l'on doit croire au sujet de Dieu est Son Unité en Essence, Qualités et Activités car il n'est pas composé de parties ni multiple* ». L'Islam considère Dieu au niveau du « *point – zéro-origine* », *signe qui ne saurait être limité par une définition* et est en parfaite adéquation avec ce que j'ai relevé au sujet de la symbolique numérale du Nombre [1] dans les pages précédentes.

Le Nombre 3 : le Principe dynamique et organisateur – le manifesté en action – le binaire en action dynamique dans l'espace-temps.

L'univers des origines, après la séparation des deux mondes antagonistes n'est encore qu'une masse de sous-particules énergétiques et de photons, encore loin du monde chimique et cristallin. La matière telle qu'on la connaît n'a pas encore trouvé la voie qui l'amènera à créer les atomes, puis les molécules.

Mais assez rapidement à l'échelle du temps de l'univers, les sous-particules élémentaires appelées bosons et quarks issues des fractales primordiales, vont par l'action des trois forces élémentaires, interagir et former des neutrons, protons et électrons qui formeront les premiers atomes, les plus légers, tels l'hydrogène qui vont à leur tour s'agglomérer en gigantesques nuages de gaz dans lesquels vont s'élaborer par fusion, les autres atomes dans la lente alchimie des éléments.

D'où la définition, du *manifesté en action* : l'univers poursuit sa voie vers toujours plus de complexité.

*

Quittons la physique pour la géométrie.

Comme un point peut aussi être considéré comme une surface triangulaire de dimensions tendant vers zéro, on se trouve dans le même contexte de pensée, le rien rejoint le tout.

Judaïsme, christianisme et islam sont des religions monothéistes, même si la considération du phénomène divin se fait pour les chrétiens à un niveau différent. Dans ces religions, Dieu étant Tout englobe aussi, par définition, le rien.

Le ternaire, dans la symbolique des Nombres, est donc le principe dynamique et organisateur, appelé aussi le *manifesté en action*, l'acte créateur, qui s'exprime dès lors par une nature concrète plane ou volumique.

Delta

En géométrie ésotérique, il n'y a qu'une façon de symboliser le Nombre [3], c'est le triangle.

Si le segment de droite est le premier lieu géométrique linéaire, le triangle est le premier lieu géométrique plan définissant une surface délimitée.

Trois points dans l'espace définissent toujours soit un plan, soit une ligne ou encore un point (lorsque les 3 pointes du triangle sont superposées). Trois points ne peuvent jamais définir un volume sauf dans le cas particulier du point (de volume nul). On touche ainsi au plan géométrique du triangle, qui possède de multiples propriétés très importantes.

- 3 points dans l'espace définissent 3 segments de droite, se coupant selon des angles égaux ou quelconques, dont la somme est toujours égale à 180°.

- Il y a 3 façons de définir un triangle :
  – par trois segments de droite ;
  – par un segment de droite et deux angles ;
  – par 2 segments de droite et un angle.

Comme par hasard, il y a trois moyens de parvenir au triangle ou, si l'on préfère, il y a trois voies pour accéder à la connaissance du ternaire de la manifestation.

Définition de la Tri-Unité géométrique et métaphysique

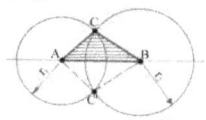

Les moyens pour parvenir à la définition géométrique de la *Tri-Unité* mettent en jeu le binaire – deux angles ou deux segments – associé à l'Unité.

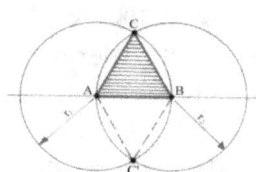

Comme le montre le croquis ci-contre, cette construction implique la connaissance d'une base de travail, le segment de droite origine (AB), défini comme étant l'expression du *binaire*. Sur chacun des pôles de ce *binaire*, on fait agir la *connaissance* symbolisée par le compas. Celui-ci est ouvert d'une certaine valeur correspondant aux deux segments restants (AC) et (BC).

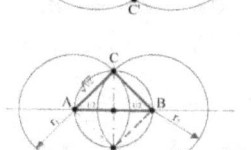

Ouvert, le compas symbolise la *connaissance* en éveil et qui cherche en tournant autour de son centre

En pivotant seule à une des extrémités de base, sur un des pôles, la *connaissance* ne trouvera rien. La *lumière* jaillira quand le deuxième cercle sera lui-même en action, centré sur l'autre pôle et ouvert sur la troisième valeur ; cette action entrera alors deux fois en contact avec le premier cercle (points C et C') et définira deux triangles de même grandeur, opposés l'un à l'autre.

La manifestation se présentera donc double. Un des aspects sera réel (manifesté ou actuel), l'autre sera virtuel (non-encore manifesté ou potentiel). Cette « double » manifestation est représentée schématiquement dans les dessins ci-dessus par les zones hachurées ou en pointillés. L'effet du *binaire* se fait donc sentir une fois encore, cependant ce n'est plus sur le plan de la différentiation pure et immatérielle, mais sur la plan double de la manifestation.

Si la manifestation se construit sur la base de trois segments égaux, celle-ci se présentera sous l'aspect d'un double triangle équilatéral.

C'est l'aspect le plus équilibré de la double manifestation de l'*Unité*. Le triangle équilatéral est une des représentations classiques du concept de Dieu.

Mais il y a encore une autre façon d'aborder ce problème tout en gardant le même symbolisme. Si on se base sur le binaire (AB) et qu'on utilise comme ouverture du compas de la *connaissance*, la demi *Unité* (1/2) ou, si l'on préfère, son inverse, on met en évidence deux choses fondamentales. Comme en symbolique numérale, un Nombre s'exprime par son inverse, c'est en inversant les Nombres, que l'on trouve leur signification cachée.

- Ainsi (½) représente l'inverse de la manifestation à l'état virtuel.[136]
- Le triangle rectangle ainsi défini a pour côté la valeur $\sqrt{1/2}$: la symbolique numérale enseigne que la racine carrée $\sqrt{}$ qui a la forme d'un toit, symbolise le Principe du Nombre qu'elle protège.
- En symbolique numérale $\sqrt{2}$ correspond à l'ignorance, à l'inconscient.
- Ainsi $\sqrt{1/2}$ qui peut s'écrire $1/\sqrt{2}$ correspond à l'inverse de l'ignorance et de l'inconscient, soit à la *connaissance* et à la *conscience*. Or, cette dernière représentation de la Tri-Unité définit le carré (ACBC') du Nombre [4], dont je parlerai prochainement.

Les Nombres s'appellent et s'interpellent, et comme je l'ai déjà dit, l'*Unité* accompagne cette démarche tout au long du processus. Les symboles parlent à ceux qui savent les interroger.

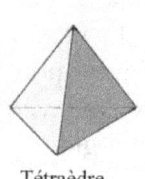
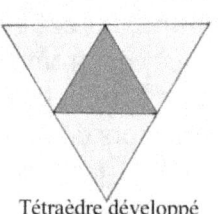

Tétraèdre   Tétraèdre développé

En résumé, le symbole plan qui exprime le mieux cette idée du [Un en Trois], c'est le triangle équilatéral, aussi appelé delta, – du nom de la lettre grecque qui, en majuscule a cette forme.

---

[136] Théo Kölliker ; *Symbolisme et Nombre d'Or*. Dans cet ouvrage, l'auteur analyse en détail et de façon logique et simple toute cette symbolique, qui n'est, dans ce qui précède, qu'effleurée.

Mais rien n'est plan dans l'univers – tout est volume et mouvement. L'expression géométrique symbolique du concept divin [Un en Trois] ne peut être que volumique : le *tétraèdre* en est sa représentation. On remarque que le développement du *tétraèdre* est lui-même un triangle équilatéral.

En exprimant les choses ainsi, et fidèle au fait que les Nombres se génèrent l'un l'autre, on entre déjà dans le cadre du Nombre [4], le *cadre formateur*, le moule vide destiné à recevoir la réalité concrète de la création, le monde de la matière physique.

Les trois premiers Nombres [1, 2 et 3] constituent une nouvelle Unité appelée le *Principe dynamique* et *organisateur*, le *manifesté « en devenir d'action »*. C'est par l'avènement du Nombre [4] que les choses commenceront à se concrétiser, que l'univers s'organisera visiblement par l'effet moteur de l'*Unité* omniprésente dans le processus de l'évolution des choses.

Avant d'aborder la symbolique du Nombre [4], je tiens à exprimer une dernière chose essentielle dont je parlerai abondamment dans le sous-chapitre 13 – *La Divine Proportion et le Nombre d'or* – on verra comment ce Nombre hors du commun, s'exprime déjà, dès l'origine, dans l'Unité, par l'équation ;

$$\Phi^2 = (1 + \Phi)$$ dont l'expression finale est :

$$\Phi = \text{limite } \sqrt{1+\sqrt{1+\sqrt{1+\sqrt{1+\sqrt{1+....\Phi}}}}}$$

Cet édifice de radicaux superposés à l'infini, ne fait intervenir que le Nombre [1] et *une fois* le Nombre d'or [Φ] dans le dernier radical. La notion de Vie, d'harmonie et de beauté, véhiculée par le Nombre d'or est ainsi omniprésente dès l'origine de l'univers. Cette présence discrète du Nombre d'or, servira de support à un principe dynamique qui véhiculera *la Vie divine* tout au long du processus du développement de l'univers. Comme le montre cette relation mathématique singulière, la *Vie divine* est omniprésente dans le cœur même de l'édifice et est le fruit de l'essence, de [$1+\Phi$] qui vaut [Φ^2] par une particularité unique de ce Nombre. Ce qui revient à dire que l'essence de Dieu c'est aussi et surtout la *Vie divine*.

En conclusion, les trois premiers Nombres, nous parlent de l'univers avant l'état qui lui permettra de se faire voir. Ce concept aura une réalité bien plus tard, quand la *Vie divine* aura quitté son aspect idéal pour rejoindre celui plus pragmatique de nos *existences* que nous appelons aussi *la vie,* et qui se développera du plus simple vers le plus complexe en un lent cheminement au travers des millions d'années d'une lente évolution.

Chapitre 6

****

Le Nombre [4]

Le cadre formateur - le moule vide destiné à recevoir les productions.
la Nature naturante – le monde de l'atome et des molécules

Nombre pair, le [4] est en rapport avec l'aspect physique de l'univers. Le Nombre [4] se manifeste en prenant naissance dans la Tri-Unité, et devient symboliquement le *cadre formateur* dans lequel la vie pourra se manifester. On appelle aussi cette étape la *Nature-naturante* (la nature physique de l'univers dans sa volonté de se matérialiser).

A ce stade de son développement, l'univers fabrique les éléments chimiques plus lourds que l'hydrogène. Cette lente alchimie qui s'étend sur des milliards d'années, a lieu par une lente accrétion des atomes légers, au centre des gigantesques masses gazeuses, par l'action d'une nouvelle force appelée la gravité. La température et la pression augmentent dans les nuages de particules atomiques, transformant les nuages en étoiles lumineuses qui s'agglomèrent en gigantesques galaxies.

[4] c'est aussi le monde des quatre éléments, au sens philosophique du terme, soit les différentes manières que l'on a de se représenter le support de la structure matérielle de l'univers.

[4] a valeur de stabilité, de réalité, de concret, de solide et comme par hasard, ce Nombre correspond aux quatre forces fondamentales régissant l'univers : la force nucléaire, la force électromagnétique, la force faible et la force de gravité qui va façonner les molécules.

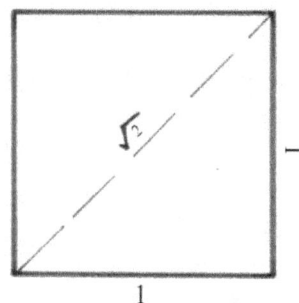 Le symbole géométrique qui symbolise le mieux cette idée est le carré. Tous les quadrilatères réguliers, pour être parfaitement définis, doivent avoir des diagonales de longueur égale.

Dans un carré de côté égal à [1], les diagonales ont pour grandeur la racine carrée de 2, [$\sqrt{2}$], nombre incommensurable (qui a pour valeur arithmétique 1,414…).

En symbolisme numéral, on donne à ce nombre valeur « *d'ignorance, de non-conscience du divin* » ; il s'agit bien du monde matériel en devenir précédant la manifestation de *la Vie* dans l'univers. On verra plus tard comment deux carrés juxtaposés révéleront la connaissance.

Les 4 éléments (Feu, Air, Eau, Terre)

Cette notion aussi vieille que la philosophie exprime par les quatre éléments, les quatre aspects que peut prendre la matière physique – soit, dans le sens de l'augmentation de la densité : la forme ignée ou ionisée (Feu), gazeuse (Air), liquide (Eau) et solide (Terre). La première (le Feu) peut transformer l'état des autres.

Par l'action de la chaleur (agitation des molécules), l'élément solide se transforme en liquide puis en gaz. Par action du froid (ralentissement de l'agitation des molécules) le processus s'inverse (le gaz devient liquide puis solide).

Pour cette raison, il vaudrait mieux parler des *trois* éléments (solide, liquide, gazeux) [3] associés au Feu [1] qui permet la transformation des autres. Le monde matériel ou physique, est ainsi constitué de l'association de [3+1] éléments se combinant et se transformant sans cesse.

Rien n'est immuable, tout se transforme dans l'entropie.

On reconnaît de plus en plus en physique, que la mécanique quantique, est intriquée dans tous les phénomènes propres à l'univers, même à celui si particulier de l'expression de la vie.

La notion d'entropie

Le principe de pérennité et d'équilibre définit par Lavoisier[137], ancêtre de la chimie moderne, ne tenait pas encore compte de la notion d'*entropie* – grandeur, qui en thermodynamique, permet d'évaluer la dégradation de l'énergie d'un système.

L'entropie d'un système caractérise son degré de désordre, en induisant la notion d'usure de l'énergie qui, d'une « énergie originelle pure », conduit à sa forme la plus banale, la chaleur, le stade ultime de la dégradation de l'énergie.

L'interprétation de la symbolique des quatre éléments, s'apparente à ce qui a été dit plus haut. En réalité, les choses sont un peu plus complexes. Dans le champ de l'entropie, il n'y a pas de limites précises entre les états caractérisant la matière. Dans certaines conditions (pression, dépression), on peut passer du solide au gazeux (sublimation), sans passer par l'état liquide ; on parle aussi d'état plastique et d'état ionisé (plasma.).

Afin de ne pas compliquer outre mesure cette analyse, je conserve les limites définies par l'usage courant tout en rappelant qu'il en va des quatre éléments comme des sept couleurs du spectre de la lumière visible : il n'y a pas de frontière entre les éléments ni entre les couleurs du spectre, les nuances sont innombrables, comme les longueurs d'ondes qui les définissent.

La structure physique de la matière
durant les trois premières minutes de l'Univers

Avec le Nombre [4], la structure physique de l'univers est à son deuxième stade de développement. Après les premières interactions qui permirent l'accrétion des sous-particules, en les combinant et en les développant en protons, en neutrons et en électrons, dans une chaleur intense et en occupant toujours plus d'espace, le bébé-univers grandit en se refroidissant, permettant assez rapidement aux premières particules non matérielles de se combiner entre elles pour donner naissance au plus léger des atomes, l'hydrogène.

D'après les connaissances actuelles de la physique, cela se serait passé dans les trois premières minutes de l'univers.[138]

---

[137] Lavoisier, (1743-1794) : « Rien ne se perd, rien ne se crée, tout se transforme. »
[138] Steven Weinberg, *Les trois premières minutes de l'univers*. Le Seuil 1978

La combinaison énergétique des trois particules élémentaires associées à l'espace-temps [3+1] produit l'atome, élément précédant la « substance chimique », qui ne se manifestera que lorsque les atomes se combineront entre eux par d'autres interactions énergétiques pour former les molécules. Mais la molécule, le support matériel et solide que nous connaissons, nous propulse déjà au niveau du Nombre [6].

Bien que l'histoire du début de l'univers ne soit encore que partiellement connue, il existe une cohérence physique et métaphysique dans ce qui a été dit ci-dessus.

La métaphysique dit que plus l'on pénètre dans le monde de l'infiniment petit plus on s'approche de quelque chose qui pourrait s'appeler *énergie pure* ou *énergie primordiale*, dont tout provient. Comme l'enseigne la théorie de la Relativité d'Einstein, il y a corrélation entre les deux états, *l'énergie pure* pouvant, par successions d'interactions énergétiques, se cristalliser pour former la matière telle qu'on la connaît, et la matière pouvant être retransformée en énergie dégradée après avoir perdu sa pureté originelle - le principe de l'entropie (dégradation de l'énergie) en découle. Ce que, faute de mieux, on appelle *énergie pure*, échappe-t-il à ce phénomène de dégradation ? En restant du côté métaphysique du phénomène, on peut répondre affirmativement à cette question - sinon l'univers ne serait pas « éternel », usé qu'il serait par une lente dégradation. L'*énergie pure* reste-t-elle, en quelque sorte, inaltérable ou compensée par une néguentropie ?

L'aspect vibratoire de la matière

En mécanique quantique, les particules intra-atomiques sont en même temps phénomène vibratoire et phénomène corpusculaire. Cela met en évidence l'aspect dynamique de la matière.

On entend souvent dire que « *tout est vibration ou phénomène ondulatoire* ». La mécanique quantique va dans ce sens et débouche sur une réalité qui ouvre sur un monde où effectivement tout est en mouvement. Par extension, le champ du phénomène ondulatoire devrait couvrir tout l'univers, aussi bien physique que métaphysique.
Le Père Jésuite Teilhard de Chardin a dit quelque part dans son œuvre que « *sur l'échelle des valeurs, seul l'impossible a des chances d'être vrai* ». Ailleurs, il écrit le mot « Matière » avec un M majuscule, ce qui a dû faire frémir ses supérieurs. Ce grand penseur chrétien avait une vision prémonitoire de ce que les sciences ont permis de découvrir par la suite et un profond respect pour la nature matérielle des choses.

Ce que l'on nomme matière est d'ailleurs considéré par les animistes et par certains mouvements philosophiques comme étant, en quelque sorte, le corps physique de la Divinité – l'énergie animant l'ensemble étant l'âme du monde. Dans ce contexte, l'*énergie pure*, prend alors le sens d'Esprit.

Dans cette acception, Dieu est Corps, Âme et Esprit, et si, comme il est dit que nous sommes faits à son image, c'est dans ce sens non anthropomorphe qu'il faudrait comprendre ce message.

La nature binaire du monde dans l'espace-temps est maintenant une évidence ; le monde complexe de l'informatique, qui prend de plus en plus d'importance dans notre société, est basé sur ce principe.

- Tout n'existe que par rapport à une volonté qui tient les deux pôles écartés afin qu'une dynamique vivante se crée dans l'espace-temps et que l'*être* puisse se différencier du *non-être*.
- L'univers pulse alternativement d'un « *expir* » vers un « *inspir* »: tout est mouvement dans l'univers, rien n'est statique.

Le Nombre [4] structure l'espace plan

Dans sa fonction primitive de *cadre formateur*, le Nombre [4] définit aussi la croix de l'espace-temps. Mais déjà ce nouveau symbole (la croix) interfère sur les Nombres suivants, qui seront interprétés dans l'ordre chronologique.

Le Nombre [5], (l'Esprit divin se manifestant dans la matière), va servir de support à une chose essentielle, *la Vie divine* [Φ], qui annonce la multitude des formes d'*existences* [$\varphi = 1/\Phi$] qui prolifèrent sur la Terre et certainement ailleurs dans l'univers.

La structure de la matière visible est composée de cristaux de formes diverses, le plus souvent parallélépipédiques (à l'exemple du cube). On constate une fois de plus (ce qui n'est pas nouveau dans la symbolique des Nombres), que lorsque l'on parle d'un Nombre, un autre s'associe à lui naturellement.

Ainsi, le Nombre [4] du plan carré devient en volume le cube avec six faces et huit pointes. Cette constatation nous propulse déjà vers le Nombre [6] et les suivants.

Autres considérations en rapport avec le Nombre [4]

Beaucoup d'autres relations avec le Nombre [4] pourraient, dans une certaine mesure, être reliées symboliquement aux propos qui sont les nôtres dans ce livre. Il faut citer les autres polygones quadrangulaires, et en particulier le *carré-long* ou *carré de la Genèse*, de proportions Un sur Deux (deux carrés juxtaposés), qui contient en son cœur le message de la création du monde et le secret du Nombre d'or[139].

Il y a aussi les quatre bases qui assurent la cohésion de la molécule d'ADN et qui définissent les caractéristiques de notre code génétique, dont je parlerai plus abondamment en étudiant le symbolisme du Nombre [6].

Une autre relation, géométrique celle-là, relie la surface (A= aire) de la sphère, qui mesure quatre fois l'aire d'un grand cercle équatorial de la même sphère :

$$A_{\text{sphère}} = 4 * \pi * R^2$$

Fidèle au principe de l'omniprésence du [Un/Tout - ①], l'étude du Nombre [4] déborde au-delà de sa valeur symbolique vers le Nombre [4 + ① = 5], celui du *divin* qui révèlera mathématiquement, la *Vie divine* et son contenu générant la *vie physique* telle que nous la connaissons sur notre planète Terre. - mais cela ne se passera qu'à partir du Nombre [7].

Le quaternaire

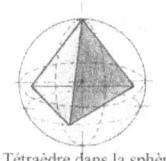

Tétraèdre dans la sphère   Tétraèdre développé

Le premier volume géométrique possible, est le tétraèdre qui a 4 faces, 4 pointes et 6 arêtes de même grandeur. En passant du plan triangulaire au volume du tétraèdre, la *trinité divine*, devient une *Quadri-Unité* (4 faces triangulaires équilatérales et 4 pointes). Le développement de ce volume nous ramène au triangle équilatéral de base.

---

[139] Les chapitres 13 et 14 exposeront en détail la connaissance inscrite au cœur de ce grand symbole, qu'est le *carré-long*, dit de *la Genèse*.

Les quatre triangles équilatéraux, constituant le tétraèdre ont en commun la même base (le plan divin) et un point de convergence situé dans l'espace. Inscrit dans la sphère, le tétraèdre régulier, est le symbole le mieux approprié pour exprimer le *quaternaire* [3 + ④]. La combinaison des Nombres [3] et [4] ouvre sur d'autres concepts qui nous projettent au-delà du symbolisme du [4].

- L'addition [3 + 4 = 7] c'est l'interaction de l'esprit [3] sur la matière [4] symbolisant la création et le concept divin qui, par le Nombre [7], engendre l'intelligence et l'évolution de la *vie physique* dans l'univers.
- La multiplication [3 * 4 = 12] relie les Nombres [3 et 4] au symbole numérique du Temps.

La Quadri-Unité, par le symbole du *tétraèdre,* occupe un espace temporel. Mais ce que l'on nomme Dieu ne peut être représenté que par la *sphère*, symbole de l'Unité qui contient le Tout et particulièrement le premier nombre incommensurable [Pi (π)]. Dans cette sphère « Unité », tous les autres symboles géométriques peuvent être inscrits et apporter leur message ou leur éclairage symbolique.

L'Unité divine se dessine ou plutôt se matérialise par le [3] du delta, mais elle reste le [*tout*] par l'association des quatre triangles équilatéraux constituant le *tétraèdre* inscrit dans la sphère, et le restera jusqu'à la fin du cycle.

Le *tétraèdre* est le premier des cinq corps platoniciens, expliquant le monde selon Pythagore.

Intelligence, conscience et connaissance

Dans le précédent chapitre, en définissant la *Tri-Unité* géométrique et métaphysique, j'ai mis en évidence le fait qu'en faisant agir la *connaissance* - le compas ouvert sur la moitié du segment de droite (AB), symbolisant, l'*unité-binaire* – se définit un carré dont le côté a pour grandeur [$\sqrt{1/2}$ ou $1/\sqrt{2}$], soit l'inverse de l'ignorance ou de la non-conscience[140], c'est-à-dire la *conscience* et la *connaissance* du divin.

---

[140] En symbolisme numéral [$\sqrt{2}$] a pour valeur, l'ignorance ou la non-conscience du divin.

A un moment donné dans le processus de la création de l'univers, l'*intelligence,* Nombre [7], qui est le propre de *la Vie*, va induire la conscience Nombre [8], et la connaissance, Nombre [9].

Il n'y a pas de doute que l'analyse de ce qui nous entoure, des étoiles aux atomes en passant par tout ce qui supporte *la Vie*, révèle toutes ces valeurs.

Avec le Nombre [4] l'univers se manifeste dans ce qu'il a de plus physique, mais avec des valeurs qui contiennent déjà en germe ce qui permettra aux êtres humains de remonter à la source de cette fabuleuse intelligence, en développant l'esprit de recherche qui conduit à la connaissance intrinsèque du monde.

Dynamisme et évolution

Le dernier aspect du Nombre [4] que je tiens à souligner, c'est une fois de plus, l'importance de l'omniprésence du Nombre [1] tout au long du processus de l' « évolution » des choses de ce monde. La série de Fibonacci exprime, on ne peut mieux ce concept, car elle est un modèle de croissance à partir de l'*Unité*. Cette série exceptionnelle s'exprime par les valeurs :

$$1, 1, 2, 3, 5, 8, 13, 21, 34, 55, 89, 144 \text{ etc.}$$

On obtient les nombres de cette série en additionnant les deux valeurs précédentes : par exemple [3 = 2+1 ; 5 = 3+2. etc.] La division d'un des nombres de la suite par le précédent conduit rapidement au *Nombre d'or* (Φ), le nombre de la *Vie divine*, le deuxième nombre irrationnel qui construit l'univers.

Comme je reviendrai sur ce thème plus tard, je me contenterai, pour le moment, d'en souligner l'importance en rappelant une de ses caractéristiques.

Le Un *en action* se manifeste par le *Nombre d'or*, et sa signature est la spirale construite sur les carrés dont les côtés sont les nombres de la série de Fibonacci.

Ce qui précède montre que, dès l'origine, action et mouvement s'expriment dans la recherche de l'harmonie et de la beauté, puisque plus l'on progresse dans les nombres de la série, plus la précision du *Nombre d'or* augmente, en se révélant dans sa perfection à l'infini.

Un principe dynamique est donc bien omniprésent dès l'origine des choses, ce qui renforce encore l'image d'un monde régit par des lois de mécanique ondulatoire mathématiquement démontrables.

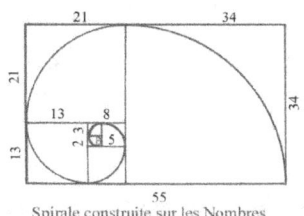

Spirale construite sur les Nombres
de la série de Fibonacci

Ce principe dynamique est aussi évolutif, car symbolisé par une spirale, bâtie sur le symbole du *carré*, se déroulant harmonieusement de l'*Unité* vers l'*infini*. A l'intelligence s'additionnent, de fait, l'harmonie, la beauté et l'évolution vers la perfection.

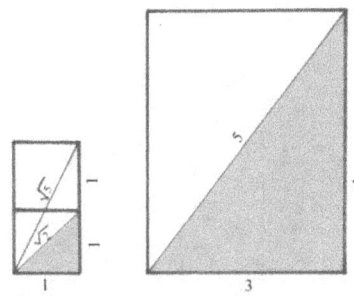

Pour clore ce chapitre, je tiens à souligner le fait que, si la première surface géométrique possible est le triangle, qui par principe est indéformable donc immuable, le quadrangle n'a pas, quant à lui, cette qualité, car il est déformable, peut être écrasé et réduit à rien. Le Nombre [4] n'est *cadre-formateur* que par rapport à ses diagonales qui lui procurent stabilité et forme. Mais ce *cadre-formateur* n'est encore à ce stade qu'une matrice vide, promesse de vie, non encore fécondée.

Un autre fait remarquable est à mettre en évidence. Les Nombres [1] et [2] définissent un double carré, appelé *carré-long* dont la diagonale a pour grandeur $[\sqrt{5}]$ (l'essence du Divin).

Dans le second cas illustré, les Nombres [3] et [4] en vertu du théorème de Pythagore, engendrent le Nombre [5] (le Divin).

La subtilité de la géométrie symbolique, prend de plus en plus l'allure d'une philosophie.

*

Voulez-vous connaître le secret du divin ?

L'arithmétique élémentaire va nous révéler comment le *divin* par son *essence*, va exprimer la *Vie divine et tout son contenu,* et ceci sans contestation possible puisqu'il s'agit d'une vérité mathématique.

L'*essence* du divin ou l'*esprit divin* qui vaut $[\sqrt{5} = \Phi + \varphi]$ véhicule la *Vie divine et son expression physique,* cherchant à la manifester dans le processus de la création, ce que je vais développer dans le prochain chapitre.

Chapitre 7

****

Le Nombre [5]

L'esprit divin,
l'incarnation de l'esprit dans la matière

L'univers est créé, la nature physique s'installe dans le *cadre-formateur* du Nombre [4] ; désormais des milliards de galaxies, d'étoiles, de gigantesques nuages de particules peuplent le ciel. Le support est là, la voie qui conduira à l'expression physique de *la Vie* s'ouvre dans l'univers.

Nombre impair, le Nombre [5] exprime l'*esprit divin* dans sa volonté de s'incarner dans la matière afin de propager généreusement *la Vie*.

Dans tout l'univers, cette prodigalité infinie pulse et est prête à se répandre pour féconder les lieux où les conditions seront plus tard réunies pour manifester les multiples formes d'existences.

A ce niveau, *la Vie* ne s'est pas encore manifestée concrètement ; elle n'est encore qu'au stade d'une volonté d'incarnation.

A elle seule, elle justifie l'univers dans son immensité, sa beauté, son intelligence.

La Vie émane de l'*énergie primordiale* (Dieu)
et pulse dans tout l'univers avec une égale générosité.

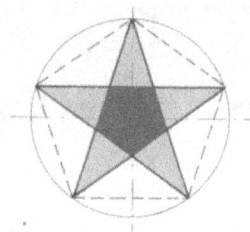 Son symbole géométrique le plus représentatif est l'étoile à cinq branches inscrite dans un pentagone régulier. Comme on le verra bientôt, ce polygone contient en plus de l'expression de *la Vie* en devenir, la notion de beauté, d'harmonie et d'une profonde spiritualité.

Pour les adeptes de l'alchimie et de certains mouvements philosophiques, ce symbole est l'expression du microcosme, reflet du macrocosme.

Bien que le mot *microcosme* soit, en philosophie, attribué à l'être humain considéré par rapport à l'univers, le *macrocosme*, j'étends volontairement ce concept à tout ce qui est animé. Dans mon postulat, l'expression physique de la *Vie divine* touche par définition tout ce qui dans l'univers, est doué d'existence.

Le Nombre [5], associé au symbole du pentagone, est le premier polygone à pouvoir s'étoiler - c'est-à-dire qu'on peut dessiner une étoile à cinq branches en reliant les cinq sommets du polygone, en sautant chaque fois un des sommets et revenir au point de départ, sans relever le crayon. Le triangle n'a pas cette propriété, ni le carré, ni l'hexagone. Le prochain polygone étoilé sera l'heptagone (à sept côtés).

Le pouvoir de s'étoiler met les polygones à cinq et à sept côtés en relation avec le Ciel ou, si l'on préfère, avec la lumière divine qui dynamise le système, rayonne et rappelle l'omniprésence de l'*Unité*.

L'expression du symbolisme du Nombre [5] se trouvera plus tard renforcée par celle du Nombre [7], qui exprime la vie manifestée évoluant sous formes d'existences concrètes. Les deux nombres [5 et 7] sont de ce fait intimement liés.

En analysant le Nombre [7], on comprendra pourquoi *vivre* et *exister* ne sont pas synonymes. Nous ne sommes pas *la Vie*, mais nous existons en elle, ce qui n'est pas pareil.

Le Nombre [5] et la géométrie

Le Nombre [5] représenté symboliquement et géométriquement par une étoile à cinq branches régulières inscrites dans un cercle, exprime trois Nombres irrationnels :

- Pi [π] la constante du cercle : premier Nombre irrationnel et transcendant ;
- Phi [Φ] et son inverse [φ=1/Φ] : Nombres irrationnels intimement liés au pentagone et au cercle. Le Nombre d'or et son inverse, (la divine proportion) représentent les plus exceptionnels de tous les Nombres. Vu leur importance symbolique, géométrique et mathématique, ils seront analysés en détails dans le chapitre 13.

> Symboliquement, le nombre [5], le divin, annonce la *Vie divine*
> et la vie physique qui se manifestent par deux nombres irrationnels,
> le Nombre d'Or [Φ = 1,618..] et son inverse [φ = 1/Φ = 0,618...]

Le Nombre d'or exprime la *Vie divine* immatérielle qui régira la vie manifestée sous forme d'existences. Ce Nombre est vecteur d'harmonie et de beauté, révélateur de l'omniprésence divine dans tout ce qui vit. Comme c'est en inversant les Nombres que l'on en comprend le sens caché, l'inverse du Nombre d'or, appelée *la divine proportion*, symbolise la vie physique dans l'univers.

Ces symboles expriment également un message plus subtil. Comme on le voit sur le dessin ci-après, les bras de l'étoile et les côtés du pentagone et du décagone, manifestent le Nombre d'or de plusieurs façons.

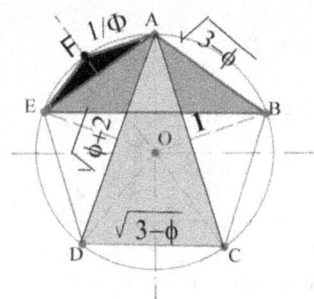 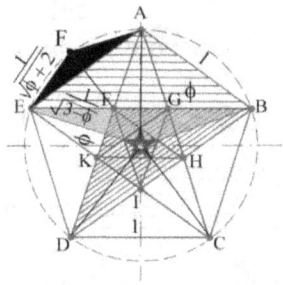

Que l'on prenne la valeur [1] comme rayon du cercle ou comme base du pentagone, toutes les valeurs exprimées par l'étoile et le pentagone sont en relation avec le Nombre d'or, la spiritualité et la lumière.

Le pentagone génère une étoile, et quand il tend vers le décagone il révèle la vie physique, l'inverse du Nombre d'or.

Ces deux symboles sont d'une extrême importance dans la symbolique des Nombres et génèrent des triangles très particuliers dont je parlerai bientôt. Ce qui constitue ces triangles génèrent les valeurs symboliques qui sont répertoriées dans l'annexe 1 de cet ouvrage[141].

Les valeurs symboliques attribuées à ces valeurs irrationnelles pourront paraître subjectives voire pédantes. Peut importe, car à n'en pas douter, cette association symbolique du pentagone et de l'étoile à cinq branches manifeste quelque chose qui est en corrélation avec la *spiritualité, la Vie* et sa projection dans l'univers.

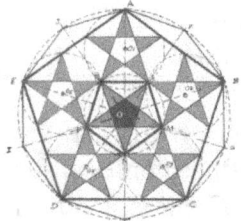

Comme je parlerai prochainement très abondamment du Nombre d'or, je me contenterai ici, pour étayer mon propos sur le Nombre [5], de signaler que le Nombre d'or est lié par l'Unité de façon que :

$[\varphi = 1/\Phi = 1/1{,}618 = 0{,}618]$ ou $[1 + \varphi = 1 + 0{,}618 = 1{,}618]$

L'[Unité/Tout, exprimé par ①], selon la règle de base est fondamentalement toujours omniprésente.

D'autre part : Ce Nombre est également étroitement relié au divin [5], car l'essence de celui-ci vaut « *exactement* »
la somme du Nombre d'or et de son inverse

$$\sqrt{5} = \Phi + \varphi = 1{,}61803\ldots + 0{,}61803\ldots = 2{,}236\ldots$$

Ce qui signifie que la *Vie divine* et son contenu justifie le *Divin* et par corrélation, l'univers et Dieu.

Pour ces raisons, le Nombre d'or et son inverse sont très utilisés dans l'architecture sacrée. Ces symboles sont exprimés dans de nombreux temples antiques et dans une quantité d'églises d'obédience chrétienne et d'autres mouvements religieux. On en retrouve la trace jusque dans les premières dynasties égyptiennes[142].

---

[141] Voir le répertoire des symboles en annexe du livre de Théo Kölliker : *Symbolisme et Nombre d'Or. Le Rectangle de la Genèse et la pyramide de Khéops*. Op. cit. Ce répertoire est donné en annexe 1 à la fin de cet ouvrage.

[142] Dans un prochain ouvrage cette analyse nous fera voyager dans le temps à la recherche de cette affirmation.

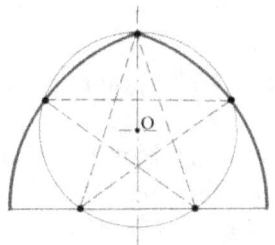

L'arc gothique, inspiré de l'architecture arabe, est construit sur le développement de l'étoile à cinq branches. Associé à d'autres symboles, l'arc gothique dégage des constructions harmonieuses et harmoniques permettant de réaliser des édifices qui fonctionnent comme de gigantesques amplificateurs de vibrations, de pensées et de prières.

Le triangle le plus significatif contenu dans ce symbole est le *triangle dit sublime* : il a la particularité d'exprimer la relation entre Dieu (base 1) et la Vie divine [Φ] (côtés du triangle).

Ce triangle dit *sublime* est déduit du triangle de la *Tri-Unité,* (qui dans le christianisme exprime les trois personnes divines, le Père, le Fils et le Saint-Esprit).

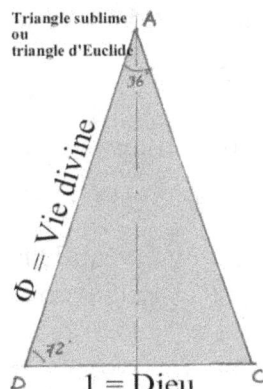

Si l'on donne au Père la valeur [1] qui lui revient de droit, au Fils la valeur de la *Vie divine* [Φ] qui lui revient aussi de droit, et si l'on donne au Saint-Esprit la valeur de l'*essence* des deux autres, (c'est-à-dire la racine carrée de leur somme). On constate avec étonnement que la valeur arithmétique attribuée au Saint-Esprit est également la *Vie divine*, [Φ].

Il ne s'agit pas d'une vue de l'esprit ni d'une pieuse prière, mais du résultat d'un calcul arithmétique rigoureusement exact. En effet, une des particularités du Nombre d'or [Φ] lorsqu'il est multiplié par lui-même fait que sa valeur est additionnée de la valeur [1].

$$\Phi * \Phi = \Phi 2 = 1 + \Phi$$

L'essence de cette valeur, soit sa racine carrée donne le Nombre d'or :

$$[\sqrt{1+\Phi} = \sqrt{\Phi^2} = \Phi\,]$$

Ainsi se manifeste l'exact reflet du triangle sublime dans lequel Dieu [1] se ferme sur le Fils, *la Vie,* et sur le Saint-Esprit, qui a la même valeur.

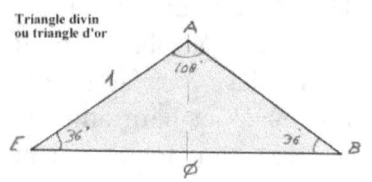

Un autre triangle appelé *triangle d'or*, a des caractéristiques tout aussi étonnantes : il est situé sur la pointe du pentagone et a pour hypoténuse un des côtés de l'étoile.

Dans ses proportions il relie le Nombre d'or [Φ] à deux fois l'expression du Nombre [1]. L'essence du système [$\sqrt{\Phi+2}$], nous relie au *désir de spiritualité*, qui recherche le Créateur.

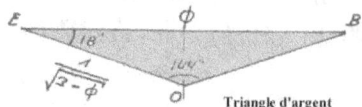

Le *triangle dit d'argent* tracé au cœur de l'étoile et en couronne autour de pentagone lie la Vie divine [Φ] à ce qui est communément admis être *l'embryon de spiritualité* ou la manifestation de celle-ci soit : [$\frac{1}{\sqrt{3-\Phi}}$].

Une deuxième série de *triangles d'argent* se dessine autour du pentagone, lorsque celui-ci tend vers le décagone, en dégageant cette fois une relation avec la vie terrestre [1/Φ] ou avec [$\frac{1}{\sqrt{\Phi+2}}$] l'intuition axée vers la spiritualité.

Le *triangle d'argent*, annonce le *triangle d'or* par l'ouverture sur la spiritualité, implicitement contenue dans la *Vie divine*.

Les considérations mathématiques exprimées ci-dessus parlent en faveur de la haute teneur métaphysique contenues dans ce symbole à caractère universel intimement lié au divin.

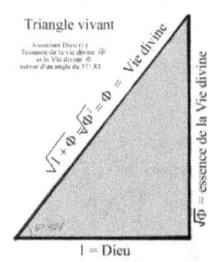

Un autre triangle appelé le *triangle vivant*, qui n'est pas directement lié aux symboles précédents, mêle géométrie et mathématique dans un contexte hautement philosophique : une base [1], associée à une hauteur équivalente à la racine du Nombre d'or [$\sqrt{\Phi}$] donne pour hypoténuse [Φ].

Ce triangle mettant en relation Dieu [1], et le Christ *représentant de la Vie divine* dans l'univers par l'essence de celle-ci [$\sqrt{\Phi}$] donne sur l'hypoténuse la valeur de la Vie divine [Φ].

Ce triangle relie ainsi entre eux les valeurs que le christianisme attribue à Dieu, au Christ et au Saint-Esprit.

Ce *triangle dit vivant* est l'exacte reproduction du triangle donné par la coupe de la grande pyramide de Khéops et conduit à un angle de 51,82 degrés, qui sera utilisé abondamment dans les églises chrétiennes pour définir des proportions voulant mettre en évidence le Christ avec les édifices qui lui sont consacrés.

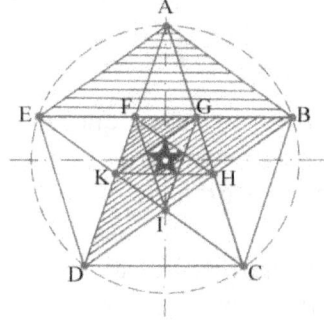

Au centre de l'Etoile à 5 branches, s'induit une étoile renversée (F G H I K), induisant elle-même une étoile redressée, et ceci continuellement et alternativement vers l'infiniment petit. Vers l'infiniment grand, le processus est régi par le même phénomène. L'étoile à cinq branches relie donc les deux infinis en un cycle alterné, exprimant, puisqu'elle se reproduit dans les deux directions, une voie dynamique conforme aux principes de base définis dans l'analyse des trois premiers Nombres. Ainsi de l'étoile à cinq branches jaillit le principe *d'évolution cyclique* associé à l'harmonie et à l'équilibre entre la nature vivante et les forces supérieures régissant l'univers.

L'étoile à cinq branches exprime bien l'idée du microcosme. Ce symbole parle de *la Vie*, il l'annonce à un univers qui ne peut pas encore le comprendre ni l'apprécier. L'étoile, comme le principe de qui elle émane, est de tout temps : elle « est » faite d'éternité. Elle a besoin d'un centre, d'un support pour s'exprimer. Il lui faut une structure qui, mue par le principe d'équilibre, ne peut être que cyclique.

L'étoile à cinq branches est utilisée dans de nombreuses religions, en particulier par l'islam. On la trouve dans le christianisme avec la valeur de microcosme, elle représente parfois le Christ sur la croix.

On la trouve aussi sur l'étendard à fond rouge de la métaphysique marxiste, athée ; est-ce une déviation imprévue, une erreur ou une volonté ? Je n'ai pas de réponse à cette question.

L'étoile flamboyante

L'étoile à cinq branches est souvent représentée doublée de flammes, pour exprimer qu'il s'agit d'un symbole lumineux et transcendant. Ainsi doublée, l'étoile à cinq branches s'apparente au décagone régulier.

Cette étoile est dite « flamboyante » quand elle est prise comme vecteur de lumière. Elle véhicule donc un message en rapport avec la *lumière divine*. En quelque sorte, elle transcende la matière, la suit dans son cheminement d'abord involutif puis évolutif ; elle vit.

Relations numérales entre les Nombres [3, 4 et 5]

J'ai montré en analysant le Nombre [4], que le Nombre [5] est en quelque sorte, le « fruit » ou la résultante des Nombres [3 et 4], étant, en vertu du théorème de Pythagore, la diagonale d'un triangle rectangle construit sur ces grandeurs.

Le mot « fruit » exprime bien que *la Vie* cherche à se manifester, par *l'acte créateur* [3] dans le *cadre formateur* [4], qui devient la *matrice réceptrice*. En résumé [5], est issu du [3] et du [4] accouplés géométriquement.

Comme les nombres impairs véhiculent l'esprit et que les nombres pairs représentent l'évolution du monde matériel, l'union des deux aspects des choses correspond bien à une synthèse, entre créativité et concrétisation.

Vie divine, manifestations physiques, cycles et réincarnation

Le Nombre [5] s'exprime dans tout ce qui vit, car il est le Nombre du vivant. Examinons la forme de beaucoup de fleurs, un oursin, une étoile de mer, le cœur d'une pomme, d'une orange, les fruits des conifères, etc[143] : on retrouvera une ébauche de l'étoile à cinq branches et du Nombre d'or. Nos cinq sens sont autant de fenêtres qui permettent à notre esprit de s'intégrer à la nature vivante. La quintessence est la chose la plus subtile qui puisse exister.

Le symbole du Nombre [5] est donc bien en relation avec la *Vie divine* avant sa manifestation, mais aussi pendant la manifestation, donc omniprésente tout au long du processus de la création. C'est pourquoi ce Nombre se trouve aussi dans la structure même de l'ADN, le support intime de notre patrimoine génétique qui fait de chaque être vivant quelque chose d'unique. L'étoile à cinq branches, par sa nature autogénératrice manifeste aussi le principe de l'évolution cyclique, propre à la nature intime des choses, qui évoluent sans cesse du plus simple vers le plus

---

[143] En réalité la nature recherche le Nombre d'or sans jamais l'atteindre, car ce Nombre exige précision et perfection, ce que malheureusement elle n'offre pas.

complexe. La nature cyclique de l'étoile à cinq branches balançant entre Vie et Non-Vie, pourrait donner raison aux adeptes de la réincarnation, justifiant ainsi le processus évolutif de la conscience.

Pour toutes ces raisons, ce symbole géométrique essentiel était considéré comme sacré dans l'école pythagoricienne.

Le macrocosme

Au-delà de l'étoile à cinq branches, symbole plan, se dessine le monde de l'espace ; celui du *dodécaèdre* fait de douze pentagones accolés ou du *triacontagone* (appelé aussi *icosidodécaèdre*) composé de douze pentagones et de vingt triangles équilatéraux.

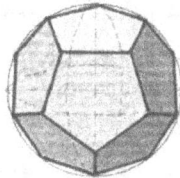 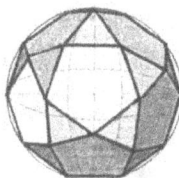

Dodécaèdre plein   Triakontagone plein

Seul le *dodécaèdre* fait partie des cinq corps platoniciens, censés décrire le processus de création de l'univers. Ces deux corps sont structurés sur le pentagone avec tout son symbolisme.

En parlant de la sphère et des polyèdres, au chapitre 15, j'évoquerai comment Pythagore et Platon ont imaginé le cosmos géré par les Nombres et essayé de concrétiser leur pensée en imaginant des corps géométriques s'inscrivant dans la sphère. Intelligence, conscience et connaissance restent les moteurs de l'évolution matérielle et spirituelle de l'être humain.

Après le siècle des libres-penseurs, de Darwin à Marx, arrive un personnage hors du commun, Albert Einstein. En plus de ses compétences scientifiques, il était croyant et osait dire : « *Oui, Dieu existe, oui Dieu a créé l'univers, l'homme et toute la nature* ». Il disait aussi « *La plus belle chose qu'on puisse éprouver, c'est le mystère* ».

Le mystère de la Vie manifestée, lié aux mystères incommensurables du cosmos, restera probablement caché dans le cœur lumineux de l'étoile à cinq branches.

Il est dit au début de l'évangile selon Saint-Jean :

Au commencement était le Verbe et le Verbe était avec Dieu
Et le Verbe était Dieu
Il était au commencement avec Dieu.
Tout fut par lui et sans lui rien ne fut.
Ce qui fut en lui était la vie, et la vie était la lumière des hommes,
Et la lumière luit dans les ténèbres et les ténèbres ne l'on pas saisie etc. »

Les paroles de St Jean s'accordent avec le message de l'étoile à cinq branches. L'expression subtile de la lutte des contraires manifeste la seule chose indispensable, justifiant le cosmos, *la Vie* et ses multiples manifestations, avec une espèce vivante capable d'en rendre grâce, l'être humain.

Essayons de suivre cette voie et de nous imprégner de l'extraordinaire harmonie de la musique cosmique, « *la musique des Sphères* » déjà célébrée par Pythagore il y a 2600 ans.

*

Le mystère du divin est dévoilé quand on l'exprime par son essence :

$$\sqrt{5} = 2,236... = \Phi + \varphi = 1,618 + 0,618$$

La Vie divine et son expression, la vie physique, reflètent l'exact contenu de l'essence du divin, ce qui prouve indubitablement que les deux phénomènes sont liés intimement.

Chapitre 8

****

Le Nombre [6]

Cristallisation du monde physique, apparition des planètes telluriques dans l'univers

Le Nombre [6] est un Nombre pair, le Nombre du *macrocosme*[144]. Il se réfère à l'aspect physique du phénomène universel et représente l'univers matériel en relation étroite avec l'*Esprit divin créateur* émanant la *Vie divine* [5 et Φ], qui ensemence l'univers d'une générosité pure et absolue. Cette relation est donc prise dans son acception philosophique avec tout ce qui bientôt manifestera la vie physique, dans les endroits précis de l'univers présentant les conditions favorables à son épanouissement : le Nombre [7].

La structure physique de l'Univers

Avec le Nombre [6], le monde matériel a pris forme. Par l'effet des interactions électroniques, les atomes entrent dans le domaine du concret en s'organisant et s'associant en molécules, devenant des substances chimiques soumises au phénomène de l'entropie.

La matière se cristallise sous forme de cristaux le plus souvent parallélépipédiques comme le cube, mais épouse aussi d'autres formes.

---

[144] Macrocosme : L'univers dans sa relation analogique avec l'homme (*microcosme*), dans la tradition ésotérique et alchimique. (*Larousse illustré*).
Microcosme : En philosophie et dans les doctrines ésotériques, être constituant un monde en réduction dont la structure reflète le monde (*macrocosme*) auquel il appartient. En philosophie le mot *microcosme* s'adresse essentiellement à *l'être humain* ; j'étends volontairement ce mot *à tout ce qui vit*- cela me paraît plus équitable, car tout ce qui vit (existe ou est animé) mérite le même respect, dans le sens profond du terme.

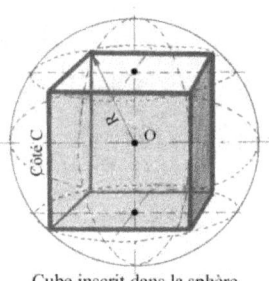
Cube inscrit dans la sphère

Le symbole volumique du Nombre [6] est le cube (6 faces et 8 sommets), un des cinq corps platoniciens, qui se développe sous forme de croix. L'intersection des trois axes créant l'espace définit un point d'origine, le centre du cube (o).

En géométrie symbolique, le centre joue un rôle essentiel - il est le reflet de l'Unité ① qui manifeste la présence divine tout au long du processus.

A titre d'exemple, comme le montre l'illustration suivante, une molécule de fer peut cristalliser sous deux formes différentes : le fer α (ferrite) de forme cubique centrée avec 9 atomes et le fer γ (austénite) de forme cubique à faces centrées avec 14 atomes. La ferrite a la propriété d'être magnétique alors que l'austénite ne l'est pas, par contre la molécule γ est de taille légèrement plus grande à l'α.

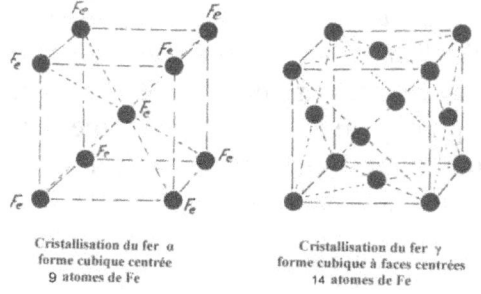

Cristallisation du fer α
forme cubique centrée
9 atomes de Fe

Cristallisation du fer γ
forme cubique à faces centrées
14 atomes de Fe

L'eau cristallisée sous forme de neige épouse aussi une structure hexagonale, variant de forme en fonction de la température.

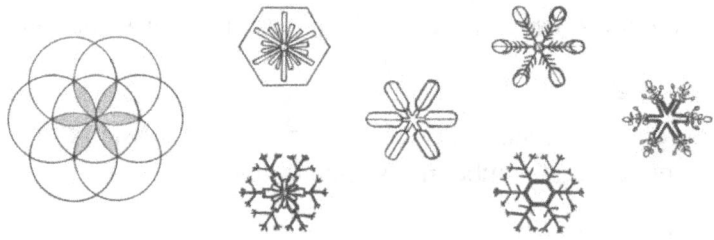

Ces exemples parmi une multitude d'autres, (les alvéoles hexagonaux d'un rayon de miel…), illustrent bien la connivence qu'il y a entre la nature et les nombres.

Selon une des règles de la symbolique des Nombres, lorsque l'on parle d'un Nombre, un autre s'associe à lui naturellement. Ainsi, le Nombre [4] du plan carré devient les Nombres [6 et 8] en volume pour le cube (6 faces et huit pointes).

De même, le Nombre [4+①=5] exprime le Nombre de la *Vie divine,* et le Nombre [6+①=7] le Nombre de la vie exprimée sous forme d'existences.

> *Avec le Nombre [6], les conditions sont requises pour que la Vie puisse se manifester sous de multiples formes d'existences.*

Dans l'univers, les conditions idéales sont remplies pour permettre cet épanouissement. La lente alchimie des éléments lourds au sein des étoiles va se retrouver à la mort de celles-ci, dans l'espace sous forme de poussières. Sous l'action de la force de gravité, cette poussière va s'agglomérer en sable puis en gravier, puis en gros blocs de rocher, pour constituer finalement les planètes dites telluriques.

Certaines de ces planète, satellisées autour d'un soleil, seront prêtes à réaliser l'ultime phase du plan divin : manifester *la Vie*, sous de multiples formes, jusqu'à la plus évoluée, celle de l'être humain, seule espèce terrestre capable de prendre conscience du sacré et d'en témoigner.

L'univers étant en perpétuel devenir, et évoluant sans cesse vers toujours plus de complexité, le Nombre [6] n'est donc pas figé dans l'espace-temps et continuera son action jusqu'à la fin. La manifestation de la Vie qui suit cette étape numérale s'éteindra un jour sur la Terre et continuera ailleurs son développement.

Nombre [6] – un monde concret, spatial et cristallisé

Dans le développement de l'univers tout est en place pour manifester la vie physique. Le double *ternaire* exprimé par l'égalité [2*3= 6], rappelant que le *binaire* [2] est omniprésent dans l'*acte créateur* [3], exprime aussi deux mouvements associés : l'involution① de l'esprit vers la matière et l'évolution de celle-ci vers l'origine des choses, exprimant bien, comme le dit la *Table d'Emeraude,* que « *ce qui est en haut est comme ce qui est en bas* » (Selon la fin du chapitre 4).

La structure physique et métaphysique du support de nos existences

Le symbole géométrique le mieux adapté pour exprimer l'idée d'un phénomène équilibré entre la physique et la métaphysique ou entre l'involution et l'évolution est l'*hexagramme*, appelé aussi *sceau de Salomon*, - qui n'est pas une étoile car il se présente sous la forme de deux triangles entrelacés. Il a donc, dans sa finalité, un caractère matériel, l'univers (macrocosme) dans sa relation analogique avec l'homme (microcosme).

Il est un des symboles du judaïsme et en Indes, ce symbole est attribué à Vishnou[145]. L'esprit et la matière sont désormais intimement liés.

Dans la pensée hermétique, les deux triangles entrelacés, constituent l'ensemble des éléments de l'univers macroscopique en relation avec le microcosme. Les deux triangles céleste et terrestre sont opposés mais non antagonistes. Le mot « opposé » exprime que l'esprit de *la Vie* descend dans le monde matériel, qui se tourne vers lui, le rejoint, ne fait qu'un avec lui. Un des triangles est ainsi le reflet de l'autre, au même titre que le monde réel l'est du monde virtuel. Cet étroit entrelacement exprime une union intime entre ce qui est en bas et ce qui est en haut.

En faisant appel à la règle de l'omniprésence de l'Unité, métaphoriquement, une image « réelle » ne peut avoir un reflet « virtuel » sur une surface réfléchissante que par l'intermédiaire d'une action extérieure comme la lumière (l'image reflétée dans un miroir disparaît si la lumière s'éteint). L'aspect binaire du phénomène « réel/virtuel » devient *ternaire* par l'effet de la lumière et rejoint ainsi l'aspect sacré que l'on donne à ce mot, *lumière divine*. C'est elle qui dynamise le système et fait en sorte qu'il soit perceptible.

Ce qui se passe sur le plan physique doit, par corrélation, se passer sur le plan métaphysique. Il n'y a aucune raison pour que l'évolution des espèces et l'évolution de la pensée des êtres vivants conscients échappent à ce phénomène.

Ainsi, le cycle des réincarnations, rejoignant le phénomène ondulatoire universel, peut très bien expliquer l'évolution des espèces vers la connaissance inscrite dans le grand livre de *la Vie*.

---

[145] Vishnou ; deuxième dieu de la triade hindoue (Trimurti), dont la fonction est d'assurer la conservation de l'univers créé. On lui attribue 10 avatars (incarnation majeures)

Le cube et la croix - une autre dimension du Nombre [6]

La croix est un très ancien symbole. Structurée sur le Nombre [4], la croix à branches égales définit les quatre points cardinaux plans, nord, sud, est et ouest. Associée au nadir et au zénith, la croix devient spatiale et se structure autour du Nombre [6].

La croix inscrite dans un cercle et le divisant en quatre parties égales devient une croix solaire. Lorsque son graphisme est modifié comme le montre la figure ci-cntre, de statique, la croix devient dynamique et l'ancêtre du très ancien et universel symbole du swastika.

Le Christianisme et la croix

Le christianisme a choisi la croix en témoignage symbolique de sa foi en Jésus-Christ. Le *Christ,* expression de la deuxième personne de la *trinité divine*, messager de *la Lumière* et de *la Vie* dans l'univers, vint sur Terre pour témoigner de son *Père divin*, fut mis à mort sur une croix et ressuscita dans la *Lumière divine*.

Dans le christianisme, la croix devient ainsi l'expression de *la Vie dominant la mort*. *Spes unica* (« unique espérance »), elle est pour les chrétiens la voie du salut annonçant l'espoir d'une résurrection dans la *Vie divine*.

Dans la parole de Jésus-Christ, la pierre cubique est souvent évoquée, comme pierre d'angle ou comme « *tu es Pierre et sur cette pierre je bâtirai mon Eglise* » (Mt. 16, 18).

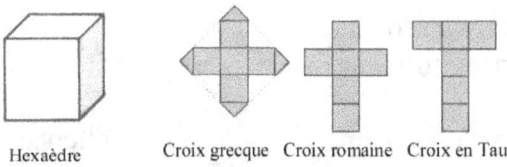

Hexaèdre   Croix grecque   Croix romaine   Croix en Tau

Or, comme le montre le dessin ci-contre, le cube développé donne trois croix : la croix romaine, le tau et la croix grecque. Les choses concordent et se complètent en harmonie dans la connaissance

D'autres Croix

Il existe, dans d'autres religions, d'autres croix qui toutes ont un symbolisme en relation avec l'univers. Ainsi, le *swastika* exprime quelque chose qui tourne, quelque chose de dynamique. Il existe deux swastikas, l'un dextrogyre et l'autre lévogyre (croix gammée)

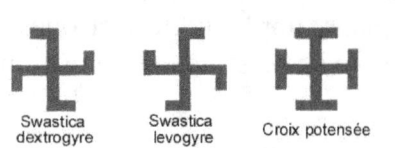

Le mot « gammée » vient de la lettre grecque *gamma*, qui a la forme d'un bras coudé en forme d'équerre. Il est également à relever que le christianisme a christianisé ces deux croix en les superposant pour donner la croix potencée, croix de stabilité.

Dans l'ancienne Egypte la « croix ansée » était aussi un symbole de *Vie*. Or, ce symbole associe le Tau et l'œuf, deux symboles *de Vie* par excellence. L'œuf fécondé est l'expression même de la future manifestation de la vie.

Ainsi, dans leur message, les diverses croix expriment un riche symbolisme véhiculant un message sacré ; à l'exception toutefois du détournement symbolique que fit le nazisme avec la croix gammée.

Autres valeurs du Nombre [6]

- En arithmétique il y a six opérations possibles : addition et soustraction - multiplication et division - élévation aux puissances et extraction des racines.
- On distingue [2*3] directions de l'espace : nord, sud, est, ouest, nadir et zénith.
- Le triangle (la plus petite figure en géométrie plane) exprime l'acte créateur et se situe de ce fait dans le domaine des principes, car il est doublé de son aspect actuel [2*3 = 6].
- Le Nombre [6] permet la construction du premier volume concevable, le *tétraèdre* qui a 4 faces et 6 arêtes.
- En cristallographie, la forme hexagonale est très fréquente.
- Des hexagones juxtaposés offrent une structure auto-stabilisée - forme des alvéoles d'une ruche, par exemple.
- En arithmologie [6] est considéré comme le « *nombre parfait* »[146] par excellence, d'où son symbolisme enrichi de beauté, d'équilibre et de justice[147].
- Selon la tradition sémitique, la *création* a été terminée en six jours symboliques plus un jour de repos, exprimant que le Nombre [6] concrétise l'aboutissement du processus physique de l'univers.

---

[146] Selon la définition donnée au chapitre 3
[147] Telemarianus, *De l'architecture naturelle*, op cit.

- Le *carré* contient la « forme génératrice initiale », mais n'est encore qu'un moule. Le *pentagone* par le symbolisme du Nombre [5] enferme *la Vie* qui va s'incarner dans les choses créées par la recherche du passage de l'abstrait au concret, le Nombre [6].
- Dans la nature inorganique (cristaux, molécules) on trouve le *cube* (hexaèdre), l'*octaèdre* et leurs dérivés, mais jamais les polyèdres à armature pentagonale tels que le *dodécaèdre* et sa réciproque l'*icosaèdre* et leurs dérivés, réservés à l'expression de *la Vie*.

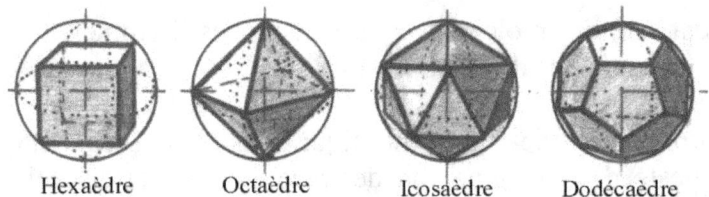

Hexaèdre   Octaèdre   Icosaèdre   Dodécaèdre

- En résumé, l'*hexagone* est la première figure réellement concrète. Les combinaisons des lois d'équipartition homogènes ou symétriques des éléments moléculaires ou atomiques permettent de trouver des réseaux cubiques et hexagonaux.

Je rappelle que si le *pentagone* est une *étoile* véhiculant *la Vie*, l'*hexagone* qui n'est pas étoilé, est l'expression concrète du monde physique cristallisé. Ce fait est d'autant plus marquant que ce polygone se place entre le *pentagone* et l'*heptagone* deux autres polygones qui peuvent s'étoiler et qui appartiennent au monde vivant.

Cependant l'hexagone, se développe sur lui-même de zéro vers l'infini par le phénomène de basculement/redressement (caractère d'universalité).

Le support matériel de la Vie manifestée

Dans le chapitre parlant du Nombre [5], j'ai évoqué la molécule d'ADN permettant l'expression de la Vie dans le monde du vivant, des plus simples bactéries aux structures les plus évoluées :

S'il y a 4 bases, (les nucléotides A.G.C.T.) qui assurent la cohésion de la molécule d'ADN, la structure moléculaire de celle-ci s'exprime par une combinaison d'atomes prenant une structure pentagonale et hexagonale, comme le montre le schéma ci-dessus.

Adenine Guanine Cytosine Thymine

On remarquera que ces molécules sont constituées d'atomes de carbone (C) d'hydrogène (H), d'azote (N) et d'oxygène (O).

Dans la chronologie de la symbolique des Nombres, la *Vie divine* omniprésente manifeste dès l'origine son désir de se manifester, qui s'exprimera par le Nombre [5]. Il faudra attendre le Nombre [7] pour voir la vie physique se manifester concrètement sous les multiples formes d'existences que l'on connaît, avec l'espèce humaine au dernier stade de l'évolution.

La structure de l'ADN, en rapport avec les Nombres de [1] à [6], sera considérée symboliquement lors de l'analyse du Nombre [7]. A ce moment-là, ce cristal si particulier, associé aux enzymes et aux protéines qui le commandent, prendra vie en jouant son rôle d'auto reproduction et de support des caractéristiques de l'hérédité définissant les espèces vivantes.

Est-ce la clé du mystère des origines de *la Vie* ? Une fois de plus la géométrie jouerait un rôle décisif dans ce processus !

Pour expliquer le mystère de la Vie engendrant nos existences, je n'ai rien d'autre à proposer !

Chapitre 9

****

Le Nombre [7]

Manifestation des existences dans la Vie,
la vie physique sur le support du monde physique.
L'intelligence

Nombre impair, [7] est tourné vers l'Esprit en associant les Nombres [3+4 = 7], liant le Principe divin [1 à 3] à son cadre formateur [4]. La tradition sémitique mentionne que Dieu créa le monde en six jours symboliques. Le septième jour, Dieu se reposa [6+① = 7], soulignant que l'univers a atteint son but : manifester la vie en la laissant prendre la voie de l'évolution des espèces et de la spiritualité, valeurs que l'on retrouvera en parlant du Nombre [8], lorsque les espèces vivantes découvriront la *conscience*.

> Le Nombre [7] prolonge le symbolisme des Nombres [5, Φ et φ] :
> la Vie se manifeste sous de multiples formes d'existences.

Le réveil de l'intelligence

L'*intelligence* est la faculté de s'adapter à un environnement. Cette définition s'adapte à tout ce qui vit, des manifestations les plus modestes de la vie jusqu'aux plus évoluées.

A l'*intelligence* s'associera plus tard la *conscience*. Si l'*intelligence* est le propre de la vie, la *conscience* est le fait des êtres vivants les plus évolués.

L'être humain, est la seule espèce vivante dotée d'un organe cérébral suffisamment développé pour procéder à l'analyse de son environnement et pour essayer de répondre à ses interrogations.

Il faut éviter la confusion entre les mots « vivre » et « exister » qui ne sont pas synonymes, bien que, dans le langage courant, on prenne allègrement l'un pour l'autre.

La Vie, exprimée par les Nombres [5, Φ et φ], émane de « *quelque chose de primordial* », qui « *pulse* » dans tout l'univers avec une égale générosité. Dans la religion chrétienne, le sens que l'on peut donner à ce phénomène est l'amour infini de Dieu ou le Saint-Esprit.

Par le symbolisme du Nombre [7], *la Vie* distribuée sans limites, se matérialise sous forme d'existences lorsque certaines conditions sont remplies. La planète Terre présente ces caractéristiques mais n'est probablement pas la seule dans l'univers à remplir ces conditions.

La Vie a besoin d'un cadre matériel pour que la subtile chimie de l'ADN, en association avec des acides aminés et les protéines, puisse se développer et transformer une masse minérale, solide et inerte en une cellule vivante porteuse d'un message génétique différenciant les espèces vivantes les unes des autres.

Comme on le verra dans le chapitre 13, le *Nombre d'or* [Φ] et son inverse [φ], sont la manifestation de la *Vie spirituelle* et de la *vie physique* dans toutes les formes d'existences (fleurs, plantes, arbres, coquilles, pommes de pins, etc.) On trouve également ces nombres irrationnels dans la spirale de l'ADN, inscrits dans les structures pentagonales des bases (nucléotides) et dans les parties non codantes du texte qui seraient construites selon les nombres de la série de Fibonacci[148], conduisant au Nombre d'or[149].

Paracelse affirmait déjà au XVIe siècle, que les plantes à formes pentagonales étaient particulièrement indiquées pour ramener l'équilibre de la santé, car il estimait que tout état pathologique est une rupture d'harmonie, une dissonance.

Comme je l'ai relevé en parlant du Nombre [5], au centre de l'étoile à cinq branches, s'induisent des étoiles alternativement renversées et redressées, en un rythme continuel vers les deux directions de l'infini.

L'étoile à cinq branches renversée devient ainsi le symbole de la mort, et son alternance avec l'étoile redressée, évoque une évolution cyclique d'existences et de morts successives, comme le pensent les adeptes de la réincarnation pour expliquer le processus d'évolution vers la spiritualité.

---

[148] En réalité la nature recherche le Nombre d'or sans jamais l'atteindre.
[149] Jérémy Narby : *le serpent cosmique*. Voir aussi le chapitre 2 (la Vie) et le chapitre 8, (le support matériel de la Vie manifestée).

L'étoile à sept branches

Le tracé de l'heptagone génère une étoile, du fait qu'il est possible de dessiner cette forme géométrique en partant d'un point du polygone et en sautant un point sur deux, retrouver le point de départ sans relever le crayon.

Contrairement à l'étoile à cinq branches, on remarque qu'avec l'étoile à sept branches le phénomène alterné d'inversion/redressement n'a pas lieu.

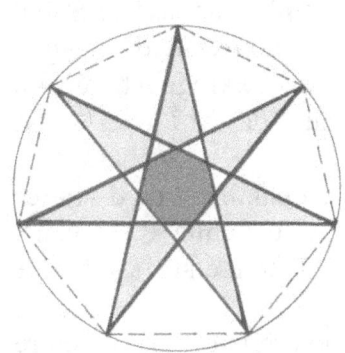

Ce polygone inscrit au cœur de cette étoile reste droit, comme celui qui l'a généré. Cela renforce l'idée que ce symbole se réfère aux êtres vivants, soumis à l'entropie et s'arrêtant avec l'usure du temps.

L'heptagone du Nombre [7] est l'expression de ce qui est animé, donc destiné à mourir. Seule *la Vie* spirituelle exprimée par le Nombre [5] assure une pérennité dans les cycles propres au processus de la création.

Dans un heptagone on trouve les relations suivantes :

- La somme des angles au sommet de cette Etoile est égale à 900°.
- L'angle au sommet devient ainsi = [900° / 7 = 128°,5714…].
- L'angle au centre est de [360° / 7 = 51°428…]

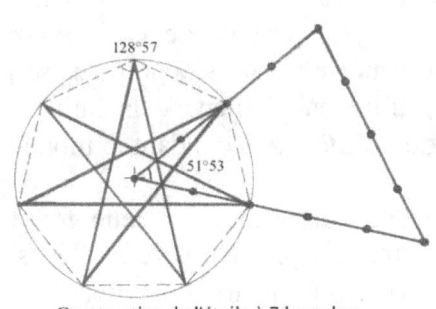

Construction de l'étoile à 7 branches avec la corde à 13 noeuds

S'il n'est pas possible de construire exactement l'heptagone en n'utilisant que la règle et le compas, il existe des astuces géométriques qui permettent de tracer ce polygone avec une relative précision. Comme le montre le dessin ci-contre, la corde à 13 nœuds des constructeurs, pliée dans les proportions d'un triangle isocèle (4-4-5) permet cette construction

La Vie sanctifiée

Dans l'histoire des civilisations humaines, *la Vie* a, de tous temps, été sacralisée, voire divinisée, en même temps que tout ce qui permet son expression : le Soleil, la Lune, l'eau, le feu, les montagnes, les sources, les arbres etc.

Certaines religions développèrent des idées plus complexes, où les mystères de *la Vie* s'exprimaient par des êtres mi-hommes mi-dieux, par les symboles sexuels, arbres, pierres dressées, par la fécondation, la reproduction des espèces. Ce principe se retrouve dans nos religions actuelles, diversement exprimé.

- Dans la religion égyptienne, *la Vie* était divinisée de multiples façons : le Soleil était dieu, le Nil qui fécondait l'Egypte était dieu, le pharaon était dieu, ainsi qu'une multitude d'autres divinités, mi-homme mi-animaux, régnant sur un panthéon complexe, mais toujours tourné vers le principe de *la Vie* et de sa transmission sur la Terre.
- Dans les religions animistes, toute la nature vivante est un panthéon de divinités respectées et craintes, de même que les ancêtres, à qui un culte était voué, toujours tourné vers le mystère des origines de *la Vie*. Le Totem était le symbole représentatif de cette idée.
- Le premier chapitre de la Genèse est une allégorie qui montre la différence entre *la Vie* et l'existence. On y voit Dieu œuvrer pour animer sa Création. Dans le jardin d'Eden, Dieu interdit à l'être humain de toucher aux fruits de l'arbre de la *Connaissance* et à celui de *la Vie*, qui donne l'immortalité. En désobéissant à Dieu, pour avoir touché à l'arbre de la *Connaissance* du bien et du mal (binaire), le premier couple d'êtres humains fut chassé du paradis.

    Dieu ne pouvait les laisser goûter à l'arbre de *Vie*. Hors du Paradis, Adam et Eve, (de même que les autres espèces vivantes), durent apprendre à exister comme mortels. *La Vie* divine restait sacrée et hors de portée des créatures terrestres, réduites à exister, avec, tout de même, l'espoir de la réintégrer un jour.
- La religion juive a parmi ses symboles la ménorah, chandelier à sept branches disposées sur le même niveau. Cet objet de culte est le symbole de la *Lumière spirituelle*, semence de *Vie* et de salut. Son symbolisme religieux s'appuie sur son correspondant cosmique, qui est l'équivalent de l'arbre babylonien de la lumière sacrée[150]. Ce symbole exprime bien la même idée de *Vie divine*, fécondant le monde du vivant.
- Le Christianisme s'appuie également sur la Genèse pour sanctifier cette force appelée *Vie*, émanant du Saint-Esprit (triangle sublime, chap. 7 Nombre 5). Jésus, l'homme né de la Vierge, est devenu Jésus le Christ, une incarnation divine, le représentant symbolique de cette *source de Lumière et de Vie sur la « Terre »*.

---

[150] Dictionnaire des symboles.

Dans tous les lieux de l'univers où l'incarnation de *la Vie* a été rendue possible, le même phénomène cosmique a dû avoir lieu. Le Christ est *Lumière et Vie*, en association étroite avec les deux autres valeurs de la Tri-Unité.

Jésus-Christ est aussi, pour les chrétiens, le chemin à suivre pour retourner à la source de cette Lumière d'éternelle *Vie*. Quant à la Vierge, *promesse de Vie* puis *génitrice d'existences*, elle joue un rôle fondamental que nous évoquerons plus tard.

- Le mot *lumière* est un symbole double, qui couvre en même-temps, la « *lumière physique* », celle du Soleil par exemple, qui permet aux existences de s'épanouir sur Terre et son corollaire, la « *lumière spirituelle* », émanant de Dieu : tout ce qui vit la réintégrera[151].
- L'Islam place Allah, l'Unicité absolue, à la source de toutes choses. Bien que l'Islam n'invoque pas Dieu selon ce critère, le principe de *Vie* émanant reste omniprésent, le Coran enseignant qu'il faut soi-même posséder une étincelle de la *Vie divine* pour pouvoir en témoigner au regard du créateur de toutes choses.
- La Trimurti hindoue a de profondes racines liées au chaos originel organisé par les dieux, vecteurs *de Vie*, principe que l'on retrouve également dans les civilisations sud-américaines.
- Le Shinto japonais a pour symbole un disque rouge en souvenir mythique d'Amaterasu, déesse du Soleil et de la fertilité, symbole de *Vie*[152].
- Selon le Tao chinois (mot qui signifie « la voie »), *la Vie* est Une. Tout ce qui vit, tous les êtres sont issus d'une même source qui s'appelle le Tao. En dépit des apparences, une profonde unité d'origine et de substance relie entre elles toutes les manifestations visibles et invisibles de *la Vie* ; elles sont soumises aux mêmes lois et sont animées du même *qi* (âme).

Sans pousser plus loin l'inventaire, on constate que ce principe fondamental de *la Vie* et de ses multiples expressions est présent dans tous les grands mouvements religieux et philosophiques.

Association des Nombres [3] et [4]

Le Nombre [7] exprime l'association des Nombres [3+4 =7] ; l'interaction de l'*esprit divin* sur la matière donne ainsi à la création la possibilité de manifester la vie physique et de prendre le chemin de l'évolution. On retrouve ce schéma, en

---

[151] Pour certaines religions cette voie de retour vers Dieu n'est offerte qu'aux êtres humains.
[152] Amaterasu : Larousse illustré

particulier, dans la prière chrétienne du *Notre-Père*; les trois premières strophes étant adressées au Père et les quatre dernières à l'être humain.

En géométrie ésotérique, l'expression de ce message est contenue dans l'association du *triangle d'or* avec le *carré* de la manifestation.

Ces deux symboles se retrouvent dans le langage des compagnons constructeurs, quand ils parlent de la « pierre cubique à pointe », couronnant l'édifice. On retrouve aussi ces symboles associés dans la forme des obélisques et des temples grecs.

La pomme, symbole de Vie au jardin d'Eden

Selon la Tradition, le fruit offert à Eve par le tentateur fut une pomme prise sur l'arbre de la *Connaissance* du bien et du mal, soit du *binaire* (dans le sens où le mal est l'absence de bien).

Si l'on revient un peu en arrière, le mythe de la création tel que décrit dans la Genèse, montre Dieu créant l'univers, les créatures vivantes et l'être humain, d'abord androgyne, puis en couple sexuellement distinct, conforme à ce qu'enseigne la paléontologie. Dans leur Paradis, ces deux êtres sont dans un état de *non-conscience*. C'est alors que le « serpent cosmique » de la *connaissance*, incite le couple archétypal à quitter l'état de non-conscience, à désobéir à Dieu, à s'initier aux *mystères du binaire* exerçant son empire dans le monde de l'espace et du temps.

Eve, en prenant symboliquement la pomme que lui tendait le serpent, y mord et invite Adam à la croquer à son tour. Les yeux et la *conscience* ouverts, commença alors le périple semé d'embûches de l'expérience terrestre, de la dualité dans l'espace-temps, celle qui conduit à la compréhension de tous les secrets du monde. La souffrance était au rendez-vous, mais Adam et Eve chassés par Dieu hors du Paradis ne purent pas toucher à l'arbre *de Vie*, qui resta dans le monde divin. Dieu, dans sa mansuétude, donna à l'être humain la possibilité de retrouver l'éternelle sagesse, et l'immortalité pourrait bien être la récompense de cette extraordinaire aventure.

Quand une pomme est coupée dans le sens transversal, selon son équateur, se distingue une figure pentagonale, symbole *de Vie*. Ce n'est pas dans ce sens qu'instinctivement se coupe une pomme, comme si la nature désirait protéger le secret que recèle ce fruit. En procédant ainsi, on aperçoit la structure pentagonale des logettes où se trouvent les pépins, graines de nouveaux fruits. A cette structure s'ajoute une structure décagonale, car entre les logettes se trouvent les cinq stigmates (partie supérieure du pistil - organe femelle du fruit).

Les cinq logettes et les cinq stigmates forment ensemble une double étoile à cinq branches avec le symbolisme correspondant, éclairant la science mystérieuse de *la Vie.*

Pourquoi la pomme fut-elle le fruit choisi pour schématiser symboliquement cette *connaissance* ? Comme le montre l'illustration précédente, son secret réside peut-être en son cœur !

Le [5] inscrit dans la pomme devient ainsi le symbole de l'expression du pouvoir créateur vers sa manifestation au sein du Paradis.

Si la pomme est coupée selon le plan vertical, soit selon les méridiens, on y découvrira une image assez suggestive de l'appareil génital féminin, porte de l'existence. Dans le langage courant d'ailleurs, l'expression « croquer la pomme » est attachée à l'acte sexuel.

Ainsi partagée, la pomme présente deux hémisphères, soit une double image, expression d'une dualité comme dans la coupe selon l'équateur. On peut donc rattacher la pomme à la *déesse-mère*, à l'initiatrice, par son aspect générateur d'existences. On retrouve ainsi, associés au Nombre [5], les deux aspects indispensables à l'évolution, soit la *connaissance* et l'*amour* indissociables aussi bien sur le plan physique que spirituel [5+2=7].

Dans le même ordre d'idée associant les Nombres entre eux, le passage du *binaire* au *ternaire* dans l'espace-temps se concrétise lors de la génération des existences, par un acte créateur qui fait une drôle d'arithmétique :

Un et Un = Trois[153]

L'acte générateur donne naissance à un être distinct qui n'est pas l'addition de ses deux parents.

---

[153] Albert Jacquard et Jacques Lacarrière : Science et croyance, *op. cit.*, p 194

La pomme est une *Unité* : en la croquant, on ne se doute pas du mystère qu'elle contient. C'est peut-être pour cette raison qu'Adam et Eve n'eurent pas *conscience* tout de suite de ce qui leur arrivait. La pomme est ainsi, doublement, un symbole de *Vie* et d'*existence*.

Le Nombre [7] : un symbole cosmique

- L'évolution se faisant cycliquement dans le temps et l'espace, le Nombre [7] est aussi un symbole cosmique, donc également une mesure du temps sur Terre (mythe de la création faite en sept jours, les sept jours de la semaine, etc.)
- Le nombre de couleurs de l'arc en ciel a été arrêté arbitrairement à sept (rouge, orangé, jaune, vert, bleu, indigo violet), avec trois couleurs fondamentales.
 Le blanc et le noir ne sont pas des couleurs au sens propre, le blanc étant le mélange de toutes les couleurs et le noir l'absence de couleurs (caractère binaire).
- Dans la gamme *chromatique,* on a défini arbitrairement sept tons et cinq demi-tons.
- Les Juifs utilisent, comme on l'a dit, un chandelier à sept branches, la ménorah, symbole cosmique transmetteur de *lumière divine*.[154]
- On parle des sept sphères ou degrés célestes, des sept cieux, des sept hiérarchies angéliques, des sept chakras (centres subtils de l'être humain - centres endocriniens et psychiques) reliant un être existant à l'âme du monde, à *la Vie*, etc.
- La richesse symbolique de la perfection dynamique attribuée au Nombre [7] est immense, et son rayonnement fleurit dans toutes les religions.

La Lumière et la Vie

On entend souvent dire : « *La lumière c'est la vie.* » Il est vrai que sans la lumière visible (zone assez étroite du spectre des ondes), la vie ne pourrait pas se manifester de façon si évidente et que, sans elle, la surface de notre planète ne serait pas verte et riante comme nous la connaissons. Il faut pourtant noter que des organismes arrivent à vivre dans l'obscurité totale des grottes et au fond des mers, sans avoir besoin de lumière pour exister. Il faut donc étendre le sens du mot « *lumière* » à une plage plus large du spectre des ondes.

---

[154] Voir l'Arbre séphirotique analysé dans le chapitre 12

De multiples organismes vivants peuvent se contenter de la plage des infrarouges ou d'autres fréquences pour survivre dans des conditions extrêmes. Dans l'autre direction du spectre, vers les ultraviolets, il semble par contre que la vie physique soit détruite si elle est exposée trop longtemps à leurs effets.

Il faut relever également que la lumière seule ne suffit pas à générer la vie, sinon la Lune et les autres planètes ne seraient pas stériles.

La lumière n'est ni bonne ni mauvaise

Trop de lumière brûle, pas assez de lumière nuit. La lumière est à l'image de Dieu, considéré au-delà des choses et englobant tout, le bien comme le mal, en équilibre.

Dans le même ordre d'idée, on pourrait prendre l'électricité (autre aspect de l'énergie) comme image représentative du concept divin.

L'électricité dont nous connaissons tous les effets mais qui reste mystérieuse dans sa connaissance intrinsèque, n'est également ni bonne ni mauvaise, elle peut éclairer mais aussi tuer.

Dans l'échelle des valeurs, rien ne nous empêche de penser qu'il puisse exister une autre *lumière*, plus subtile : un champ que les croyants appellent « *lumière divine* » dans lequel ils se « *dilueront* » pour rejoindre le plan de *la Vie éternelle*, lorsque cessera leur existence terrestre.

Ce fait semble avéré par ceux qui ont eu la « chance » de vivre une expérience de NDE (*near death experiment*, « expérience de mort imminente ») : ils disent s'être sentis attirés, comme par un aimant, par une lumière indéfinissable, qu'ils doivent quitter avec regret lorsqu'ils ont été contraints de réintégrer leur corps physique.

Un regard tourné vers la lumière

La planète Terre remplit les conditions requises pour que *la Vie* se manifeste en de multiples formes d'existences. La Lune, son satellite, reste inerte, car il lui manque, en tout cas, l'air et peut-être l'eau pour servir de support à *la Vie*. Il en va de même des autres planètes de notre système.

A moins que des formes de vies très rudimentaires, comme les bactéries anaérobies qui existaient sur notre planète il y a près de 4 milliards d'années, aient pu se développer. Les sondes spatiales envoyées sur la planète Mars, sur un des satellites de Jupiter ou sur un météorite apporteront peut-être une réponse à cette question. On assiste actuellement à une pollution de l'espace par des bactéries terrestres transportées par les engins spatiaux.

Il n'y a aucune raison de penser que *la Vie* ne s'est développée que sur la Terre. Il est plus que probable, que ce phénomène, soit présent à grande échelle dans l'univers.

Comme je l'ai déjà dit, *la Vie* s'exprime et se développe en existences depuis la première cellule vivante jusqu'à l'être humain, qui est le dernier maillon de son développement, mais le premier à avoir *conscience* du phénomène. Sans l'être humain et sa *conscience*, la vie physique n'aurait qu'un objectif, croître et se multiplier, donc deux préoccupations majeures de la survie, manger et procréer.

Une fleur, qui expose sa beauté comme un sourire poétique de Dieu, son parfum comme une caresse du Créateur, est mangée par la vache sans aucun état d'âme.

Il en va de même du chien, dont nous apprécions pourtant les qualités, qui garde le nez au sol à l'affût de la moindre odeur, sans prendre conscience du paysage qui l'entoure ni de la beauté du plumage d'un oiseau.

L'être humain a pu un jour tourner son regard vers le ciel et se poser des questions, prendre peur de cette immensité, rendre grâce et, petit à petit, prendre conscience de forces inconnues qui animent toutes choses, de *la Vie* qu'il divinisa rapidement, faisant ainsi de son culte le premier concept religieux (pris dans le sens du mot latin *religare* « relier »).

C'est encore ainsi aujourd'hui : *la Vie* reste universellement quelque chose de sacré.

La Vie et le Cosmos - la Vierge cosmique

D'un point de vue théologique, donc au-delà de considérations locales propres à notre planète, il y a une « action » dans le cosmos qui représente *la Vie* dans son sens le plus large, c'est-à-dire un champ de forces pulsant avec une même générosité dans tout l'univers et agissant de façon concrète en des lieux précis de celui-ci, présentant les conditions favorables à l'épanouissement de *la Vie*.

La Vierge, symbole cosmique par excellence,
est porteuse de Vie, promesse de Vie.

La Vierge n'est pas un symbole propre au christianisme, on la retrouve sous de multiples formes : elle est la *déesse-mère universelle*, elle est l'*Isis* des égyptiens, elle est la *Pachamama* des indiens d'Amérique du Sud. Elle est présente et vénérée partout.

C'est elle qui véhicule le message divin et joue le rôle de transmetteur. Elle est fécondée, « cosmiquement parlant », par le mystère de *la Vie*, qu'elle génère sur les planètes choisies.

La planète Terre peut être considérée comme une *Vierge cosmique* qui sera fécondée par la *Vie cosmique* pulsant généreusement partout et donnant naissance à toutes les formes d'existences que nous connaissons. Bien que ce phénomène soit extrêmement vieux, puisqu'il a pris naissance, sur notre planète, il y a presque quatre milliards d'années, il poursuivra sa mission fécondatrice jusqu'à épuisement du support.

Comme pour nous rappeler cette *grande vérité*, la venue de Jésus, au début de l'ère zodiacal des Poissons, avec pour signe complémentaire, la Vierge, cadre avec ce symbolisme. La Vierge (Marie) fécondée par le Saint-Esprit donne naissance à Jésus qui devient Jésus-Christ, l'expression de la manifestation de *la Vie* sur terre. Ce message élargi est conforme à ce qu'enseignent les Evangiles.

Il n'y a pas de doute qu'au moment de la naissance de Jésus, il s'est passé quelque chose que j'évoquerai en détail dans un autre ouvrage. L'Evangile de Jean associe *Verbe*, *Vie* et *Lumière*, nous ramenant ainsi dans notre propos : système vibratoire, musique, harmonie.

La lumière est un grand symbole qui dans sa forme subtile et ésotérique, relie la création à son créateur, l'existence à *la Vie*.

La richesse de ce thème est telle que l'homme, dans son confinement matériel et cellulaire, n'épuisera jamais le sujet.

Science, conscience et connaissance resteront les moteurs de l'évolution matérielle et spirituelle de l'être humain. Nous pourrons ainsi nous imprégner de l'extraordinaire harmonie de la musique cosmique, « *la musique des Sphères* », évoquée par Pythagore.

L'ADN, support matériel de la Vie manifestée

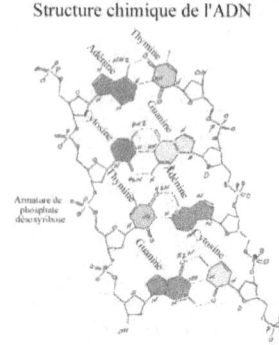

Cette mystérieuse molécule, unique dans sa structure, support matériel des existences, s'exprime aussi par des Nombres que j'ai évoqués brièvement en parlant du Nombre [6]. Par le Nombre [7], ce cristal particulier mais inerte, associés aux enzymes et aux protéines qui le commandent, a pris vie (on ne sait pas encore comment) et assure son rôle d'autoreproduction et de support des caractéristiques de l'hérédité.

Ce système moléculaire a permis la lente progression des espèces depuis la forme la plus élémentaire à la plus évoluée.

Une autre constatation milite en faveur de cette valeur fondamentale ; il s'agit du sang, qui est aussi en rapport avec ce qui manifeste *la Vie*. L'hémoglobine composant notre sang, élément essentiel à la vie, est un complexe de fer dont la géométrie est liée au Nombre [4], par la forme générale, aux Nombres [5 et 6] par la structure chimique interne de la molécule, et au Nombre [8] par le nombre de cellules.

On remarquera que les atomes de carbone (C), d'oxygène (O), d'hydrogène (H) et d'azote (N) constituent cette molécule associée au fer (Fe) placé au centre de la structure et qui lui donne sa couleur rouge.

Il en est de même pour la chlorophylle, le sang des végétaux, qui a une structure semblable à celle de l'hémoglobine mais avec au centre un atome de magnésium (Mg) en lieu et place du fer (Fe) et qui lui donne sa couleur verte.

En rapport avec la nature, il est à remarquer que les fleurs structurées sur le nombre [7] sont extrêmement rares, à se demander si celles que l'on trouve ne sont pas des espèces modifiées génétiquement par l'homme. Une autre caractéristique géométrique de ce Nombre c'est de ne pas générer le Nombre d'or dans sa structure. Sachant que la nature vivante recherche le Nombre d'or sans jamais l'atteindre dans sa perfection, il est parfaitement logique que le symbole géométrique qui le représente ne partage pas cette particularité que l'on retrouve dans tous les autres.

Dans la symbolique des Nombres, [7] occupe une position très importante dont l'exposé ci-dessus ne montre que l'essentiel. Il ressort, de façon évidente, que plus l'on monte dans la hiérarchie des Nombres, plus ceux-ci se combinent et s'interpénètrent.

Par la combinaison des symboles, comme pour l'alphabet, les lettres constituent des mots et les mots des phrases. Un langage intelligible se développe et enrichit le message.

Chapitre 10

****

Le Nombre [8]

Nature en évolution. Réveil de la conscience

Avec le Nombre [7], *la Vie* (contenu du Nombre [5]) s'incarne dans les parcelles d'univers propices à son développement. Pendant très longtemps, vers toujours plus de complexité, elle se contenta de remplir la Terre de créatures très différentes et toujours plus perfectionnées, jusqu'à l'avènement récent des « êtres pensants » que nous sommes.

Y a-t-il un huitième jour de la Création ?[155]

Au septième jour symbolique, on dit que Dieu se reposa, satisfait de sa création à qui il manquait pourtant quelque chose. Le système allait évoluer en dehors de l'idéal de *la Vie spirituelle*.

Depuis la « faute originelle » qui précipita l'homme au rang des mortels, la création n'est pas vraiment achevée, puisque l'évolution physique des espèces continue son développement et que l'univers continue à gonfler et à s'éteindre.

L'occupation majeure des plantes et des animaux est de transmettre la vie et de peupler la planète.

L'espèce humaine est soumise au même instinct et suit le même plan que les autres espèces, avec ceci de particulier qu'elle invente et expérimente des systèmes sociaux différents, développe un vaste champ de *connaissances* et est *consciente* de la mort qui l'attend à l'épuisement de sa substance.

---

[155] Expression tirée du livre de J. Neirynck : *Le huitième jour de la Création*

Parmi toutes les espèces, l'humaine est aussi la seule à pouvoir apprécier les beautés de la création, l'extraordinaire *intelligence* qui est derrière cette organisation, et de se poser des questions quant à la survie de son esprit dans « une autre dimension ».

Doué d'une *intelligence* supérieure à celle des autres espèces vivantes, l'être humain devient lui-même créateur; il développe, analyse, essaie de comprendre le plan divin et y arrive lentement. Il continue ainsi à enfreindre l'ordre donné par Dieu dans le jardin d'Eden : « *Tu ne mangeras pas du fruit de l'arbre de la Connaissance.* » Il se mêle même, suprême défi, de jouer avec *la Vie* au lieu de se contenter d'exister. Il continue ainsi à enfreindre les lois sacrées, exprimées dans la Genèse.

Où cela va-t-il mener l'humanité ? Le huitième jour de la Création, pourrait bien être le dernier. S'il est vrai que la nature ne donne aucune leçon de morale, n'enseigne ni la charité ni l'amour, l'espèce humaine *consciente* devrait, par contre, développer ces valeurs au profit de cette nature sans laquelle elle ne saurait exister. L'espèce humaine prend trop de place, exploite et détruit une partie de l'*œuvre de Vie*. Gandhi a dit : « *La nature possède assez pour satisfaire les besoins de l'homme, mais pas pour satisfaire l'égoïsme de chacun.* » Il faudrait se rappeler ces sages paroles et surtout les mettre en pratique.

Dans le plan divin, il semble que les opposés ou les contraires soient en équilibre. Si une espèce s'écarte de la loi et perturbe l'équilibre, la nature pourrait bien ramener l'ordre. Les virus et autres petits microbes, pourraient prendre le dessus sur l'espèce la plus évoluée et mettre un frein à sa vanité.

L'univers est soumis aux lois inexorables de l'entropie, conduisant à une lente dégradation du système jusqu'à une fin programmée du cosmos. L'expression de la vie physique sur Terre est donc limitée dans le temps, mais pourra continuer son développement ailleurs dans l'espace cosmique, jusqu'à une fin également programmée. La « *Vie divine* », comme l'« *Energie pure* », devrait échapper au phénomène de l'entropie afin que le système perdure dans l'éternité ; du moins est-ce ainsi que l'espèrent les croyants.

*

Avec le Nombre [8], l'être humain prend *conscience* de son évolution dans l'espace-temps et commence à élaborer son propre univers de pensée. La nature se concrétise autour de lui, dévoilant ses secrets. Il la voit désormais avec les yeux de son *intelligence* ; il analyse son environnement matériel et spirituel, il se tourne vers une dimension jusqu'alors insoupçonnée, un cosmos organisé et hiérarchisé, ayant pied sur deux mondes, un « réel et un virtuel » (au sens particulier donné à ces mots). Il y a une Terre, un monde physique, doublé désormais d'un Ciel, d'un monde psychique ou spirituel.

Comme les nombres pairs, [8] est concret, solide. Il est le double du [4] puisque [4+4 = 8], le cube de [2] [2*2*2 = 8] et symboliquement le nombre de l'équilibre cosmique, reconnu aussi bien en Orient qu'en Occident. C'est le nombre des directions cardinales, auxquelles s'ajoutent celles des directions intermédiaires ; la Rose des vents.

En doublant la valeur du Nombre [4], la croix se double de celle dite de St André pour former un symbole à huit branches.

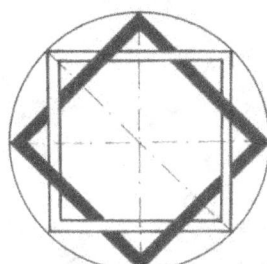
Lorsque les deux carrés s'entremêlent, le moule-formateur avec son complément binaire donnent une dimension cosmique au symbole qui prend tout son sens. La nature naturante propre au Nombre [4], s'équilibre sur le cosmos dans le cercle divin.

Le dessin ci-après a été reproduit à partir de la photo d'un portail donnant accès au chœur de la cathédrale de Chartres ; ce dessin illustre mon propos et montre clairement le double symbole du carré dans le cercle divin.

Pour compléter et enrichir cette allégorie cosmique, les concepteurs de cette œuvre ont inscrit en son centre, une étoile à cinq branches, vecteur *de Vie divine*, faite d'harmonie et de beauté.

Portail dans le choeur de la Cathédrale de Chartres

En poussant plus loin la lecture de ce message symbolique, ce qui était caché s'éclaire ; l'étoile se trouve centrée sur un cercle invisible et génère la quadrature du cercle extérieur par un carré lui-même invisible (en traitillé sur l'esquisse).

Enfin, pour renforcer encore plus la valeur symbolique et cosmique du double-carré, l'artisan a disposé entre deux carrés circonscrivant l'ensemble, quatre rangées de sept cercles, reliant le tout aux sept niveaux des cieux[156] de la tradition chrétienne

---

[156] Suivant les religions le nombre de niveaux célestes varie. Voir le *Dictionnaire des symboles*.

Quatre croix cosmiques (à branches régulières) disposées aux angles extérieurs définissent les limites du grand carré et expriment la présence divine et universelle du Christ représentant *la Vie* dans l'univers. Les quatre hampes florales, placées aux extrémités des deux diagonales, mais à l'intérieur des deux carrés circonscrits, donnent une image vivante et dynamique à l'ensemble.

Une fois de plus, on constate qu'en gravissant pas à pas, la hiérarchie des Nombres, les symboles assemblés parlent comme les lettres d'un mot et les mots assemblés parlent comme les phrases d'un livre.

Le Nombre [8], et ses valeurs mathématiques associées

Mathématiquement [8], s'exprime par les relations suivantes :
- 8 * 1 = 8
- 2 * 4 = 4 + 4 = 8
- 2*2*2 = 2^3 = 8
- 5 + 3 = 7 + ① = 8
- D'autres combinaisons sont, à mon avis, sans intérêt symbolique.
- Le symbole de l'infini (∞) a la forme d'un (8) couché, ce qui est logique, puisque le cosmos est associé à l'infini.

Comme on le verra dans le chapitre 14 à propos des trois tables mystiques, le Nombre [8] s'exprime aussi par un rectangle de dimension 2 sur 1. Ce symbole constitué de deux carrés juxtaposés que l'on nomme *carré-long*, *rectangle de la Genèse* ou *rectangle de la connaissance*, résume à lui seul, l'ensemble de la symbolique des Nombres. Si j'en parle ici, c'est pour mettre en évidence une nouvelle relation ésotérique. Par le Nombre [8], on découvre une des clés permettant de réaliser la quadrature du carré vers le cercle (inverse de la quadrature du cercle vers le carré).

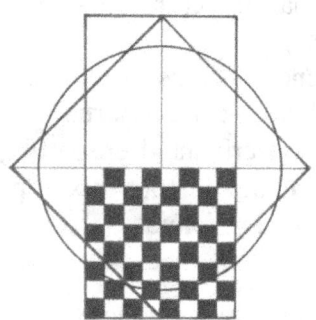

En effet, le damier du jeu d'échecs composé de [8*8 = 64] cases alternées blanches et noires, montre qu'une des clés de la quadrature du cercle est définie par les rapports [3/8 et 5/8] d'un côté du damier dessiné sur la partie inférieure du double carré.- Il est à noter que ces nombres [3, 5, et 8], figurent parmi les premiers chiffres de la série de Fibonacci, qui conduit au nombre d'or.

La quadrature ainsi présentée exprime que le double carré aux dimensions [2 sur 1] est de surface parfaitement égale au carré disposé en losange et que le cercle, avec le rayon défini par les rapports donnés ci-dessus, est lui-même de surface presque parfaitement identique aux deux autres symboles.

Cette façon de réaliser la quadrature du carré vers le cercle n'est, il est vrai, pas de précision arithmétique absolue mais est parfaitement suffisante lorsqu'on la dessine (l'imprécision est de 0.6%); le tracé géométrique donne une imprécision supérieure à l'erreur mathématique due au jeu de la clé, ce qui permet son utilisation dans tous les cas.

Une autre particularité du Nombre [8] associé au symbole du double carré est de mettre ce Nombre en relation avec le Nombre d'or [Φ] et son inverse [φ].

En effet, comme on le verra au paragraphe relatif à ces Nombres si particuliers, la diagonale du double carré aux proportions [2 sur 1] a valeur de [$\sqrt{5}$], qui, par la relation [$(\sqrt{5} \pm 1)/2 = \Phi + \varphi$], donne le Nombre d'or et son inverse.

On constate une fois de plus l'omniprésence de ces Nombres relatifs à la *Vie divine* et terrestre, et à l'harmonie et à la beauté. Le Nombre [8] poursuit l'évolution de *la Vie*.

Les « trois tables », cercle, carré et rectangle de la Genèse, en quadrature, sont dites mystiques car elles indiquent une voie à suivre pour remonter, *par la quadrature du cercle*, de la *connaissance* du carré-long au cercle divin. Le chapitre 14 parlant de ces tables, reviendra en détail sur cette voie sacrée.

Le Nombre [8] est un symbole universel à dimension cosmique

Par l'octogone, le Nombre [8] prend une valeur cosmique de médiation entre le Ciel et la Terre - entre le cercle et le carré. Il s'agit d'un Nombre de passage, un Nombre transmetteur.

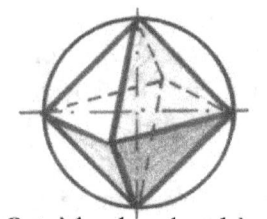
Octaèdre dans la sphère

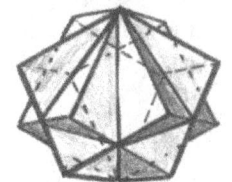
Hexaèdre étoilé
2 cubes entrecroisés

Citons aussi l'*octaèdre*, le double polygone pyramidal à base carrée (6 pointes et 8 faces) inscrit dans la sphère (un des corps platoniciens). Il existe plusieurs autres combinaisons possibles de polyèdres imbriqués donnant des corps étoilés inscrits dans la sphère : par exemple, l'*hexaèdre étoilé*, qui est un polyèdre à 16 pointes [2*8] donné par deux cubes entrelacés tournés de 45° l'un par rapport à l'autre.

Comme déjà dit, le symbole du Nombre [8] est partagé par l'Orient et l'Occident. On le retrouve dans les plus lointaines cultures humaines. Il est présent dans les runes scandinaves, dans toutes les anciennes civilisations, en Amérique du Sud et du Nord, chez les Celtes, chez les Mazdéens, aux Indes et en Chine.

Le [8] est un achèvement, une complétude[157]. Au-delà du septième jour symbolique vient le huitième jour, qui marque la vie actuelle de l'univers soumise à l'entropie qui annonce sa fin programmée. Pour Saint Augustin, le huitième jour annonce la béatitude dans un autre monde. Pourquoi pas ? !

Le *Chrisme* chrétien en est une représentation, les *mandalas* de l'hindouisme et du Bouddhisme aussi.

Aux Indes, il est la *roue solaire*, et une des formes du Lotus en tant que principe conservateur de Vishnu. Il figure dans le culte de Mithra, de Cybèle et d'Attis. Chez les Dogons, il est la clé de la création, le double du [4] – il est à relever que chez les soufis dogons, tout ce qui est pur, c'est-à-dire juste, est double[158]. En biologie, on trouve ce Nombre dans l'ordre des octopodes et de certains arthropodes.

On a trouvé en Egypte, sur la tombe d'un prêtre d'Amon de la XXIIe dynastie, l'inscription suivante ; « *Je suis Un qui devient Deux, je suis Deux qui devient Quatre, je suis Quatre qui devient Huit, et je suis Un qui les protège* ». Déjà dans la lointaine civilisation égyptienne, le symbolisme des Nombres était langage sacré. Je

---

[157] Complétude : propriété d'une théorie déductive consistante où toute formule est décidable
[158] *Dictionnaire des symboles*.

reviendrai sur ce sujet en parlant des *tables mystiques*, très anciens symboles christianisés.

Le polygone à huit branches, qui n'est pas une étoile, c'est le *chrisme*, mais aussi un des symboles de St Jacques de Compostelle, l'aboutissement du « chemin des étoiles » sur les voies d'un des plus anciens pèlerinages du monde occidental.

Le Chrisme

Le *chrisme*, monogramme du Christ formé des lettres grecques majuscules *khi* (**χ**) et *rhô* (**ρ**) était un des signes de reconnaissance des premiers chrétiens. Dans ce symbole se retrouve l'expression symbolique du Nombre [8].

Autour d'un centre-origine se trouvent le cercle-Soleil, le carré-Terre, les huit rayons de l'expression de l'accomplissement de la Lumière, exprimant aussi les directions de l'espace.

Autour du **X** sur l'axe vertical, sont disposées les lettres **ρ** (rhô) et **S**. Sur l'axe horizontal sont placées les lettres (α) alpha et (ω) (oméga) exprimant les paroles du Christ, « *Je suis l'alpha et l'oméga, le principe et la fin* » ce qui signifie que *Christos* est de tous les temps, qu'il intervient dans tout l'univers, qu'il est *la Lumière* et *la Vie* (*Sol invinctus*, « Soleil invaincu »).

Le S enlacé autour d'un des rayons pourrait, lui, représenter le « serpent cosmique », celui qui apporte la connaissance dont nous avons déjà parlé à plusieurs reprises

D'autres représentations du *chrisme*, construit sur le Nombre [6], placent les lettres (α) alpha et (ω) oméga de part et d'autre du **ρ** (rhô), ce qui ne change pas la valeur du symbole. En regardant attentivement l'ensemble de cette allégorie, on y retrouve les sept lettres grecques majuscules de **XPISTOS** – *Christos*. Dans le cœur du Chrisme à huit branches présenté ci-dessus, on distingue l'expression du Nombre [9], celui de la connaissance.

Que de Nombres pour exprimer que *Christos* est associé au cosmos, par l'expression de la *Vie divine*, jusqu'à son incarnation dans la matière ! Si l'on suit dans ce symbole, l'évolution des oiseaux, on voit qu'ils convergent vers le point noir, Dieu.

Mosaïque du baptistère d'Albenga
(Etrurie, Ve ou VIe siècle)

Dans le deuxième exemple choisi, le *chrisme* à six branches, on constate que douze oiseaux, quatre étoiles (à huit branches) et un point vers lequel convergent les oiseaux, décorent l'extérieur du symbole. Le message véhiculé par ces Nombres annonce la suite logique de la progression numérique et donne un caractère vivant à ce symbole multiple : [1] Point, [1] centre ; [3] cercles concentriques ; [4] étoiles à [8] branches dans les angles ; [6] secteurs de cercle ; la *Vie divine* [5, Φ et φ] et terrestre exprimées par les [12] oiseaux tournés vers le point placé au sommet de l'icône, les valeurs [α] et [ω], le principe [0] et la fin [∞].

Le mandala

Un *mandala* est à la fois un résumé de la manifestation spatiale, une image du monde, en même temps que la représentation et l'actualisation de puissances divines ; c'est une image qui conduit celui qui la contemple à l'illumination. Il existe de nombreux mandalas différents, tous poursuivant le même but initiatique

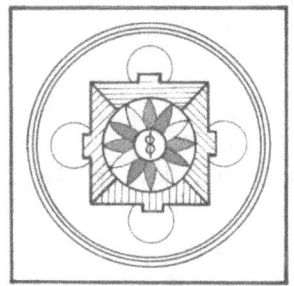

Ce symbole est utilisé aux Indes et au Tibet, où il exprime non seulement le « moi » dans la totalité psychique, mais en même temps une image divine, puisque le point central, le carré et le cercle sont des symboles de la divinité.

Les lamas tibétains dans leur voie initiatique, pour exercer leur concentration et leur méditation, exécutent avec un soin minutieux de grands mandalas de sable de toutes sortes de couleurs. Le travail achevé, celui-ci est détruit pour bien montrer l'impermanence et la relativité des choses de ce monde.

On dit que les Navajos d'Amérique du Nord font aussi des peintures de sable de différentes couleurs, apparentées aux mandalas asiatiques.

L'étude du tracé du mandala représenté page précédente nous permet de retrouver le « carré-Terre » circonscrivant le Tout, la « triple enceinte circulaire », les quatre « petits cercles de concentration » autour du carré intérieur des quatre éléments matériels et des directions de l'espace et au centre l'expression du temps par la fleur aux douze pétales, enfin au cœur même du symbole, le signe exprimant l'union du masculin et du féminin dans un signe qui évoque Shiva.

Il existe une grande variété de mandalas, tous construits sur le même principe. Les deux dessins ci-après illustrent ce propos.

Mandala de la déesse Durga exprimant le passage de la mort à l'autre vie

Mandala du diamant

En examinant le mandala du diamant, on remarquera que le centre du symbole est composé de cinq triangles équilatéraux avec la pointe en bas et trois avec la pointe dirigée vers le haut, soit huit triangles : le lotus est construit sur deux rangées de pétales comptant respectivement huit et seize pétales contenues dans [2+5] cercles concentriques ; le Tout est circonscrit dans un carré ouvragé de [36] facettes. Que de Nombres associés pour parler du Cosmos et de la Divinité !

Chaque mandala peut être analysé de la même façon.

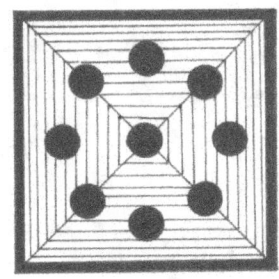

Le Nombre [8] de la *conscience* engendre le Nombre [9] de la *connaissance*, car *l'Unité-Principe*, ①, selon la règle bien connue, accompagne chaque Nombre. Aux huit rayons de la roue s'ajoute le moyeu, l'axe, sans lequel la roue n'a pas sa raison d'être.

D'un symbole cosmique par excellence, la voie s'ouvre au champ du Nombre [9] qui représente l'achèvement de la création, le but ultime qui permet de partir à la recherche de la connaissance qui ouvrira la porte vers la nouvelle Unité du Nombre [10] et son retour au Tout-Origine.

Malgré les apparences, la *conscience* est un mot assez difficile à définir.

Cas de conscience qui nous met dans une situation délicate.
Conscience professionnelle dans la société du travail
Perdre conscience sur un plan médical
Liberté de conscience sur le plan religieux
Conscience et inconscience en langage psychanalytique
Super conscience en parlant du plan divin

Autant de variantes d'approche d'un phénomène qui ne trouvera sa solution que dans un concept qui échappe à une définition précise.

Il est plus que probable que dans la création, la *conscience* se trouve en interaction avec une *super conscience cosmique ou divine* qui en quelque sorte, l'alimente.

Chapitre 11

****

Le Nombre [9]

La connaissance appelée aussi Gnose

Le Nombre [9] symbolise le couronnement des efforts, l'achèvement de la création. Dans de nombreuses traditions, il est le Nombre du ciel. Selon le dictionnaire des symboles qui cite René Allendy ce Nombre « *apparaît comme le Nombre complet de l'analyse totale* ». Symbole de la multiplicité, il exprime le retour à l'Unité primordiale.

Le *Dictionnaire des symboles* en parle abondamment en se référant aux traditions dans lesquelles ce Nombre exerce un symbolisme identique. Ce qui induit naturellement sa valeur attribuée à *la connaissance*, fruit de la *conscience*.

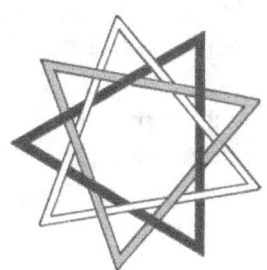

Trois étant le Nombre novateur, sa valeur au carré [3*3 = 9] représente l'universalité. Les trois triangles enlacés de l'ennéagone dessinent dans le cercle, la troisième étoile[159] exprimant la triple nature des mondes : le Ciel, l'Enfer et la Terre, compris dans le sens de monde réel, de monde virtuel et de manifestation universelle. Le Nombre [9] est ainsi le Nombre de l'accomplissement

Une singularité du Nombre [9] est à mettre en évidence : le Nombre [6] et lui ont des graphismes inversés, et ils forment ensemble l'image symbolisant le signe zodiacal du Cancer [69]. Ces deux Nombres sont le début ou la fin d'une spirale. Le Nombre [6] exprime que, dans les cycles de la création, *la Vie* se manifeste désormais par le Nombre [9] ; la boucle de l'univers s'achève.

---

[159] Les deux premières Etoiles étant générées par les Nombres [5] et [7]

Quelques valeurs attribuées au Nombre [9]

Mathématiquement, le Nombre [9] s'exprime par les équations suivantes :

- $9 * 1 = 9$
- $3 * 3 = 3^2 = 9$
- $9 * 9 = 81 = 9^2$
- $5 + 4 = 9$
- [9] et [7] sont les seuls « chiffres » qui n'apparaissent pas dans les inverses des dix premiers Nombres :

    (1/1 = 1) (1/2 = 0,5) (1/3 = 0,333) (1/4 = 0,25) (1/5 = 0,2)
    (1/6 = 0,1666) (1/7 = 0,1428) (1/8 = 0,125) (1/9 = 0,111) (1/10 = 0,1)

- $[0,999999.... \cong 1]$, exprime qu'il faut une connaissance infinie pour atteindre le concept de Dieu. Ce qui par définition, est impossible
- La preuve par neuf exprime que la multiplication de deux chiffres dont un contient 9, doit toujours se réduire à ce même chiffre. Par exemple (125 * 9) = (1125 = 1 + 1 + 2 + 5 = 9).
- D'après le Pseudo Denys l'Aréopagite, les Anges sont hiérarchisés en neuf chœurs ou trois triades : la perfection dans la perfection, l'ordre dans l'ordre, l'Unité dans l'Unité.
- Mystiquement, cette acception du [9] l'apparente au Hak des Soufis, suprême étape de la Voie, béatitude conduisant au *fana* : l'annihilation de l'individu dans la totalité retrouvée ou, comme dit Allendy, « la perte de la personnalité dans l'amour universel ».
- Le Nombre [9] est à la base des cérémonies taoïste, car il est la mesure de l'espace chinois. On retrouve ce Nombre dans le nombre de cieux des Aztèques.
- Dans la mythologie grecque, on a appelé Muses, les neuf déesses nées de Zeus qui président aux arts libéraux, la somme des connaissances humaines : Clio, Euterpe, Thalie, Melpomène, Terpsichore, Erato, Polymnie, Uranie, Calliope.
- Le dictionnaire des symboles étend la symbolique du Nombre [9] à tous les grands mouvements historiques de la planète, montrant l'universalité de ce symbole.

Les symboles géométriques du Nombre [9]

La façon la plus simple de représenter géométriquement le Nombre [9] est d'inscrire dans un cercle trois triangles équilatéraux, tournant autour du centre et formant un angle de (360/9 = 40)° au centre.

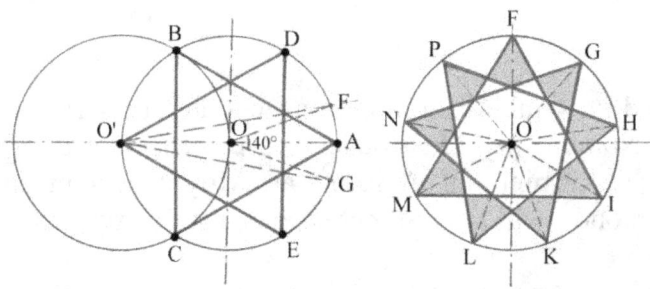

Cet angle de 40° peut être approximativement tracé au moyen d'un procédé utilisé par les compagnons constructeurs selon le tracé ci-contre. Il consiste à tracer un cercle de rayon OO' et un autre cercle de même rayon centré en abscisse sur O.

L'intersection des deux cercles (BC) donne la base d'un triangle équilatéral qui, lorsqu'il est doublé, divise le cercle en six parties égales (ABC – DEO'). L'angle d'environ 40° (exactement 43.56°) est obtenu en traçant les segments de droite O'F et O'G sur l'intersection des deux triangles équilatéraux.

Il suffit de reporter le segment FG sur le périmètre pour diviser le cercle en neuf parties géométriquement presque égales.

Jésus-Christ et le Nombre [9]

En disant « *Je suis l'alpha et l'oméga, le principe et la fin* » ; Jésus-Christ exprimait qu'il représentait « un Tout, un ensemble » : mentionner la première et dernière lettres de l'alphabet grec, respectivement de valeur numérale 1 et 800, renvoie, subtilement, au Nombre [9], car en numérologie [1+800 = 801 et 8+1 = 9].

Le Christ considéré comme la deuxième personne de la Tri-Unité correspond à quelque chose qui couvre toute la création d'un bout à l'autre de la manifestation. On peut suivre la trajectoire de la présence symbolique du Christ vecteur de Lumière, tout au long de cette prodigieuse histoire, exprimée ici par le langage des Nombres.

Comme le Nombre [9] est, le symbole de la multiplicité faisant retour vers l'Unité, par extension, il devient pour les chrétiens, celui de la rédemption, salut apporté par Jésus-Christ à l'humanité pécheresse. Dans la liturgie de la religion chrétienne, on parle de « neuvaine » (suite de prières ou d'actes de dévotion, poursuivis pendant neuf jours), en vue d'obtenir une grâce particulière.

La triple-enceinte

Il s'agit aussi d'un symbole en rapport avec toute une série de Nombres et en particulier avec le Nombre [9]. On trouve la triple enceinte dans de nombreux édifices anciens, aussi bien en Asie et au Moyen-Orient qu'en occident, notamment dans le monde celtique : Stonehenge en est un exemple célèbre

Il existe aussi en Angleterre, de gigantesques triple enceintes circulaires, façonnées en digues de terre levée, destinées probablement à des cultes en rapport avec le cosmos.

La triple-enceinte druidique est un symbole cosmique qui divise le monde en trois parties, représentées par trois cercles concentriques. Le premier (le plus petit : rayon unitaire) est le *Gwenved*, monde blanc de la félicité.

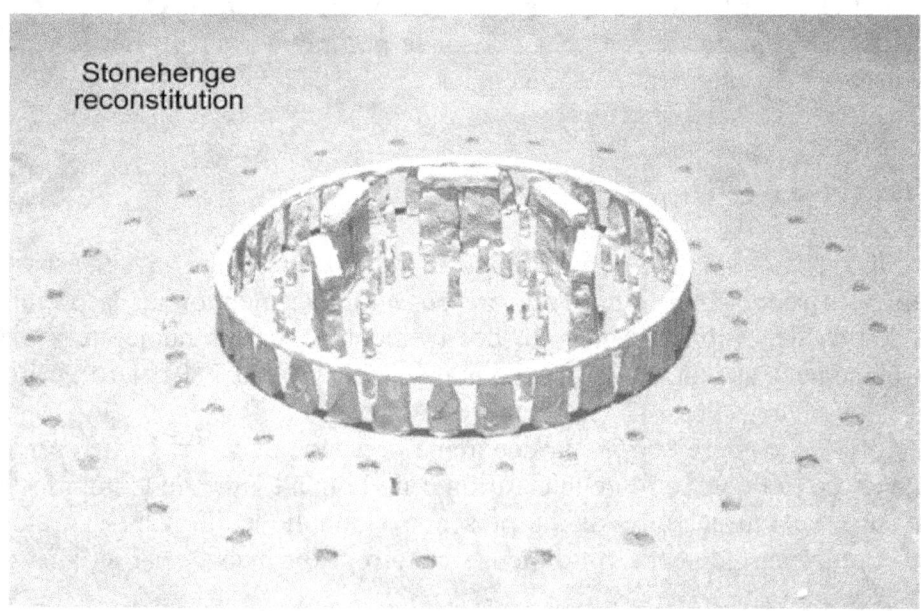

Il est gagné après de nombreuses épreuves, sorte de paradis près du Dieu unique ; le second (cercle moyen : rayon double du premier) est *Abred*, monde des luttes et des incarnations successives pour conquérir les Béatitudes ; enfin le troisième (grand cercle, rayon triple du premier), que seul Dieu peut parcourir, est le *Keugant*.

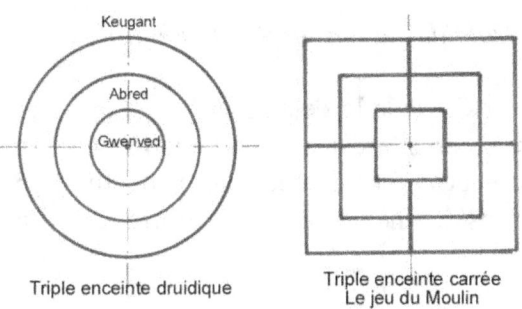

Triple enceinte druidique   Triple enceinte carrée
                               Le jeu du Moulin

Dans le même ordre d'idée, on peut remplacer les trois cercles concentriques par des carrés, comme le triple-carré du jeu du « moulin » apparenté aux mandalas.

A noter que cette figure était déjà connue dans les temps néolithiques. On la retrouve aussi comme glyphe des Templiers - comme jeu ou pour d'autres usages inconnus ?

La triple enceinte druidique mérite plus d'attention. Le cercle *Keugant* [1] circonscrivant l'ensemble, est réservé à Dieu seul. Il est à noter qu'en arithmétique le nombre [1] équivaut à une suite de nombre [9] s'étalant vers l'infini. [0.99999... ≅ 1]. Cela induit qu'une connaissance infinie est nécessaire pour connaître Dieu. Ce qui est parfaitement illusoire.

Le cercle intermédiaire *Abred* [1/3] est celui que les créatures peuvent rejoindre après de nombreux cycles de réincarnations, correspond au niveau des béatitudes ou du Nirvana hindou, que nous appelons *niveau divin* en occident. Ce nombre [1/3] correspond à l'inverse du principe créateur [3], le principe vivant qui précède le cadre-formateur [4]. Or en arithmétique [1/3 = 0.3333333...] souligne que ce nombre constitué d'une suite infinie de [3] conduit à la finalité de la manifestation de l'acte créateur et, comme le divin, est à portée de la *conscience* humaine.

Le cercle Gwenwed [1/9] est le plus petit. Il est celui du monde physique dans lequel nous évoluons. En arithmétique ce nombre s'écrit [1/9 = 0.111111...].

Soulignée par une suite infinie de [1], cette fraction montre comment la *connaissance* recherche le concept de Dieu sur toute l'échelle des valeurs. Ce niveau très physique, mais aussi très intellectualisé, exprime son interdépendance au principe créateur.

La rosace de la Cathédrale de Lausanne (XIIe siècle)

La rosace sud de la Cathédrale de Lausanne est aussi un exemple remarquable parmi beaucoup d'autres, car elle est essentiellement construite sur l'association du cercle et du carré constituant une triple enceinte, mais aussi un mandala, symbole qui s'inscrit parfaitement dans le thème de cette rosace qui représente la création du monde.

Plan schématique de la Rose de la Cathédrale de Lausanne

(1). Dieu le Père (2). Crée la lumière (3). Crée la terre (4). Crée les animaux
(5). Crée l'homme (6). Ornements (7). Printemps (8). Mars (9). Avril (10). Mai (11). Eté (12). Juin (13).Juillet (14). Août (15). Automne (16). Septembre (17). Octobre (18). Novembre (19). Hiver (20). Décembre (21). Janvier
(22). Février (23). Ornements (24). Feu (25). Air (26). Eau (27). Terre
(28). Soleil (29). Lune (30). Bélier (31). Taureau (32). Gémeaux (33). Cancer (34). Lion (35). Vierge (36). Balance (37). Scorpion (38). Sagittaire (39). Capricorne (40). Verseau (41). Poissons (42). Géon (43). Tigre (44). Phison (45). Euphrate (46). Acéphale (47). Cynocéphale (48). Pygmée (49). Satyre (50). Sciapode (51). Cephi (52). Ethiopien (53). Gange (54) .Subsolanus (55). Vulturnus (56). Septentrion (57). Corus (58). Zéphyr (59). Austro-Zéphyr (60). Auster (61). Euroauster (62). Rosaces (63). Aérimancie (64). Pyromancie

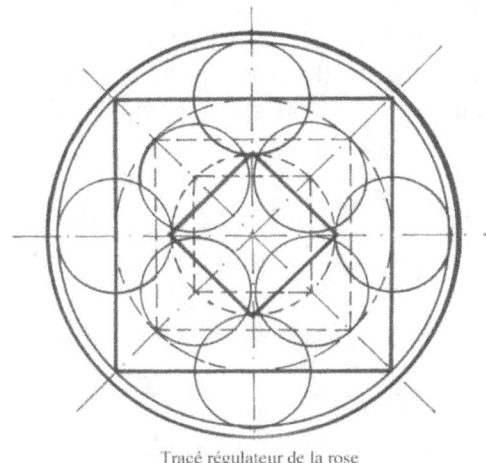
Tracé régulateur de la rose
de la cathédrale de Lausanne

On remarque dans le tracé régulateur de cette rosace, la présence de huit cercles disposés sur les huit rayons de la roue en relation étroite avec les deux carrés principaux. De plus les médaillons de la rosace, en relation avec la création du monde, sont au nombre de [64 = (8*8)]. [160]

Une roue ne fonctionnant qu'avec un moyeu, implicitement le Nombre qui se réfère à cette rosace est [8+①= 9].

La rosace est donc bien l'expression du passage du Nombre [8] du cosmos au Nombre [9] de la création achevée.

Neuf étant le dernier de la série des Nombres, avant l'accomplissement, le retour à l'Unité supérieure, il annonce à la fois une fin et un recommencement, c'est-à-dire une transposition sur un nouveau plan.

Ainsi se retrouve l'idée de nouvelle naissance et de germination, en même temps que celle de la mort physique vers une renaissance dans la *Vie divine*. Etant le dernier des Nombres de l'univers manifesté, [9] ouvre la phase des transmutations et exprime la fin d'un cycle, l'achèvement d'une course, la fermeture d'une boucle.

Après l'émanation du [Un-Trois], par la progression des Nombres, l'univers se construit et s'achève. Le Nombre [10]. qui couronne tous les autres, installe une nouvelle Unité et retourne à l'origine du Temps et de l'Espace.

Vers une autre dimension ? Peut-être !

*

---

[160] *Merveilleuse Notre-Dame de Lausanne, Cathédrale bourguignonne* : Ed du Grand-Pont-Lausanne

Le mot *connaissance* peut aussi être un piège, car il y a une grande confusion de genre entre, culture, savoir et *connaissance*. Le savoir et la culture s'accumule par l'étude et l'expérience, mais la *connaissance* est une théorie visant à rendre compte du processus selon lequel le sujet connaissant se rapporte à l'objet qu'il connaît.

Comme l'approche de Dieu exige une *connaissance infinie*, par définition impossible, le connaissant ne pourra jamais se rapporter à l'« objet » qu'il croit connaître.

Chapitre 12

****

Le Nombre [10]

La plénitude, le retour à l'unité

La tétractys pythagoricienne

Dans son Ecole de Crotone, à caractère sectaire, Pythagore enseignait les mystères du cosmos en s'appuyant sur la géométrie sacrée véhiculant symboliquement les grands mystères de la création ; en exprimant son célèbre postulat « *Tout est ordonné par le Nombre* », il résumait toute sa cosmogonie.

On attribue à Pythagore de nombreuses découvertes géométriques, en particulier le célèbre théorème des triangles rectangles, le secret de ce qui fut appelé plus tard, *la divine proportion* conduisant au Nombre d'or, et l'invention des mots tels *cosmos, pentagone, décagone,…*. Ce qu'il enseignait était probablement déjà en grande partie connu des anciens Egyptiens, des peuples de Mésopotamie, des Indes et de Chine. De son temps, la cosmogonie du chinois Lao Tse, également construite sur les Nombres, n'était probablement pas encore parvenue en Occident.

Pour les pythagoriciens, la somme des quatre premiers Nombres, constituant la tétraktys, (mot qui, étymologiquement, signifie « somme de quatre choses «), était le symbole le plus vénéré, par lequel ils prêtaient serment.

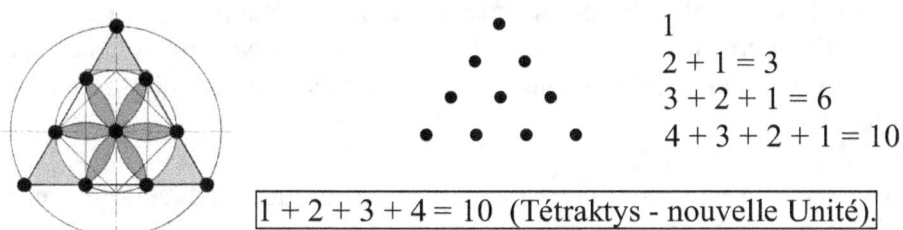

La perfection, ou l'achèvement de la manifestation universelle développée par les neuf premiers Nombres est atteinte avec le Nombre [10]. La Décade comme l'Unité contient [le tout - Φ]. Elle devient ainsi une nouvelle Unité, une fin, et un retour à l'origine.

Le serment que prêtaient les pythagoriciens était invoqué sous cette forme : « *Je le jure par celui qui a transmis à notre âme la Tétraktys en laquelle on trouve la source et la racine de l'éternelle Nature* ». Si tout dérive d'elle, tout remonte vers elle et devient l'image de la totalité d'un système en mouvement, donc dynamique.

Il est intéressant de noter qu'en écriture grecque, la quatrième lettre de l'alphabet, est le Δ (D), appelé *delta*, qui épouse la forme d'un triangle équilatéral (symbole du Nombre trois) et que sa valeur numérique est quatre. La tétraktys formée des Nombres [1, 2, 3 et 4] disposés en triangle renforce sa signification symbolique et lui donne un caractère divin.

Dans l'intérieur de ce symbole, le géomètre averti trouvera, délicatement assemblés, les autres symboles géométriques qui composent la symbolique des Nombres géométriques.

*

La création de l'univers a commencé à se concrétiser avec le Nombre [4], lorsque le *cadre-formateur* se prépare à recevoir les manifestations vivantes. Dès ce moment, le support matériel de la « *Vie émanée des origines* », symbolisé par les Nombres [5, Φ et φ], représentés par l'étoile à cinq branches est prêt, en pulsion rythmée, à engendrer toutes les « *formes d'existences* ».

L'engendrement des formes vivantes, « le microcosme », se manifeste par le Nombre [7], symbolisé par l'étoile à sept branches, en des lieux d'un univers désormais habitable, exprimé par le plan du Nombre [6], « le macrocosme ». *La Vie* présente partout sur Terre (et probablement ailleurs dans l'univers) a développé des structures très complexes dont l'être humain semble être l'achèvement. Par le Nombre [8], le cosmos, représenté par deux carrés enlacés, s'ouvre sur deux plans en équilibre; en développant la *conscience* produit de l'*intelligence* ; la nature christique (vivante) de notre planète, prend une dimension métaphysique, celle de l'évolution spirituelle vers la *Vie divine*. L'espèce humaine développant la *connaissance* s'ouvre sur des concepts que les êtres la précédant n'étaient pas en mesure d'exprimer.

La *connaissance* l'oriente vers une spiritualité cosmique universelle et vers l'idée de la survie de son essence spirituelle sur un autre plan.

L'achèvement de la création symbolisé par les trois triangles enchevêtrés du Nombre [9], représenté par l'étoile à neuf branches, conduit finalement, par le

Nombre [10], à l'accomplissement de l'œuvre divine, qui retourne enrichie à l'Unité primordiale.

Le message de la Tétraktys pythagoricienne peut être exprimé par les vers suivants, résumant l'importance primordiale du message des Nombres :

> *J'en jure par celui dont la puissante main*
> *Grava la Tétractys au cœur du genre humain,*
> *Nombre fondamental et source originelle*
> *Qui contient en son sein la nature éternelle,*
> *Selon qu'il est orienté vers le bien ou le mal.*

Ce très vieux message d'un auteur qui m'est inconnu, montre combien les anciens philosophes avaient conscience de la nature profonde de la pensée humaine en rapport avec le concept divin.

Ayant vécu bien avant la découverte du Nombre zéro en tant qu'origine des Nombres, Pythagore appuie toute sa philosophie sur les Nombres entiers.

Pythagore et les pythagoriciens voyaient dans les Nombres entiers le principe des choses. Ainsi tout triangle de côtés proportionnels à [(3, 4 et 5)] est rectangle[161]

On attribue aussi à Pythagore et à son école, le théorème de la somme des angles du triangle (toujours égale à 180°), la construction de certains polyèdres réguliers, le début du calcul des proportions, lié à la découverte de l'incommensurabilité de la diagonale et du côté du carré. La tradition attribue également à Pythagore, les *Vers dorés* et « la musique des Sphères ».

Un des mérites de ce philosophe est d'avoir découvert la façon de déterminer mathématiquement les rapports entre les sons et remarqué que la relation éminemment consonante que nous appelons octave (octo = huit), s'obtient soit en doublant exactement, soit en réduisant de moitié la longueur de la corde – répondant ainsi à la proportion 1/2. Il détermina aussi la quarte, la tierce et la quinte de la gamme musicale. Cette division a conduit à la définition d'une relation mathématique, appelée la moyenne harmonique, qui exprime un rapport de fréquence entre deux notes voisines beaucoup plus subtil que leur moyenne arithmétique (simple division de l'intervalle des fréquences en deux parties égales) ou que leur moyenne géométrique qui équilibre leur proportion.

---

[161] Voir Nombre [4], chapitre 6.

Chaque note musicale correspond à une fréquence sonore bien définie (vibrations par seconde ou herz), autrement dit un nombre. L'harmonie d'une note vient des « harmoniques » émises par les autres cordes de l'instrument ou de sa caisse de résonance, qui enrichissent le son pur en se combinant à lui. Cette observation des cordes vibrantes lui fit découvrir une des lois de la symbolique des nombres qui dit que : *les nombres s'expriment par leur inverse.*

La perfection

Selon l'acception grecque du mot « perfection », les choses sont parfaites quand elles sont terminées, complétées. La perfection, ou le parachèvement de la manifestation universelle, est atteinte avec le Nombre [10], la Décade qui contient la Monade, la Dyade, la Triade et la Tétrade. Géométriquement, la Décade contient le point [1], la ligne [2], la surface [3] et le volume [4].

> Dix devient une nouvelle Unité. L'écriture arabe du Nombre 10 (١٠)
> renforce encore le symbolisme de ce nombre.
> L'Unité et le Zéro, représentent vraiment le Tout et le Rien réunis[162].

Je pourrais terminer la théorie philosophique des Nombres par cette dernière affirmation qui se suffit à elle-même.

Cependant, je voudrais étendre le symbolisme du Nombre [10], en parlant du très intéressant symbole de l'arbre séphirotique, emprunté à la Kabbale hébraïque qui, lui aussi, résume l'essentiel du message du Nombre [10], en lui donnant un aspect religieux et cosmique.

L'arbre séphirothique

Allégoriquement, l'arbre séphirotique est aussi appelé *arbre de Vie*, en rappel à celui qui était au centre du jardin d'Eden et auquel le premier couple humain avait interdiction de toucher. Dans l'iconographie religieuse hébraïque, ce grand symbole résume sa théogonie.

---

[162] Dans l'Islam le Point n'a pas valeur de rien ni de néant. Le Point est essentiellement différent des lettres. « ***Rien n'est semblable à Lui et Il est Celui qui entend et qui voit.*** » Ainsi le Point, à l'opposé des autres signes, se saurait être limité par une définition. Cf. Martin King, *Un Saint musulman du XXe siècle.*

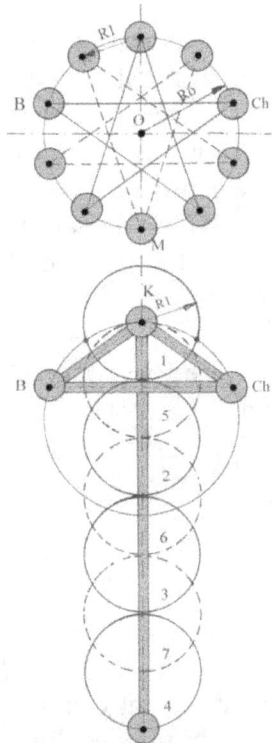

L'arbre symbolique est constitué de dix Séphiroth (Selon le *Sefer ha Zohar* ou *livre de la splendeur*) disposés le long d'un axe central. Selon la vision de cette ancienne religion, les dix Sephiroth représentent les dix attributs du concept divin.

Véhiculant un message religieux exprimé par un symbole géométrique, l'arbre séphirotique se construit selon des règles que je vais exprimer ci-après.

A l'origine, les dix attributs de Dieu se trouvaient disposés sur le cercle divin, divisé en dix parties égales constituant le décagone ou le double pentagone. *Le cercle exprime quelque chose de défini dès l'origine mais non encore manifesté*, en rapport avec les qualités, en devenir, contenues dans le symbole du pentagone dont j'ai déjà abondamment parlé

Vu comme une image dans un miroir, le pentagone debout définit les trois séphiroth supérieures qui ont pour nom **K**ether (**K**) (la Couronne) au sommet du triangle, **Ch**okmah (**Ch**) (la Sagesse) placée à gauche et **B**inah (**B**) (l'Intelligence), à sa droite. Ces trois séphiroth sont disposées selon le *triangle d'or*, soit la partie supérieure du pentagone debout (**K, B, Ch**).

Avec **K**ether comme centre et le côté du décagone originel comme rayon (R1), le processus de la création se perpétue en définissant une chaîne de *sept cercles* disposés sur l'axe vertical, selon la loi du tertio-quarto [3 + 4 = 7].

L'extrémité de ce système géométrique définit **M**alkouth (**M**) (la Racine ou le Royaume). Le **P**rincipe (**K, B, Ch**) et la Fin (**M**), donnent l'échelle de l'ensemble du phénomène de la création de l'univers.

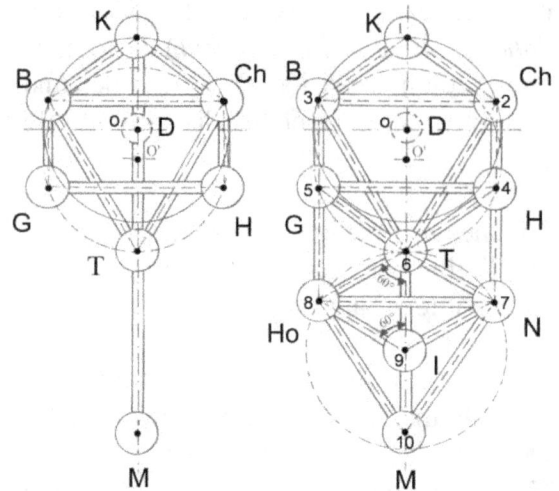

Du triangle divin construit sur le Nombre d'or, une loi naturelle contient, dès l'origine, un système complet comprenant un Tout non encore clairement différencié dans lequel Sagesse (**Ch**) et Intelligence (**B**) se démarquent entre deux extrémités, la Couronne (**K**) et la Racine (**M**) (Royaume).

Cette chaîne de sept cercles pourrait représenter les sept niveaux d'évolution ou les sept Cieux (selon la tradition sémitique).

Cette vision du monde divin est conforme au message des Nombres dont j'ai détaillé l'évolution.

Les trois séphiroth intermédiaires, qui ont pour nom : **H**esed (**H**) (la Miséricorde), **G**ebourah (**G**) (la Force) et **T**iphereth (**T**) (la Beauté), sont disposées sur les trois pointes d'un pentagone mais renversées par rapport aux trois séphiroth supérieures (**K, B, Ch**).

Les deux grands cercles contenant les séries de trois séphiroth, ont même rayon mais sont décalés sur l'axe vertical d'une distance telle que le triangle formé par **B**inah (**B**), **Ch**okmah (**Ch**) et **T**ipheret (**T**) est équilatéral (**B, Ch, T**).

La troisième triade de séphiroth portant les noms de **N**etzah (**N**) (la Victoire), **H**od (**Ho**) (la Gloire) et **I**esod (**I**) (le Fondement), sont disposées selon un losange ouvert à 60° sur l'axe vertical.

L'arbre séphirotique contenant les dix séphiroth, de même que les 22 chemins qui les relient, sont ainsi déterminés géométriquement. Chaque séphira a un nom et un Nombre qui indique son rôle et sa place dans le processus de la création.

     1 Kéther la Couronne
     2 Chokmah la Sagesse
     3 Binah l'Intelligence
     4 Hesed la Miséricorde
     5. Geburah la Force

        6 Tiphéret la Beauté
        7 Netzah la Victoire
        8 Hod la Gloire
        9 Iesod la Fondation
        10 Malkouth le Royaume

L'arbre séphirotique de la Kabbale hébraïque[163] est le schéma ésotérique de la création du monde défini par les dix niveaux d'émanation ou les dix attributs divins. C'est l'arbre de Vie.

*

La kabbale hébraïque représente le plan de la création, sous la forme d'un arbre, qui émane et grandit à partir d'un cercle origine contenant en devenir toute la création exprimée par les dix séphiroth.

J'ai détaillé le processus de ce développement selon une approche personnelle, qui correspond à la démarche du langage des Nombres, donnant un aspect religieux et cosmique au phénomène de la création.

En résumé, l'arbre séphirotique enseigne qu'à l'origine, avant toute différentiation, Dieu est omniprésent. Pour la religion hébraïque, Jéhovah *est déjà « je suis », avant d'être, avant de se manifester*. Il est dans un lieu géométrique défini par un centre « **o** », qui est assimilé à la onzième séphira, Daath (**D**), celle qui est cachée à notre entendement.

Les dix séphiroth existent déjà en devenir, disposées autour de *Lui* sur un double pentagone exprimant ainsi dès l'origine l'harmonie et la beauté du Nombre d'or [Φ] et de son inverse [φ], contenues dans ces polygones doublement étoilés. On retrouve dans ce centre de toute la création, le *Rien* qui est déjà le *Tout* avant toute différentiation.

La première triade (**Kether, Chokmah, Binah**) signifiant Couronne, Sagesse et Intelligence, bâtie sur le triangle d'or, s'exprime en « engendrant » l'harmonie et la beauté.

Puis commence l'involution vers les sept plans inférieurs dessinant déjà l'ensemble de la création, conduisant à **Malkouth** le Royaume dont **Kether** est la Couronne. **Malkouth** est ainsi la racine plantée dans un monde matériel en devenir.

Par un effet de miroir, une image inversée et virtuelle de la première triade, définit une deuxième triade (**Hesed, Gebourah et Tipheret**) (H, G, T) signifiant

---

[163] *Sefer ha Zohar* ou *Livre de la Splendeur*.

Miséricorde, Force et Beauté. Cette deuxième triade se différentie de la première en s'écartant d'elle de façon à réaliser un triangle équilatéral, avec **Tipheret** placée à la pointe renversée du Delta divin (B, Ch, T) de l'involution de l'esprit dans la matière. Le plan de la création se structure. Par la *Miséricorde*, Dieu exprime son amour pour la création qui va bientôt se manifester en *Force* et en *Beauté*, images que l'on retrouve sans cesse dans l'univers.

Poursuivant son involution, une troisième triade (**Netzah, Hod et Yesod**) (**N, Ho, I**) signifiant *Victoire, Gloire et Fondation*, se développe dans le monde concret de la matière du macrocosme. Le *Monde* est exprimé, *la Vie* s'est incarnée et développée. Selon ce plan, l'intelligence et la sagesse divine doivent descendre au niveau des êtres pensant pour rendre hommage au Créateur.

C'est ainsi que la religion juive a exprimé sa vision du monde, de la création et de Dieu. On constate que ce grand symbole de l'arbre séphirotique, cadre parfaitement avec la connaissance des Nombres que j'ai décrite tout au long de ce chapitre.

*

Le double pentagone concrétise en l'exaltant, le message de l'étoile à cinq branches, en y apportant, le fruit de la *Vie divine*, l'inverse du *Nombre d'or*, *la vie physique,* justifiant l'immense effort de l'univers pour se manifester, et pour être reconnu par la *conscience* des êtres humains

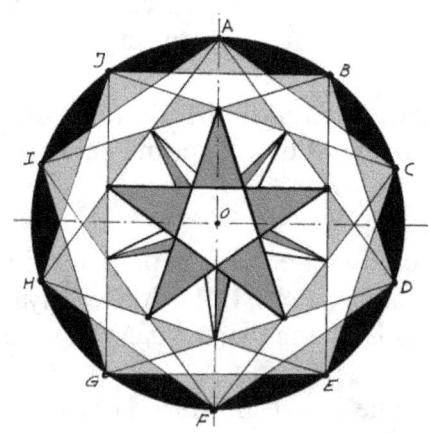

Chapitre 13

****

Le Nombre d'Or [Φ] et son inverse [φ] la divine proportion

La vie divine et la vie physique

Une multitude d'ouvrages ont été écrits au sujet de ces Nombres si particuliers, aux propriétés tant mathématiques que géométriques, qui en font les plus intéressants des Nombres. Ils sont connus depuis l'antiquité, sous la forme de proportions géométriques à caractère divin. Ils jouent un rôle fondamental dans la nature, où ils sont associés à tout ce qui vit en y apportant beauté et harmonie.

Au cours de l'histoire des hommes, ces Nombres sacrés restèrent longtemps cachés au cœur des temples égyptiens, puis des sectes pythagoriciennes d'où ils pénétrèrent le sein des corporations de constructeurs les utilisant pour bâtir les édifices sacrés. Don Neroman[164] les présentait comme étant le « *pont d'Or du Cosmos* », car ils sont la charnière entre le concret et l'impalpable. et se perpétuent dans l'histoire du développement de l'univers véhiculée par les Nombres.

Le *Nombre d'or* [Φ] et son inverse, *la Divine proportion* [φ], sont propres au Moyen-Orient et à l'Occident. On ne les trouve pas, à ma connaissance, dans les autres grandes civilisations qui fleurirent un peu partout sur la Terre, exception faite dans les cas où celles-ci furent influencées par les traditions occidentales.

En tant que « Nombres irrationnels », ils ne purent être exprimés en chiffres que depuis l' « invention » tardive du zéro. Cela sous-entend qu'avant cette étape essentielle dans l'élaboration des mathématiques, il était impossible d'en connaître tous les arcanes. Qui dit arcanes dit mystères et secrets, mots qui s'adaptent parfaitement à ces Nombres uniques à plus d'un titre.

---

[164] Dom Neroman, *Nombre d'or à la portée de tous*, Ariane, 1946

Pour les anciens, les deux concepts *forme et nombre*, étaient liés par la *géométrie*, qui, comme on le verra bientôt, reste le lien indéfectible qui les unit. C'est par la géométrie que ces Nombres ont d'abord été connus.

La découverte des particularités géométriques de ces Nombres a montré leur caractère d'harmonie et de beauté. C'est donc aux constructeurs d'édifices sacrés utilisant les tracés géométriques pour réaliser leurs chefs-d'œuvre que l'on doit cette découverte qui se traduit par une expression mathématique, à la formulation étrange, le « *partage d'une droite en moyenne et extrême raison* ».

Cette proportion est une constante indépendante des dimensions de l'objet qu'il dessine et a une grandeur pour [Φ] située entre [**2** et **1**], soit précisément [1,61803..] et entre [1 et 0], soit [0,61803..] pour son inverse [φ] avec une infinité de chiffres après la virgule.

Ces Nombres furent mis en évidence mathématiquement par Leonardo Fibonacci[165] au XIIe siècle, puis par Fra Luca Pacioli[166] au XVe siècle. Ces deux mathématiciens italiens découvrirent une des propriétés du Nombre d'or qui peut s'exprimer sous la forme de séries de chiffres. Luca Pacioli se passionna également, avec son ami Leonard de Vinci, pour l'analyse des polyèdres inscrits dans la sphère, appelés corps platoniciens, liés au Nombre d'or, qu'il détailla dans son livre *De Divina proportione*.

Petrus Telemarianus[167], Matila Ghyka[168] et beaucoup d'autres chercheurs étudièrent les Nombres dans leur interprétation philosophique et religieuse, et laissèrent une remarquable somme de connaissances concernant le Nombre d'or.

Ils mirent notamment en évidence sa présence dans la nature et dans les arts : on trouve ce Nombre dans le développement des coquillages, dans celui des branches et des feuilles d'un arbre, dans les fleurs de forme pentagonales, dans le développement en spirales des pommes de pin et des cactus, dans la disposition des graines du tournesol, dans les proportions du corps humain, etc.[169].

On trouve le Nombre d'or caché dans de très nombreux édifices religieux d'obédience polythéiste ou monothéiste.

---

[165] Leonardo Fibonacci : (1175-1240) mathématicien italien publia son livre *Liber Abaci* en 1202. C'est lui qui diffusa en Occident la science mathématique des Arabes et des Grecs. Il utilisa les chiffres arabes avec le zéro et introduisit la « suite » de nombres dans laquelle chaque terme est égal à la somme des deux termes précédents – la série de Fibonacci. (*Larousse Illustré*)
[166] Luca Pacioli : (1445-1510) mathématicien italien, publia *De divina Proportione*.
[167] Dr Allendy dit Petrus Telemarianus : *De l'Architecture naturelle* ; ed. Vega 1950.
[168] Matila Ghyka, voir bibliographie.
[169] Cependant, comme il a déjà été dit, s'il est vrai que la nature recherche le Nombre d'or, jamais elle ne l'atteint dans sa perfection.

Ces proportions géométriques engendrent des constructions belles et harmonieuses, favorables à la méditation en créant une atmosphère de dépouillement sacré qui facilite l'accession au divin.

Jean-Claude Perez[170], dans son récent ouvrage *L'ADN décrypté*, a développé de façon magistrale d'autres propriétés de ces Nombres en relation avec les formes de la nature mathématicienne et surtout par les rapports harmoniques qui existent au sein même de l'ADN, le support intime de *la Vie* au cœur de toutes les cellules vivantes.

Ce même auteur, dans un tableau en page 122 de son ouvrage, met en relation des concepts mathématiques comme la *tétractys* de Pythagore qui donne naissance aux *nombres entiers* et qui génère le *triangle de Pascal*, les *coefficients du binôme de Newton*, d'où jaillit la *suite de Fibonacci* et d'où émerge le *triangle fractal*[171]. Ainsi, un lien mathématique est tissé entre Pythagore, Newton, Pascal, Fibonacci et Mandelbrot[172]. Les relations entre le *triangle de Pascal, la série de Fibonacci* et le *binôme de Newton* avaient déjà été mises en évidence en particulier, par Telemarianus et Ghyka.

Le Nombre d'or [Φ] et son inverse [φ] se démontrent mathématiquement de multiples manières, explicitant la géométrie de ces proportions connues bien avant leur définition chiffrée.

Le partage d'une droite en moyenne et extrême raison

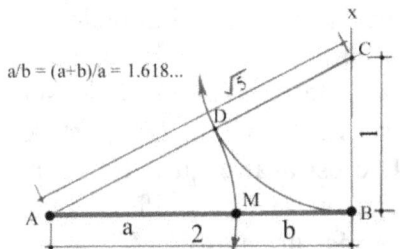

Le partage d'un segment de droite en moyenne et extrême raison est le partage asymétrique d'une grandeur (AB) en deux parties inégales (AM et MB) définissant deux segments de droites (a et b) qui se trouvent dans le rapport dit *section dorée*.

D'après les cahiers de Boscodon[173], Euclide au IIIe siècle avant notre ère appelait cette proportion, « *partage en moyenne et extrême raison* », car le segment de droite (a+b) était la majeure ou totale, le segment (a) la moyenne et (b) la mineure. Cette proportion est

---

[170] Jean-Claude Perez, *lop.cit* (p. 117 à 122)
[171] Selon la définition mathématique donnée, plus loin dans ce chapitre.
[172] Mandelbrot (1924-2010) : mathématicien français d'origine polonaise, a développé en 1975, la théorie des objets fractals et a construit des ensembles qui portent son nom et qui trouvent des applications dans l'étude du « chaos déterministe ». (*Larousse Illustré*),
[173] « L'art des bâtisseurs romans » *Cahier de Boscodon* Nr 4 : Nov. 1989

dite économique parce qu'elle ne comporte que deux termes (a) et (b). Pour construire cette proportion, il suffit d'élever à l'extrémité de la ligne, en B, une perpendiculaire (Bx) sur laquelle on reporte le point (C) de façon à ce que le segment (BC) soit égal à la moitié du segment (AB). En traçant un cercle de rayon (CB) avec (C) comme centre, on définit le point (D) sur la ligne (AC) fermant le triangle rectangle. Pour trouver le point (M) partageant la ligne (AB) en moyenne et extrême raison, il suffit de rabaisser le point (D) en (M) en traçant un arc de cercle centré au point (A). On constate que cette construction revient à tracer un triangle (ABC) dans les proportions (**2 sur 1**), avec pour diagonale, la valeur ($\sqrt{5}$).

En effectuant un contrôle, soit par mesurage soit par calcul trigonométrique, on vérifiera que les segments (a et b) sont bien dans la proportion du Nombre d'or soit [Φ = 1,618....]

C'est par cette méthode extrêmement simple que furent construits des édifices harmonieux utilisant les propriétés du Nombre d'or, tels la pyramide de Khéops, le Temple de Salomon à Jérusalem, le Parthénon d'Athènes, les temples romains et une quantité d'églises chrétiennes.

Solution algébrique du Nombre d'or [Φ] et de son inverse [1/Φ =φ]

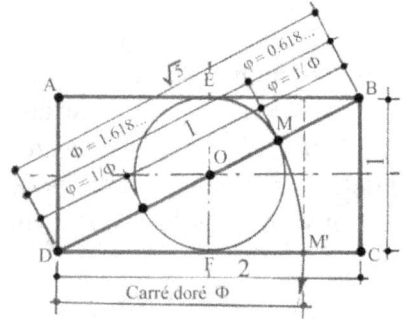

Un autre grand symbole fut utilisé par les constructeurs de l'art sacré. On l'appelle le « *carré-Long* » ou le « *carré de la Genèse* », car il génère le Nombre d'or et le *rectangle d'or* [1 sur Φ] dit aussi *carré doré*. Le *Carré* dit *Long* est de proportions [**2 sur 1**], c'est-à-dire qu'il est deux fois plus long que large ou, si l'on préfère, il est composé de deux carrés juxtaposés. C'est un symbole sacré car en son cœur se trouve le *Nombre d'or* exprimé sur sa diagonale, (segment DM). Rabattu sur le long côté du rectangle le segment DM' définit les dimensions du *rectangle d'or* de proportions [1 sur Φ], et son inverse [φ].

Le Nombre d'or et son inverse s'expriment mathématiquement par la formule :

$$(\sqrt{5} + 1) / 2 = \Phi = 1,618...$$
$$(\sqrt{5} - 1) / 2 = \varphi = 0,618... = 1/\Phi$$

Le Nombre d'Or [Φ] et son inverse [φ], sont liés entre eux par l'Unité, de telle sorte que :

[1,0 / 1,618… = 0,618…] ou [1,618…- 1.0 = 0,618…].
Ce qui revient à dire que [1] est la Section d'or de [Φ], puisque

$$\Phi * \varphi = 1 \rightarrow \varphi = 1/\Phi$$

Le Nombre [5] représente l'*Esprit divin* dans sa volonté de se manifester dans l'univers; la racine de ce Nombre [$\sqrt{5}$] représente le *principe de l'Esprit divin* baignant toute la création. Ces valeurs sont liées par une relation arithmétique absolue dont j'ai déjà parlé soit :

$$\sqrt{5} = \Phi + \varphi = 2,236…$$

exprimant que l'essence du divin est fait de la Vie divine et de tout son contenu.

Le pentagone, l'étoile à 5 branches ou pentagramme

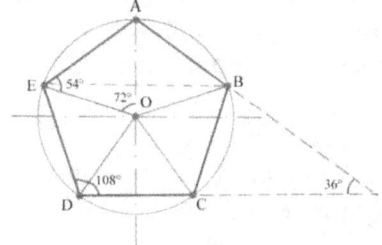

Comme on la déjà vu dans l'analyse symbolique du Nombre 5, le Nombre d'or [Φ] et son inverse [φ] sont présents dans le pentagone de multiples façons, faisant de ce polygone l'expression même de la *Vie divine* et de son contenu

En examinant le dessin de l'étoile à cinq branches, on constate que l'on peut exprimer différents triangles, tous isocèles.

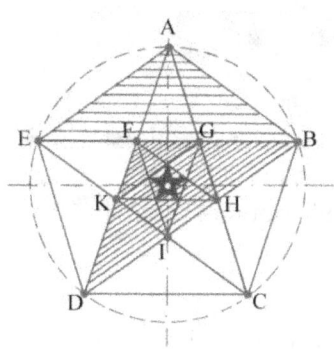

Ainsi se dessinent les *triangles sublimes* (ACD), les *triangles d'or* (AEB). Les *triangles d'argent* (OEB) que l'on retrouve aussi en chaîne (EFA) autour du pentagone quand celui-ci génère le décagone (voir chap.7, Nombre [5])

Comme présentés dans le chapitre 7, tous ces triangles sont en rapport avec le *Nombre d'or* et ses différentes combinaisons arithmétiques auxquelles ont été attribués des valeurs symboliques

Le Nombre d'or et la pyramide de Kheops.

La Grande Pyramide considérée comme étant la sépulture du pharaon Kheops n'a probablement jamais été un tombeau. Ceux qui ont visité ce monument (j'en ai fait partie), et les autres pyramides funéraires sont tous frappés par les différences fondamentales qui existent entre ces monuments.

Cette pyramide a probablement servi des rites initiatiques en rapport avec les mystères des multiples manifestations de la vis spirituelle.

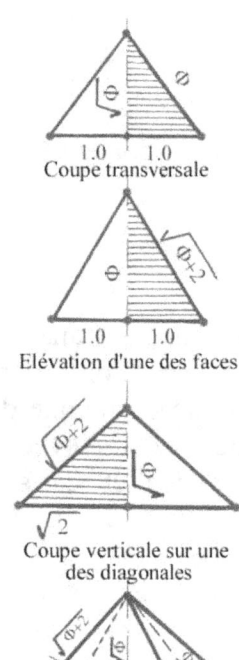

Ses dimensions sur sa base carrée sont de 440 coudées de côté soit 230,38 m et sa hauteur devait correspondre à l'origine à 280 coudées, soit 146,526 m.

La hauteur [Φ)] du triangle d'une des faces a pour grandeur 356 coudées[174] soit 186,40 m..

Le parement de la pyramide ayant été enlevé, il est difficile d'être absolument précis dans ces mesurages. Les dimensions données ci-dessus sont issues de nombreux recoupements et peuvent être considérées comme justes.

Ce monument est initiatique par excellence : il a des caractéristiques uniques et est construit selon des proportions en rapport avec le Nombre d'or.

Un des plus intéressants triangles contenus dans la pyramide est celui qui est appelé *triangle vivant*. Il s'agit de la coupe de la pyramide sur une de ses faces : le triangle induit sur cette coupe a pour base [1], pour hauteur [$\sqrt{\Phi}$ = 1,272..] et pour côté [Φ =1,618..].

---

[174] Une coudée royale égyptienne vaut, 0.5236..m. On remarque que deux coudées égyptiennes correspondent à une valeur très proche du mètre.

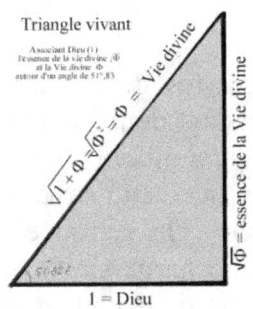

Ce triangle relie *Dieu* [1] à la *Vie divine* [Φ] et génère *l'essence le la Vie divine* [$\sqrt{\Phi}$][175]. Il s'ouvre sur un angle proche de 52°.

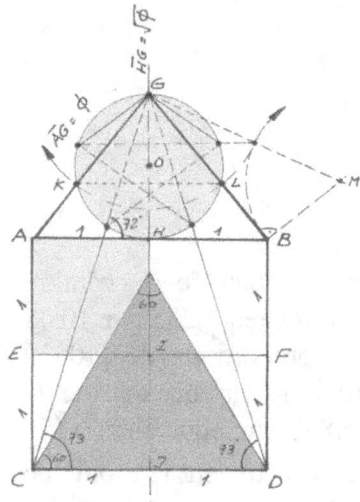

• Dans le double triangle vivant AGB, un cercle O inscrit sur la hauteur coupe les côtés du triangle en deux points K et L qui partagent les côtés en moyenne et extrême raison. Cette particularité renforce encore l'expression de Nombre d'or dans la construction.

De plus le périmètre du cercle O équivaut au périmètre d'un carré correspondant au quart du carré de base.

• La surface du carré construit sur la hauteur de la pyramide ($\sqrt{\Phi}$ comme côté), est égale à [$\sqrt{\Phi} * \sqrt{\Phi} = \Phi$], soit à la surface d'une des parois triangulaires inclinées [$2*\Phi/2 = \Phi$].

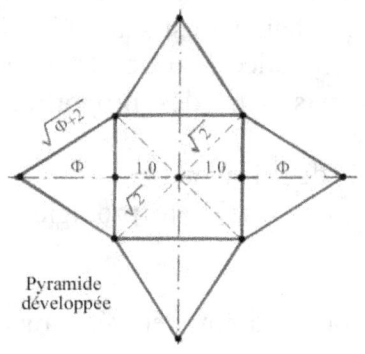

Pyramide développée

• Le développement de la pyramide offre l'image d'un carré sur les arêtes duquel se développent quatre triangles isocèles aux proportions harmoniques.

Telles sont les relations en rapport avec le Nombre d'or que l'on trouve dans ce fabuleux monument.

---

[175] Dans le christianisme ce triangle vivant génère l'expression du Christ [$\sqrt{\Phi}$] dans l'univers

L'œil de la Grande Pyramide

Il s'agit d'un assemblage de pierres de décharge posées en chevron sur le couloir descendant donnant accès aux Chambres intérieures de la grande pyramide.

On remarque sur la photographie que cette structure s'encadre dans une forme pentagonale. On retrouve la même disposition dans la structure de décharge située au-dessus de la Chambre du roi. La structure de la couverture en chevron de la Chambre dite de la reine échappe (contre toute logique) à cette règle.

Les Chambres royales

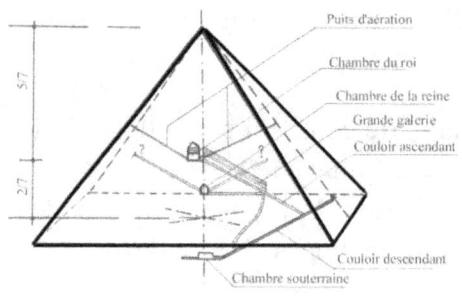

- Les dimensions en plan de la chambre dite du roi sont en mètres 5,235 sur 10,48 m., soit dans les proportions de [10*20 coudées – *carré-long*], la hauteur de la chambre est de 5,858.. m. équivalent à [5*$\sqrt{5}$ coudées], soit exactement la moitié de la diagonale de la base.
- La longueur de la diagonale du parallélépipède est de [25] coudées.
- Les dimensions en plan de la chambre dite de la reine sont en mètres 5,225 m. sur 5,75 m, soit dans les proportions de [10*11] coudées ; la hauteur est sur les bords de 5,0 m. et sous le faîte de 6,307 m, soit environ [12 coudées] au point haut et [9,55 coudées] au point bas. Cette chambre n'est pas dans des proportions particulièrement significatives.
- La hauteur de la chambre du roi se trouve située aux (2/7) de la hauteur.
- Les proportions indiquées ci-dessus montrent clairement que cette prodigieuse construction n'a pas été bâtie au hasard.

Elle comporte d'autres caractéristiques qui mériteraient d'être relevées, mais qui n'ont pas de rapport direct avec les Nombres.

Les séries de Nombres conduisant au Nombre d'or [Φ]

Leonardo Fibonacci et Luca Pacioli ont présenté des séries de chiffres conduisant au Nombre d'or. Plus la série progresse vers le haut plus la précision du Nombre d'or grandit pour trouver son point culminant vers l'infini.

Le mathématicien Jean-Claude Perez a imaginé une troisième série qu'il a baptisée « Perez pair », car elle présente les Nombres de Fibonacci doublés.

Le Nombre d'Or [Φ = 1.61803..] se définit par le rapport de deux Nombres voisins d'une des trois suites y conduisant[176].

Fibonacci : 1 1 2 3 5 8 13 21 34 55 89 144 **233** 377 etc (par ex 233/144 = 1.61805..)
Perez-pair 2 2 4 6 10 16 26 42 68 110 178 288 **466** etc (par ex 466/288 = 1,61805..)
L Pacioli 1 3 4 7 11 18 29 47 76 123 199 **322** 521 etc (par ex 322/199 = 1.61809..)

Matila Ghyka, J.-C. Perez et d'autres auteurs ont mis en évidence les rapports qui existent entre ces nombres et la manifestation de *la Vie* sur Terre. Comme ces relations sont très importantes pour mon propos, j'en parlerai plus abondamment par la suite.

Autres relations mathématiques

Les relations mathématiques propres au Nombre d'or rattachent ce Nombre unique à une multitude de choses faisant de lui, selon l'expression de Ghyka, une *constante universelle, un invariant cosmique.*

Ce que je vais résumer ci-dessous n'est pas exhaustif et il est probable que d'autres relations, encore inconnues aujourd'hui, en tout cas méconnues de moi, seront un jour mises en évidence.

---

[176] Les chiffres des séries marqués en gras indiquent les premières valeurs donnant une valeur correcte de [Φ] ; plus on monte dans la série plus la précision du Nombre d'or s'affine.

En élevant le Nombre d'Or au carré on obtient le *Nombre d'or plus Un*, selon la relation :

$$\Phi^2 = (1 + \Phi) \text{ ou } 1,618^2 = 2,61803...$$

Si on extrait l'essence de Nombre d'or et de son inverse, et qu'on fasse le produit de l'un par l'autre on obtient rigoureusement la valeur [1].

$$\sqrt{\Phi} = 1,27201... \quad \sqrt{\varphi} = 0,78615... \quad \sqrt{\Phi}*\sqrt{\varphi} = 1$$

On remarque que l'*Unité,* ① est de nouveau présente dans ces équations. Ce qui converge vers l'idée que tout ce qui est en rapport avec le Nombre d'or et ses valeurs symboliques dans le sacré est prévu dans le plan de Dieu[177].

La coudée royale égyptienne

Relation avec le système métrique

Comme par hasard, la grandeur [Φ^2] définie précédemment équivaut à cinq coudées égyptiennes. Une coudée égyptienne valant (0,5236 mètre), cinq coudées donnent en mètres :

$$5 * 0,5236 = 2,618 \text{ m} = \Phi^2$$

Le mètre établit au XIXe siècle, est en relation avec le périmètre de la Terre[178]. Il est étrange de constater que la coudée égyptienne est en relation avec lui depuis des milliers d'années.

Est-ce une coïncidence ?

Relation avec l'hexagone

Six coudées royales sont équivalentes à Pi (π), soit :

$$6 * 0,5236 = 3,1416 = \pi$$

---

[177] Ces relations mathématiques ne sont pas exhaustives.
[178] Un mètre équivaut à la 10.000.000^{ème} partie du ¼ du méridien terrestre.

Comme le montre le dessin ci-dessous, la coudée royale est en relation avec l'hexagone inscrit dans un cercle de diamètre égal à [1].

En effet, le périmètre du cercle pour un diamètre [1] est égal à [1* π = 3,1416 = π], ce qui donne comme grandeur d'arc de l'hexagone :

$$\boxed{\pi/6 = 3,1416/6 = 0,5236 = \text{coudée royale}}$$

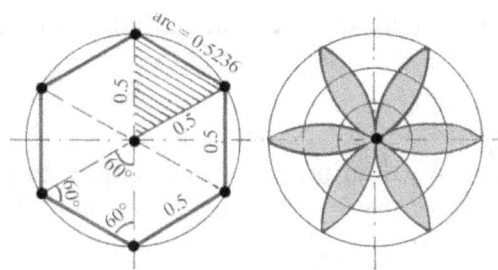

• Une coudée égyptienne équivaut ainsi à une longueur d'arc de cercle de diamètre (1 mètre) soutenu par un angle de 60°.

• Il existe une autre relation entre la coudée égyptienne et l'hexagone ; dans la fleur à six branches composée de dix-huit arcs égaux (12 pour la fleur et 6 pour les 6 parties du périmètre), la somme des dix-huit arcs égaux correspond à [3 π].

$$\boxed{18 * 0,5236 = 9,4248 = 3* \pi}$$

• Or [3*π] équivaut à la somme périmétrique de trois cercles de diamètre [1], qui eux-mêmes représentent les triples cercles de la Tri-unité ou la « *triple-enceinte* ».

• Du fait de sa relation avec la coudée égyptienne, cette propriété mathématique semble avoir été utilisée longtemps avant Pythagore.

Croissance de [Φ] à partir de l'Unité

De l'équation $\Phi^2 = (1 + \Phi)$ on tire $\Phi = \sqrt{1+\Phi}$ ou encore

$\Phi = \text{limite}\sqrt{1+\sqrt{1+\Phi}}$ puis $\Phi = \lim\sqrt{1+\sqrt{1+\sqrt{1+\Phi}}}$

L'expression finale de cette équation est :

$$\Phi = \lim \sqrt{1+\sqrt{1+\sqrt{1+\sqrt{1+\sqrt{1+....\Phi}}}}}$$

Cet édifice de radicaux superposés à l'infini, fait intervenir le seul Nombre [1][179] et une seule fois la *Vie divine* [Φ] dans le dernier radical.

La signification métaphysique de cette expression est que la *Vie divine* est l'essence de l'essence de l'essence etc., du concept de Dieu, qui le contient déjà dans sa nature profonde.

Un autre modèle de croissance à partir de l'Unité, conduit à la série de Fibonacci et au Nombre d'or, qui trouve déjà sa valeur précise au dixième étage de la progression.

Ces deux exemples montrent clairement que le *Nombre d'or* fait partie du phénomène de la création du monde depuis l'origine et est intimement lié à l'expression de la manifestation virtuelle de *la Vie* dans l'univers.

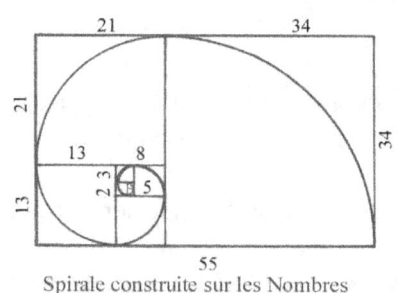

Spirale construite sur les Nombres de la série de Fibonacci

Le Un en action se manifeste aussi par le Nombre d'or et sa signature est la spirale.

La spirale de Fibonacci, présentée ci-contre, se dessine par la juxtaposition des carrés qui sont dans la progression des nombres de cette série.

Cette signature spiralée exprime, à mon avis, que le phénomène de l'évolution cyclique fait partie du plan divin de la création depuis l'origine.

---

[179] Cette expression mathématique résulte d'un théorème publié par M. Nathan Altschiller-Court (Université d'Oklahoma) dans *l'American mathématical Monthly* en 1917, Matila Ghyka : *Esthétique des proportions dans la nature et dans les Arts*, p. 29.

Un modèle de croissance à partir de l'unité	
Nombre d'étages	Valeurs
1	$1 = 1.000$
2	$1 + 1 = 2.000$
3	$1 + \dfrac{1}{1+1} = 1 + \dfrac{1}{2} = \dfrac{3}{2} = 1.500$
4	$1 + \dfrac{1}{1+\dfrac{1}{1+1}} = 1 + \dfrac{1}{1+\dfrac{1}{2}} = 1 + \dfrac{1}{\dfrac{3}{2}} = 1 + \dfrac{2}{3} = \dfrac{5}{3} = 1.666...$
en continuant la progression	
5	$\dfrac{8}{5} = 1.600$
6	$\dfrac{13}{8} = 1.625$
7	$\dfrac{21}{13} = 1.615...$
8	$\dfrac{34}{21} = 1.619...$
9	$\dfrac{55}{34} = 1.6176..$
10 première valeur très proche de Φ	$\dfrac{89}{55} = 1.61818$
Les nombres qui sont issus de ces fractions et ne faisant appel qu'au Nombre Un, sont ceux de la série de Fibonacci : 1, 1, 2, 3, 5, 8, 13, 21, 34, 55, 89, 144, etc.	

Le tableau ci-contre montre la valeur de la fraction en fonction du nombre d'étages.

Cette progression exceptionnelle, ne fait intervenir que le Nombre [1], tout en se développant progressivement vers le Nombre d'or.

Une fois de plus on distingue la connivence qui existe entre le Nombre [1] et le Nombre d'or

Autres définitions de [Φ]

$\Phi = (\sqrt{5} + 1)/2 = 1{,}618...$; avec le signe (-), on obtient: $\varphi = 0{,}618...$, l'inverse du Nombre d'or ou le Nombre d'or moins Un, ou encore la section d'or.

Jean-Claude Perez[180] démontre qu'une progression algébrique exprime la relation entre Φ et les séries de nombres de Fibonacci et de Luca Pacioli :

$\Phi = (\sqrt{5} + 1) / 2$
$\Phi = (\sqrt{5} + 3) / (\sqrt{5} + 1)$
$\Phi = (2*\sqrt{5} + 4) / (\sqrt{5} + 3)$
$\Phi = (3*\sqrt{5} + 7) / (2*\sqrt{5} + 4)$
$\Phi = $ etc...

---

[180] Jean-Claude Perez, Op cit., (pages 296 à 299)

Ce qui se traduit par l'équation suivante dans laquelle **F** est la suite de Fibonacci (1 1 2 3 5 8 13 21 34 etc)., et **L** la suite de Luca Pacioli (1 3 4 7 11 18 29 47 etc.)

$$\Phi = (F_{i+1} * \sqrt{5} + L_{i+1}) / F_i * \sqrt{5} + L_i).$$

$\sqrt{5} + 1 = 1,236$
$\quad 2 = 2 \qquad\qquad 2,000 / 1,236 \quad = 1,618..$
$1*\sqrt{5} + 1 = 3,236 \qquad 3,236 / 2,000 = 1,618..$
$1*\sqrt{5} + 3 = 5,236 \qquad 5,236 / 3,236 = 1,618..$
$2*\sqrt{5} + 4 = 8,472 \qquad 8,472 / 5,236 = 1,618..$
$3*\sqrt{5} + 7 = 13,708 \qquad 13,708 / 8,472 = 1,618..$
$5*\sqrt{5} + 11 = 22,180 \qquad 22,180 / 13,708 = 1,618..$
$8*\sqrt{5} + 18 = 35,888 \qquad 35,888 / 22,180 = 1,618..$

Les nombres multiplicateurs de $\sqrt{5}$ sont ceux de la série de Fibonacci (**F**), ceux en addition sont ceux de la série de Luca Pacioli (**P**), selon l'expression algébrique

$$(F * \sqrt{5}) + P = \text{nouvelle série conduisant à } \Phi$$

Ce résultat étonnant montre une fois de plus les extraordinaires propriétés de ce Nombre unique en son genre.

Une autre façon d'aborder le Nombre d'or est celle le présentant sous forme de l'équation algébrique[181] suivante qui possède deux solutions

$$X^2 - X - 1 = 0$$

$(X_1 = (1-\sqrt{5}) / 2 = 0,618...)$ et $(X_2 = (1+\sqrt{5}) / 2 = 1,618...)$

On peut continuer en écrivant :
$\Phi^3 = \Phi^2 + \Phi$
$\Phi^4 = \Phi^3 + \Phi^2$
$\Phi^n = \Phi^{(n-1)} + \Phi^{(n-2)}$

---

[181] Marius Cleyet-Michaud. *Le Nombre d'Or*. PUF, ed. 1985.

Pour retomber sur une progression tout aussi remarquable.

Selon divers auteurs, une autre série de proportions construites sur la série de Fibonacci définit le carré de Φ :

2/1 ; 3/1 ; 5/2 ; 8/3 ; 13/5 ; $U_n / U_{(n-2)}$; $Φ^2 = 2,61803…$

Tétraktys, triangle de Pascal, binôme de Newton, série de Fibonacci et chaos fractal

Le mathématicien Jean-Claude Perez a cherché les liens qui unissent la théorie du chaos et les fractales de Mandelbrot, aux nombres de la série de Fibonacci. Les quatre figures ci-après illustrent la logique de cette idée[182].

La Tétraktys de Pythagore exprime la progression croissante et régulière des nombres entiers à partir de l'unité.

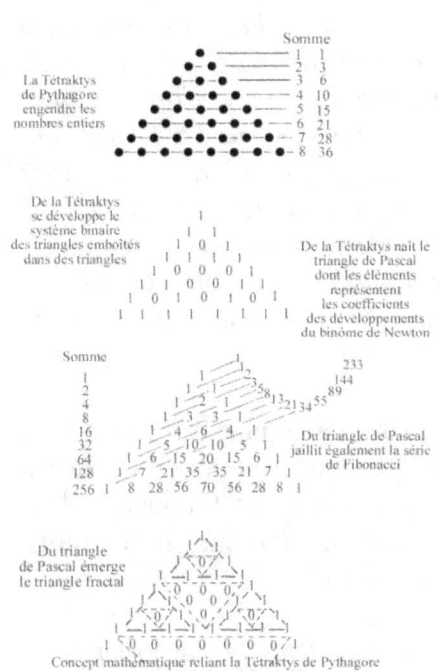

Une autre figure universelle est celle dite des « triangles emboîtés dans des triangles ». On progresse ligne par ligne en un système binaire [1 et 0] de façon qu'une cellule naisse [valeur 1] à la ligne-fille si les deux cellules situées au-dessus dans la ligne mère, sont différentes [0 et 1]. Au contraire, si ces deux cellules-mères sont identiques [0 et 0] ou [1 et 1] il y aura naissance de cellule fille, la case sera alors de valeur [0].

Les Nombres [1 et 0] se présentent ainsi sous formes de triangles emboîtés, figure des triangles fractals.

Ce système, bien connu des informaticiens, peut être construit par un programme très simple.

---

[182] J.C. Perez, *Op cit.*, pp.115 à 123.

La structure précédente sert de matrice au célèbre triangle de Pascal représentant, entre autres, les coefficients des développements successifs du binôme de Newton

En remplaçant tout coefficient pair par [0] et tout coefficient impair par [1] on retombe sur les triangles emboîtés d'où émergent les triangles fractals.

J.C. Perez fait remarquer ceci :

> *Le triangle de Pascal s'élabore ligne par ligne. Chaque nouveau terme est situé en quinconce vis-à-vis des deux termes situés au-dessus. On retrouve le même principe de génération que celle exprimée dans la Tétractys de Pythagore ou de la croissance de l'automate cellulaire. L'opérateur qui permet de déterminer un nouveau terme à partir de 2 termes parents est l'addition. Aussi, puisqu'il a pour racine [1] et parce que les deux côtés du triangle sont bordés de [1] le binôme de Newton*
> $(1 + x)^n$ *ne contient que des termes positifs, qui vont en croissant.*
> *On remarquera aussi que le binôme de Newton est symétrique par « pliage » autour de la verticale. Au contraire, cette opération bizarre, de laquelle vont naître les nombres de Fibonacci, est, elle, asymétrique. On voit comment, à partir d'une case située sur la branche gauche du triangle, on évolue de travers vers la droite et en montant légèrement, jusqu'à ce que l'on rencontre un terme du triangle de l'étage du dessus. Et ainsi de suite : l'opérateur « traversier » de cette construction remonte les étages en évoluant de travers.*
>
> *Ainsi, ayant pris cette trajectoire de travers, on ajoute, par cumul, tous les termes rencontrés, et, après avoir traversé cette forêt de nombres entiers, le cumul sera le prochain nombre de Fibonacci, et ainsi de suite.. On obtient donc, sans aucun artifice ou artefact, la suite de Fibonacci à partir du binôme de Newton.* »

Un lien se tisse donc entre les concepts mathématiques reliant la Tetraktys de Pythagore, qui donne naissance aux nombres entiers, générant le triangle de Pascal d'où jaillissent les coefficients du binôme de Newton et la suite de Fibonacci, d'où émerge finalement le triangle fractal. Dans cette suite de relations, sont réunis, Pythagore, Newton, Pascal, Fibonacci et Mandelbrot.

Ces relations ouvrent de nouvelles portes vers le déchiffrement des secrets de la nature, qui est manifestement très étroitement liée à la connaissance des Nombres.

Images fractales

Le terme fractal a été créé en 1975 par Benoît Mandelbrot. Il utilise comme adjectif (objets fractals, géométrie fractale) ou comme nom (une fractale).

Un objet est fractal si ses parties contiennent le tout ; autrement dit, si, à n'importe quelle échelle, un zoom fait apparaître la forme globale de l'objet initial.

Par cette voie se définissent des objets mathématiques dont la création ou la forme ne trouve ses règles que dans l'irrégularité ou la fragmentation, ainsi que des branches des mathématiques qui étudient de tels objets.

La nature offre de nombreux exemples de formes présentant un caractère fractal : flocons de neige, ramifications des bronches et de bronchioles, des réseaux hydrographiques, etc.. Un autre chercheur, Ilya Prigogine[183], prix Nobel de Chimie 1977, a introduit en thermodynamique les notions d'instabilité et de chaos, et a apporté une contribution fondamentale aux sciences physiques et biologiques par ses recherches sur la réversibilité des processus ; de là, il a proposé une nouvelle méthodologie pour la démarche scientifique.

Six étapes de la création de la garniture dite de Sierpinski
Il s'agit d'une progression des triangles fractals

Exemple de progression d'un triangle équilatéral vers un flocon de neige

Il existe des algorithmes qui permettent de construire les fractales régulières ou irrégulières en plan ou en volume présentant des résultats aussi spectaculaires qu'inattendus. On utilise cette méthode en informatique pour créer des images de synthèse (nuages, arbres, feuilles, nature du sol), pour compresser des images, etc.

---

[183] Prigogine Ilya : (1917-) Chimiste et philosophe belge d'origine russe.

Les images générées par ce moyen ouvrent la voie à la compréhension des phénomènes naturels, biologiques, chimiques ou physiques.

Cette voie nouvelle nous relie au concept de base de cet ouvrage, liant le Nombre d'or à la création et à la Vie.

J.C. Perez a cherché un chemin entre les mathématiques fractales et la théorie du chaos en relation avec la structure de l'ADN, d'un réseau de neurones ou du développement de la fleur du tournesol reliant la fractale et le Nombre d'or.

L'équation[184] de la fractale s'écrit

$$X_{n+1} = \mu * X_n^2 - 1$$

Si $\mu = 1$, l'équation de la fractale devient l'équation du Nombre d'or, qui devient un point singulier de la fractale : $[\Phi^2 = 1 + \Phi]$

Relations entre [Φ] et les nombres irrationnels [π] et [e]

Parmi les nombres incommensurables non algébriques, c'est-à-dire transcendants, les plus importants, [π] et [e], reviennent continuellement en mathématiques pures ou appliquées et peuvent aussi se mettre sous des formes rythmiques originales.

Il existe une importante relation entre ces deux constantes universelles [π et Φ].

En effet, [π] peut se traduire par les deux fonctions algébriques suivantes :

$$\pi = 6/5 * \Phi^2 = 3/5 * (3 + \sqrt{5}) = 3,141640...$$

La constante du cercle et de la sphère [π] est ainsi liée à la constante de l'expression divine de la Vie [Φ]. La précision de cette relation n'est pas absolue, elle est de l'ordre de 1/10'000. Pi [π] vaut exactement : 3,14159... ≠ de 3,14164...

---

[184] J.C Perez : Op. cit. (Page 101)

L'exponentielle [e] s'écrit algébriquement comme suit et vaut environ [2,718..] lorsque (n) tend vers des grands nombres.

$$e = \lim (0 \to \infty) = (1 + 1/n)^n = 2,71828...$$

L'exponentielle [e], est un Nombre irrationnel et transcendant considéré également comme une constante universelle. Elle peut être reliée à [Φ] par l'expression algébrique **1 + e^{iπ} = 0** dans laquelle, en plus du zéro, l'Unité, apparaît, ainsi que son cousin imaginaire [$\sqrt{-1}$] communément appelé **[i]** en exposant associé à [π].

On peut donc dire, qu'indirectement l'exponentielle est reliée au Nombre d'Or par [π][185].

*

Alors qu'il n'y a *qu'une seule façon* d'exprimer [π] (3,14159...), le rapport du périmètre d'un cercle sur son diamètre, il y a *plusieurs façons* d'exprimer [Φ] ; ce qui démontre son caractère d'omniprésence dans le plan de la création, dont il suit logiquement le cheminement évolutif de *la Vie*.

La progression d'Or

Théo Kölliker,[186] développe la *progression d'Or*. Il s'agit d'un des modes d'expression les plus caractéristiques du Nombre d'or.

Sa forme algébrique est la suivante :

Φ$^\infty$...	Φ^3	Φ^2	Φ	1	φ	φ^2	φ^3...	(φ$^\infty$ = 0)
∞	4,236..	2,618..	1,618..	1	0,618..	0,382	0,236..	0

Dans cette progression, chaque terme est la *moyenne géométrique* des deux qui l'encadrent, ce qui montre une fois de plus combien le rapport d'extrême et

---

[185] Matila Ghyka, *Esthétique des proportions dans la nature et dans les arts*, p 30 et 31
[186] Théo Kölliker, *Symbolisme et Nombre d'Or*, pp 20 à 25.

moyenne raison est actif dans tout ce qui touche à ce Nombre. Le parcourt de cette série particulière couvre l'échelle des nombres de zéro à l'infini.

Si l'on parcourt la *progression d'or* de gauche à droite, soit dans le sens décroissant (∞ → 0), chaque terme est le Nombre d'or de celui qui précède (rapport du plus grand des termes sur le plus petit : par ex.,[4,236 / 2,618. = 1,618. ou 0,382 / 0,236 = 1,618..]). De plus, il est facile de vérifier que chaque terme est la somme des deux suivants, ce qui fait dire que la *progression d'or* est en même temps une série additive : d'où de nouvelles propriétés.

Si, au contraire, on parcourt la *progression d'or* dans son sens décroissant, soit de droite vers la gauche (∞ ← 0), chaque terme multiplié par le Nombre d'or donne le terme suivant. De ces diverses propriétés, Dom Neroman a tiré la conclusion que *la progression d'or contient le principe de la perpétuation automatique sur toute l'échelle des Nombres. Ce qui revient à dire que durant l'éternité, la progression d'or va s'engendrer elle-même selon sa propre loi, sans que jamais ne soit nécessaire un apport extérieur.*

De cette démonstration – rigoureusement mathématique dans son essence - découle le fait que la *progression d'or*, donc le *Nombre d'or*, contient le principe de *la Vie*, mais de celle qui s'engendre elle-même par sa seule existence, soit la *Vie de la vie, la Vie spirituelle ou Divine*.

Il n'y a pour moi pas de doute que le *Nombre d'or* a un caractère divin, et on ne s'étonne plus que Luca Pacioli ait nommé la *section d'or* la *divine proportion*.

Mais la *Progression d'or* nous révèle encore autre chose. Si l'on fait la somme du *Nombre d'or* et de toutes les *sections d'or* successives qu'il renferme – donc la somme du *Nombre d'or* et tout son contenu –, on obtient :

Φ	1	φ	$φ^2$	$φ^3$ ...	. $φ^∞$	=	$Φ^3$
1,618..	1	0,618..	0,382	0,236..	0	=	**4,23603..**

Le Nombre d'Or et tout son contenu est égal à son propre cube. En géométrie à trois dimensions, une valeur cubique exprime l'espace. Symboliquement, le *Nombre d'or* est donc aussi le *Nombre de l'Espace*.

Comme il est, en même temps, le *Nombre de la Vie*, il devient, par conséquent, le *Nombre de l'Espace vivant*, le nombre des « *choses* » qui existent.

Nombre d'or dans la nature

Il n'est pas possible de parler du *Nombre d'or* sans évoquer ses relations avec la nature. Dans cet exposé, on ne pourra pas faire le tour de tout ce qui a déjà été dit et écrit à ce sujet, d'autant plus que les recherches ne sont, et de loin, pas achevées.

Il sortira de cette analyse un fait qui mérite d'être souligné avant tout. Comme on l'a vu précédemment, le *Nombre d'or* peut s'exprimer de multiples façons dont deux essentielles : par la *géométrie* liée en particulier au *pentagone régulier* et au *carré-long,* et par les *séries de Nombres de Fibonacci, de Luca Pacioli* ou celle dite de *Perez-Pair*.

Or, si le *Nombre d'or* est absolu dans les formes géométriques, il ne s'en approche, dans les séries, qu'à partir de la dixième position. Ce qui revient à dire que les rapports numériques situés dans le bas des séries ne sont pas encore dans les proportions dorées, bien qu'elles y conduisent.

L'expression du *Nombre d'or* « géométrique », n'existe que dans la « perfection des tracés géométriques » qui la contiennent.

Comme dans la nature rien n'est parfait, il est illusoire d'y rechercher le *Nombre d'or* dans son absolu. La nature recherche le *Nombre d'or* sans jamais l'atteindre, ce que vont démontrer toutes les relations suivantes.

Comme le montre la figure suivante, les squelettes des organismes primitifs peuvent épouser des formes très diverses sans y rechercher la perfection imposée par le *Nombre de la Vie*.

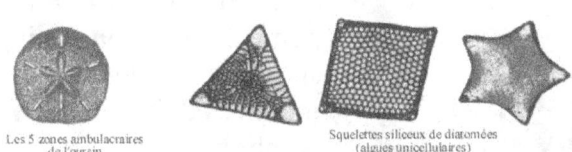

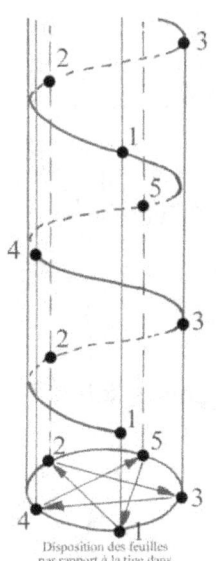

La croissance des plantes se fait souvent selon le *pentagone étoilé*. Dans ce cas, les feuilles se développent en tournant sur la tige en dessinant en projection sur un plan horizontal, une forme qui s'apparente à une *étoile à cinq branches*.

Le Nombre d'or semble contrôler les angles des positions formées par les feuilles (ou sous-tiges) et la tige principale selon les trois dimensions de l'espace.

Dans beaucoup d'espèces, les points d'attache sont disposés sur une sorte d'hélice qui s'enroule autour de la tige. Les nœuds sont à l'intersection de l'hélice et de cinq génératrices du cylindre, en projection elles tracent en grimpant en spirale, une *étoile à cinq branches* en sautant une génératrice sur deux. Dans ce cas, cette hélice est construite sur deux nombres irrationnels, [π] pour la spirale et [Φ] pour l'étoile.

Mais beaucoup de plantes échappent à cette règle et se développent sur d'autres systèmes, où il est inutile de rechercher la perfection du *Nombre d'or*.

Dans beaucoup d'autres cas, le *Nombre d'or* s'exprime par les séries de nombres de Fibonacci et de Pacioli, comme pour le nautile et l'ammonite.

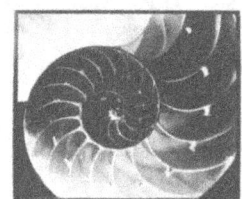
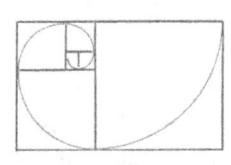

Le nautile se déroule selon une spirale qui est « proche » de celle développée par les nombres de la série de Fibonacci.

Coupe du nautile à coquille spiralée et cloisonnée à l'intérieur

Il se développe selon une spirale construite sur les carrés dont les côtés sont les nombres de la série de Fibonacci

Disposition en spirales des bractées des pommes de pin

A titre d'exemple, citons les proportions relevées sur certaines plantes.

Si l'ion examine attentivement une pomme de pin on distinguera deux séries de spirales, une dextrogyre et l'autre lévogyre, inclinées différemment, ce qui modifie leurs nombres.

On constatera que le rapport entre les deux valeurs des spirales se « rapproche » du Nombre d'or

On peut aussi relever les particularités suivantes,

- Le tronc d'un palmier, une pomme de pin ou un artichaut sont organisés selon 5 et 8 spirales [8/5 =1,6].
- Les spirales d'un ananas sont de 8 et 13 spirales [13/8 = 1,625]
- Celles d'un cactus sont de 13 et 21 spirales [21/13 = 1,6154]
- Un cœur de chardon aura de 21 et 34 spirales, soit [34/21 = 1,619

- Pour certains coquillages, les spirales seront de 55 et 34 spirales soit :
  [55/34 = 1,618] ou [47/29 = 1,62]
- On pourrait continuer avec les spirales des chardons, des graines du tournesol, qui lui par ses [55/34 = 1.6176] spirales s'approche étonnamment près de ce Nombre.

Disposition en spirales des graines d'une fleur de tournesol. Deux groupes de spirales tournent en sens inverse selon des nombres de la série de Fibonacci : 34 dans un sens et 55 dans l'autre.

Ce qui précède montre que si la nature recherche le *Nombre d'or*, elle ne l'atteint jamais dans la pureté ni la précision. Ce qui nous rappelle le message du Nombre [7], celui de nos existences, qui est le seul polygone à me pas générer le *Nombre d'or* avec précision.

Est-il vraiment nécessaire que la nature soit parfaite pour accomplir son devoir, d'exprimer la vie dans l'univers ?

D'autre part, s'il existe beaucoup de fleurs à cinq pétales, une quantité d'autres fleurs sont construites sur d'autres nombres tels [4, 6, 7, 8 etc.], elles restent pourtant harmonieuses et belles !

Malgré ce qui vient d'être dit, la présence du *Nombre d'or* et des nombres de la série de Fibonacci en botanique ne peut pas être le fruit du hasard, car leur présence est trop abondante pour être accidentelle.

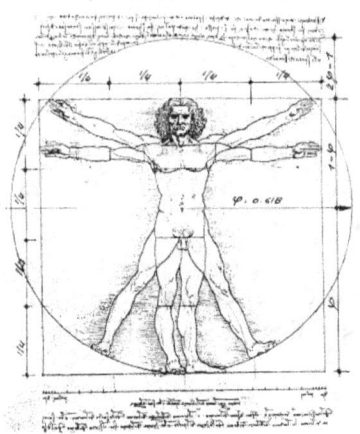

L'expression du *Nombre d'or* devient plus discrète quand on monte dans l'échelle des espèces.

L'être humain, dans ses « proportions idéales », s'inscrit dans ce principe, mais tous les êtres humains ne sont pas bâtis selon des proportions idéales.

Le célèbre canon de proportions de Léonard de Vinci est construit sur la *divine proportion*.

Jean Claude Perez[187] fait remarquer que si le cercle a un rayon de [1/Φ], le côté du carré égal à [5*π].

On retrouve dans ce célèbre dessin les proportions humaines en rapport avec les nombres de la série de Fibonacci jusqu'au Nombre [144]. Si ce Nombre correspond à la hauteur de l'homme, la hauteur du nombril sera de [89]. Le rapport de ces deux Nombres [144/89 = 1,61797] conduit à une valeur très rapprochée du *Nombre d'or*.

En pénétrant au cœur même du support matériel de la vie, Jean-Claude Perez a mis en évidence la présence d'un supra-code de l'ADN qui pourrait expliquer ces séquences qui ne codent pas, qui ne servent pas à la synthèse des protéines, et dont on dit qu'elles « ne servent à rien » - rien n'est moins sûr.

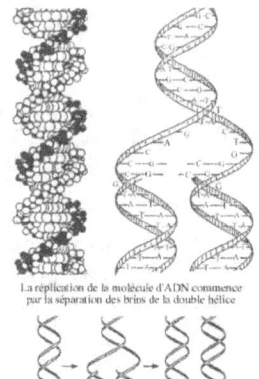

La réplication de la molécule d'ADN commence par la séparation des brins de la double hélice

Il démontre la clé d'un ordre mathématique inconnu ou des milliers de lettres TCAG de l'ADN tendent à s'auto-organiser harmonieusement en optimisant leurs proportions relatives suivant le « Nombre d'or » et les nombres de la suite des puissances de (Φ, Φ^2, etc.).

Ces proportions ont été appelées « résonances » : par exemple, si (89) nucléotides consécutifs se répartissent en (55) bases A ou C ou G, et (34) bases T, on peut dire que cette proportion représente une résonance de type FFF [89/55 = 1.618... = Φ]

L'harmonie dans la séquence des gènes dans l'ADN donne la « musique des gènes »[188]. Ainsi, on est obligé de constater que si dans de nombreux cas le *Nombre d'or* est, même imparfaitement, indéniablement présent dans les structures vivantes, dans d'autres cas il semble en être absent ou impossible à mesurer.

L'honnêteté intellectuelle du chercheur qui tente de prouver ce qu'il croit être vrai est souvent mise en échec. La nature a exploré des voies très diverses pour témoigner *la Vie*.

---

[187] J.C.Perez, *op. cit.*, p. 18, 25, 324
[188] J.C Perez, *op.cit.*

Le pont d'or du cosmos[189]

L'omniprésence de l'*Unité* dans le phénomène créatif a été démontrée amplement. Celle du *Nombre d'or* dans le même phénomène l'a été également par l'analyse mathématique de ce *Nombre du vivant*.

Le dernier aspect à mettre en évidence, est la même omniprésence de ce Nombre dans les symboles géométriques en rapport avec lui.

Le Nombre [2] de la *différentiation*, du *binaire*, ne peut, par définition, pas correspondre à cette loi puisque, dans son concept il serait en même temps *Vie et non-Vie*.

Cette affirmation n'est valable que sur le plan géométrique, il en va différemment si on le place sur un plan purement mathématique, dans lequel le Nombre d'or s'affirme pleinement. Mais ceci est une autre histoire !

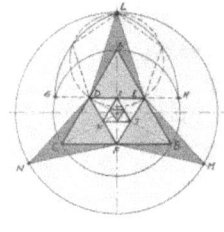 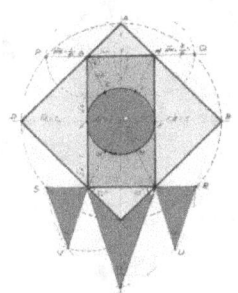 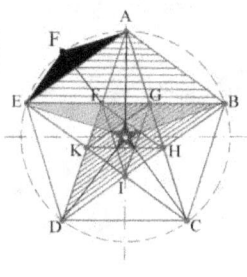

Dans les symboles du *delta* [3] et du *carré* [4], la présence du *Nombre d'or* se manifeste par une construction géométrique simple induisant ce Nombre par les *triangles sublimes* et par le partage d'une droite en moyenne et extrême raison,

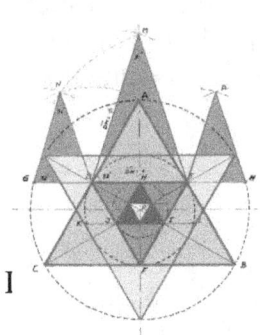

Dans le pentagone et tout son contenu, l'ensemble de la géométrie de ce symbole est en rapport avec le *Nombre d'or*, ne méritant aucune démonstration supplémentaire

Dans l'*hexagone* [6] le phénomène de la mise en évidence du *Nombre d'or* par les *triangles sublimes* est mis en évidence, par la même règle que pour les Nombres précédant.

---

[189] Selon une expression de Dom Neroman

L'heptagone [7]

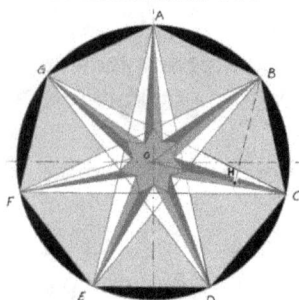

L'heptagone [7] est le seul polygone qui échappe à cette règle, car dans ce polygone le *Nombre d'or* ne se manifeste qu'avec une précision de 87%. Ce qui confirme ce qui a déjà été dit, que dans l'univers, le vivant ne véhicule pas la perfection de la *Vie divine*.

Dans l'*octogone* [8] et dans l'*ennéagone* [9], l'expression des triangles sublimes manifeste à nouveau la délicate présence du *Nombre d'or*.

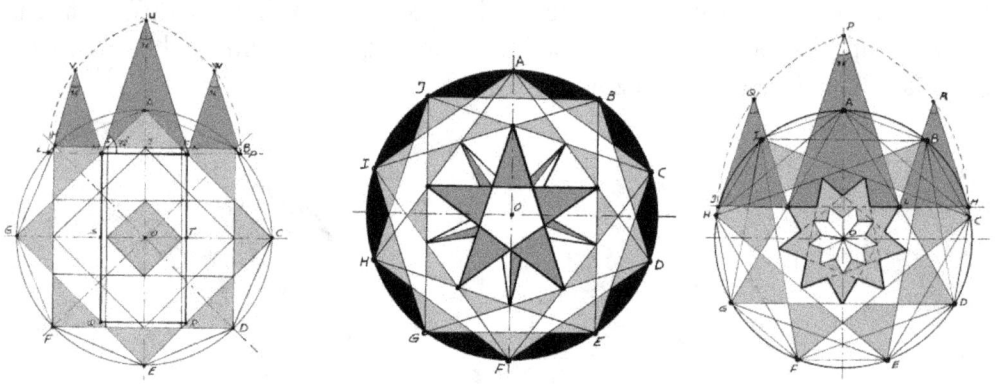

Pour le *décagone*, cette présence est aussi somptueuse que dans le pentagone et ne nécessite aucune démonstration supplémentaire.

Ainsi, à mon avis, il est définitivement prouvé que le *Nombre d'or* est bien celui de la *Vie divine* qui suit le développement de l'univers en induisant la longue chaîne des *existences* dont nous faisons partie, enrichie par la *conscience* que nous avons développée au-delà de nos frères végétaux et animaux.

Résumé du Nombre d'or

Dans ce volumineux chapitre qui ne résume que l'essentiel de ce que l'on connaît de ce Nombre si particulier, j'ai dû avoir recours aux mathématiques (élémentaires) pour exprimer la subtilité de [Φ] et de son inverse [φ].

La géométrie de ce Nombre reste pourtant essentielle, car elle dégage harmonie et beauté et parle aux sentiments avant de pénétrer l'intellect. Je suis d'accord avec les mathématiciens qui peuvent trouver belle une équation ou passionnante une démonstration mathématique ; d'autre part, seul le calcul permet de vérifier les découvertes géométriques.

Le *Nombre d'or* est considéré comme une « *constante cosmique*» ; au même titre que [π] et [e], l'exponentielle. Il y a d'autres constantes qui font que l'univers est celui dans lequel nous évoluons.

L'analyse de la symbolique de ce Nombres montre clairement que le Nombre [Φ] est omniprésent tout au long du développement du processus de la création pour s'exprimer lumineusement au Nombre [5], lorsque *la Vie* demande à se manifester pour trouver son accomplissement avec le Nombre [7].

L'utilisation dans le plan de Dieu du *Nombre d'or* mathématique, par des séries de nombres, ou géométrique, par des symboles graphiques, manifeste concrètement l'harmonieuse disposition de la structure du vivant.

L'expression de la beauté et de l'harmonie qui émane de ce nombre a fait que les constructeurs d'édifices sacrés s'en sont abondamment servi pour réaliser leurs chefs d'œuvre.

Il a été dit que [π], [Φ], et [e] sont les trois Nombres qui construisent le monde. Leur caractère exceptionnel laisse présager que l'auteur de cette affirmation a raison. Le fait qu'ils soient liés entre eux renforce encore cet argument.

Dans un prochain ouvrage[190], l'auteur présentera une large palette des ouvrages à caractère sacré qui couvrent la planète de leur étrange beauté.

---

[190] Architecture et géométrie sacrées dans le monde, à la lumière du Nombre d'or, *Op cit*. Ed Trajectoire

Le Code secret de Dieu

Nombre d'or, divine proportion, pont d'or du Cosmos, ont été des appellations courantes, utilisées au cours des âges. Mes propres investigations m'ont fait découvrir une série de chiffres qui n'apparaissaient pas dans les premières éditions de ce livre. Elle confirme une loi qualifiée de divine car elle couvre tous les Nombres sans exception et avec une rigueur absolue.

J'ai appelé cette série, **le Code secret de Dieu**.

$1 = \varphi + \varphi^2 = 0,61803 + 0,38196 = 1$
$2 = \Phi + \varphi^2 = 1,61803 + 0,38196 = 2$
$3 = (1 + \Phi) + \varphi^2 = 2,61803 + 0,38196 = 3$
$4 = (2 + \Phi) + \varphi^2 = 3,61803 + 0,38196 = 4$
$5 = (3 + \Phi) + \varphi^2 = 4,61803 + 0,38196 = 5$
$6 = (4 + \Phi) + \varphi^2 = 5,61803 + 0,38196 = 6$
$7 = (5 + \Phi) + \varphi^2 = 6,61803 + 0,38196 = 7$
$8 = (6 + \Phi) + \varphi2 = 7,61803 + 0,38196 = 8$
$9 = (7 + \Phi) + \varphi^2 = 8,61803 + 0,38196 = 9$
$10 = (8 + \Phi) + \varphi^2 = 9,61803 + 0,38196 = 10$

Dans cette série de chiffres, que je crois inédite, il apparaît, sans aucune ambiguïté, et de façon absolue, que tous les nombres arithmétiques peuvent être associés avec le Nombre d'or [Φ], l'expression de la *Vie divine* ainsi qu'avec son inverse [φ], l'expression de la vie matérielle, et [$\varphi 2$], celle de la vie intensément matérielle ou terrestre.

Le Nombre d'or relie tout ce qui concerne la Vie, sur tous les plans, jusqu'à son expression la plus banale, celle de nos existences.

*Tout est ordonné par le No*mbre affirmait Pythagore. Le voila ce Nombre !

Les mathématiques sont le langage de l'Univers – donc de Dieu – affirmaient Galilée et Einstein.

Une autre vérité !

Chapitre 14

****

Les trois Tables mystiques

Une voie initiatique

Avant que le rationalisme et la rigueur scientifique ne dominent le monde de l'immatériel, les êtres humains avaient une conscience intuitive de l'harmonie universelle, pressentant un rapport entre le cosmos et la Terre, entre ce que nous appelons Dieu et ses créatures.

Ceux qui, dans la lointaine préhistoire, dressaient les mégalithes devaient, consciemment ou non, sentir battre le cœur de la planète et l'univers leur répondre. Les choses sont aujourd'hui bien différentes, mais cette *conscience* intuitive de relations subtiles avec quelque chose de supérieur et de transcendant reste malgré tout encore très vive pour la plus grande partie de l'humanité.

Les bâtisseurs des monuments sacrés anciens, construits pour défier les siècles, savaient ce qu'ils faisaient. Quand on examine la grande pyramide de Khéops, ou l'observatoire astronomique de Stonehenge, deux des plus extraordinaires monuments construit par l'être humain, on est stupéfait de la somme des connaissances géométriques et mystiques inscrites dans ces monuments.

En Occident la tradition d'édifier l'architecture sacrée s'est transmise au sein des ateliers des compagnons constructeurs. On en retrouve les principes tout au long de l'histoire ancienne et récente.

Les trois « *tables mystiques* » participent à la transmission de ce message aux origines lointaines, touchant les mystères propres aux Nombres et à la géométrie et aux légendes historiques qui s'y rattachent. Elles sont donc plus particulièrement réservées aux traditions occidentales, reliées à celles de l'Egypte ancienne, du monde grec et romain, et du monde sémitique, juif et arabe. Elles sont aussi celtiques par les légendes du Haut Moyen-âge européen, en particulier par la légende des chevaliers de la *Table Ronde*, donc du Graal, christianisées depuis Chrétien de Troyes, Robert de Boron et Wolfram Von Eschenbach.

L'ordre des Templiers et les confréries des ouvriers initiés sous le couvert du compagnonnage reprirent ensuite le flambeau qui permit d'éclairer d'un jour nouveau la grande aventure des églises chrétiennes, du monde byzantin aux cathédrales gothiques puis baroques en passant par l'art dit roman.

Nous savons, par les recherches faites dans ce domaine, que les cathédrales gothiques sont construites selon des rapports précis et harmoniques[191].. Citons aussi le livre écrit pour commémorer les 700 ans de la Cathédrale de Lausanne[192], auquel j'ai eu le plaisir de participer en analysant plus particulièrement les structures symboliques de l'édifice basées sur les trois *tables mystiques*.
Heureuse intuition, car la Cathédrale de Lausanne est particulièrement expressive à cet égard.

A la suite de cette première aventure littéraire, j'ai continué l'analyse des monuments sacrés dans le monde et dans l'histoire, stupéfait de trouver cette tradition présente dés les premières dynasties de la lointaine civilisation égyptienne. Dans l'impossibilité d'être exhaustif, obligé de faire un choix pour structurer mes idées, je vais me contenter d'analyser le plan directeur de la cathédrale de Lausanne présenté ci-après, car il reflète particulièrement bien cette idée que l'on retrouve dans les autres édifices chrétiens.

A la suite de cette première aventure littéraire, j'ai continué l'analyse des monuments sacrés dans le monde et dans l'histoire, stupéfait de trouver cette tradition présente dés les premières dynasties de la lointaine civilisation égyptienne. Dans l'impossibilité d'être exhaustif, obligé de faire un choix pour structurer mes idées, je vais me contenter d'analyser le plan directeur de la cathédrale de Lausanne présenté ci-après, car il reflète particulièrement bien cette idée que l'on retrouve dans les autres édifices chrétiens.

---

[191] On peut citer en référence l'ouvrage de Louis Charpentier sur la Cathédrale de Chartres et le no 271 de la revue Atlantis, traitant du Graal, de la Table Ronde et de l'alchimie
[192] *Merveilleuse Notre-Dame de Lausanne, cathédrale bourguignonne.* Ed du Grand-Pont, Lausanne 1975.

Dans le schéma, on distingue très bien l'agencement des trois *tables mystiques* en quadrature[193]. Lorsque l'on passe le porche d'une cathédrale ou d'une autre église, on pénètre sur une *table ronde*.

En avançant dans la nef, jouxtant la *table ronde*, on rencontre la *table carrée* (disposée en losange) de même surface que la table circulaire.

Après avoir traversé la *table carrée* intermédiaire on pénètre dans le chœur, la partie la plus sacrée du sanctuaire, bâtie sur le *rectangle* de proportion [1 sur 2], appelé aussi « *Carré-Long* », lui-même de surface identique aux autres tables.

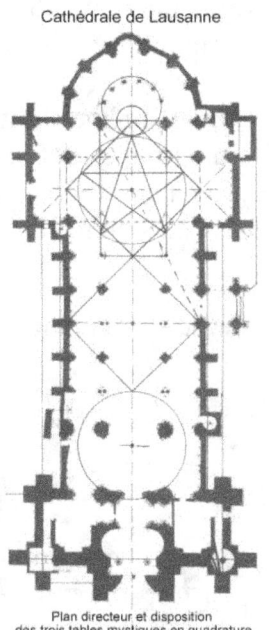

Cathédrale de Lausanne

Plan directeur et disposition des trois tables mystiques en quadrature

Le public n'avait pas accès à cette partie du monument réservée aux prêtres, protégée sur le devant par le jubé et sur le périmètre par des grilles, parois ou autres chapelles qui en défendaient l'accès. Le chœur était donc réservé à ceux que l'on considérait comme initiés, les prêtres. Les profanes pouvaient en faire le tour par le déambulatoire.

Dans le chœur, la superposition des trois tables en quadrature dessine le cœur même de l'édifice ; deux carrés-longs disposés en forme de croix grecque sont délimités par des colonnes.

En prolongeant les lignes de construction de ces symboles, on définit le tracé de l'édifice. A Lausanne, et ailleurs cette particularité géométrique est subtilement reproduite par la structure porteuse de la cathédrale.

Ces trois tables de forme différente ont la même surface, ce qui est très important, cela signifiant qu'elles ont même importance géométrique. D'autre part, elles sont issues ou générées les unes par les autres : c'est là que se trouvent le secret ou les arcanes de ce chemin initiatique,

---

[193] « En quadrature » signifie de « même surface ».

Dans une cathédrale, les tables sont juxtaposées bout à bout, pour bien nous faire comprendre qu'il s'agit d'une voie ayant une fin et un commencement.

Dans la même cathédrale, l'analyse des plans de la structure porteuse a montré que les trois tables définissent également la structure verticale de l'édifice. En effet, comme on peut le voir sur la coupe ci-après, trois fois trois tables superposées, conduisent au sommet du clocher.

Cathédrale de Lausanne
Elévation et coupe verticale
montrant la disposition des "trois fois trois Tables" mystiques superposées

Le plan de la cathédrale nous révèle une autre singularité. Le porche est construit entre deux tours. La tour de droite contient un escalier circulaire, la tour de gauche un escalier de forme carrée : ils sont de surface identique, donc en quadrature. On retrouve cette disposition dans le célèbre Dôme de Milan.

En continuant l'examen de cet édifice, on remarque que l'agencement des tables est porteur d'un autre message. La quadrature du cercle (qui engendre le carré de même surface) est définie par la « *clé de l'étoile à cinq branches* » qui, comme on l'a vu précédemment est le symbole de l'expression de la *Vie divine* et terrestre par les valeurs du Nombre d'Or [Φ] et de son inverse [φ]. On distingue, au milieu de la nef, que cette étoile (une des clés de la quadrature du carré), prend dans ses « ailes » le premier cercle qui est ainsi enchâssé aux points de tangence, où se génère la première étoile. Les symboles sont, à n'en pas douter, liés les uns aux autres.

Pour étendre encore plus l'idée de génération de l'édifice, on constate que le prolongement de ces deux « *ailes* » détermine le centre des deux escaliers, l'un carré et l'autre circulaire, des deux tours.

Ayant examiné près d'une centaine de monuments, je suis persuadé qu'un message a été caché au sein de la structure de ces édifices, indiquant, comme pour un pèlerinage, une voie initiatique à suivre pour trouver celle de la *vérité*.

Rien n'a été laissé au hasard dans l'aménagement des plans de la magnifique cathédrale de Lausanne et de celles que j'ai analysées. Reste à savoir pourquoi ces symboles ont été utilisés et quel est l'enseignement qui s'en dégage ?

Les chevaliers de la table ronde

La *table ronde* éveille en nous une heureuse résonance, grâce à la légende des chevaliers de la *Table ronde* et de la *quête du Graal*. La tradition enseigne que *trois tables* furent dressées pour accueillir le *Graal*. La première *table* fut *rectangulaire* ; c'est celle de la Sainte Cène sur laquelle le Graal apparut pour la première fois ; il était le calice dans lequel Jésus procéda à la « transsubstantiation » du vin en son sang - un des mystères de l'Eucharistie. Rappelons qu'à l'occasion de ce repas, les douze apôtres étaient présents autour de Jésus, le treizième convive. La célèbre *Cène* de Léonard de Vinci montre clairement comment l'artiste a compris ce message en disposant en quatre groupes de trois [4 * 3 =12], les apôtres autour de Jésus, lui-même seul, inscrit dans un triangle.

Toujours suivant la tradition, la coupe du Graal réapparaît, lors de la mort de Jésus-Christ sur la Croix, quand Joseph d'Arimathie[194] utilisa le vase sacré de la Cène pour recueillir le sang du Crucifié. Pour le culte de ce vase sacré, on dressa une *table carrée*.

Puis le Graal disparaît. Au VIe siècle, Merlin, dit l'Enchanteur des légendes celtiques du cycle d'Arthur, matérialisa le troisième symbole cyclologique de la quête du *Graal* et paracheva le symbolisme trinitaire des trois tables en fondant la *chevalerie de la Table ronde* ; table autour de laquelle se réunissaient les douze chevaliers et le Roi Arthur, le treizième convive.

Les différents passages du *Graal*, du plan du *carré-long de la connaissance* révélée (de la table de la Cène), au plan carré (plan intermédiaire de l'ignorance apparente du divin), au plan circulaire (du monde de la transcendance divine), retracent de façon on ne peut plus claire l'occultation, puis la perte apparente du vase de la *connaissance*, tout en montrant la voie à suivre pour en retrouver la source.

---

[194] Joseph d'Arimathie, juif de Jérusalem, membre du Sanhédrin, prêta son propre tombeau pour ensevelir Jésus.

Quelle est la signification de cette allégorie géométrique ? Avant de répondre à cette question, je vais analyser ces trois symboles séparément pour essayer de voir ce que peut nous enseigner la symbolique des Nombres qu'ils contiennent.

Avertissements

Géométrie et mathématique.

Désormais, nous allons tenter de faire parler les symboles au moyen de la géométrie, de l'arithmétique et d'un peu de mathématiques.

Dieu.

Un autre avertissement concerne le mot « Dieu ». Quand on parle de ces symboles particuliers, on a recours à une tradition qui remonte à l'Egypte pharaonique, elle-même à l'origine de mythes relatés dans la Genèse, donnant naissance aux religions sémitiques puis chrétiennes. Les religions monothéistes partant du principe que Dieu créa l'être humain à son image – donc que celui-ci est à l'image de son créateur - donnèrent à ce phénomène inexplicable qu'est Dieu une valeur anthropomorphique qui n'aurait jamais dû être. Dans ce qui va suivre, « *Dieu* », sera considéré comme un concept inqualifiable couvrant un Tout, dans lequel relativité, immatérialité et irrationalité s'imbriqueront dans le rationnel, le concret et le solide.

Ce ne sera pas le Dieu des Juifs, des chrétiens et des musulmans, ni un Dieu ou des dieux qui pourraient être exprimés autrement, ce sera ce qu'il a toujours été et restera, un « *Dieu concept-absolu* » indéfini.

Quadrature du cercle.

Le passage de la *table ronde* à la *table carrée* ou vice et versa, est une opération géométrique et mystique à la fois, obtenue par la transformation du cercle en carré, considérée à tort comme une impossibilité. La quadrature permet de transformer un cercle en un carré de surface équivalente, au moyen de clés géométriques qui permettent sa réalisation avec une précision, non absolue, mais suffisante pour être utilisée pratiquement

La solution de l'équation mathématique de la quadrature du cercle vers le carré s'exprime par $\boxed{\pi * R^2 = a^2}$, avec [R] pour rayon du cercle et [a] comme côté du carré ; elle n'a algébriquement rien d'impossible, le côté du carré [a] étant égal à $\boxed{a = R * \sqrt{\pi}}$; l'imprécision arithmétique de la résolution de cette équation est due à l'incommensurabilité de [π] et à l'extraction de la racine carrée du rayon [R] du cercle, qui entraînent obligatoirement une certaine imprécision, d'où la célèbre affirmation « *impossible comme la quadrature du cercle.* » Mais imprécision ne veut pas dire impossibilité !

Lorsque la quadrature est réalisée géométriquement, les chiffres après la virgule n'ont plus d'importance. Pour les constructeurs, à l'échelle d'une construction de cathédrale et au moyen d'outils très simples, cette opération soi-disant impossible devient réelle, avec une précision tout à fait suffisante. Les différentes clés géométriques permettant de réaliser la quadrature ne sont, pas parfaites, cependant l'épaisseur du « trait du dessin » induit une erreur plus grande que le « jeu » de la clé. Les constructions dans lesquelles ce principe a été utilisé n'ont pas perdu d'intérêt ni de valeur pour autant.

Pour réaliser la quadrature du cercle vers le carré, les clés disponibles sont rares ; la meilleure que j'ai trouvée, est celle de l'*étoile à cinq branches*. Dans le sens du carré vers le cercle, les clés sont beaucoup plus nombreuses ; je ne les citerai pas toutes, car elles ne sont pas indispensables pour comprendre ce qui va suivre. Le fait que les quadratures soient plus nombreuses du carré vers le cercle pourrait signifier que les voies offertes au retour vers le « *cercle divin* » sont plus nombreuses également – ce qui explique peut-être, la multitude des religions qui offrent une voie d'accès vers la source divine.

Le cercle et la sphère

Le *cercle* est le symbole le plus simple qui soit, car il s'exprime comme étant le lieu géométrique plan d'un point équidistant d'un autre point appelé centre. Pour la *sphère*, on a exactement la même définition, mais dans l'espace. Un centre, un rayon, un mouvement, trois choses qui conduisent au *cercle* et à la *sphère*. Pour réaliser la *sphère* on peut également faire tourner un *cercle* autour d'un de ses axes, ce qui revient au même. La *sphère* est aussi définie par trois axes orthogonaux (se coupant à angles droits), formant dans l'espace une *croix à six branches* renforçant encore la valeur universelle de ce symbole.

Il s'agit d'un message trinitaire qui contient [π], le premier nombre irrationnel et transcendant. Comme [π] est une constante, la seule variable est le rayon [R] qui peut varier du point (au centre) jusqu'à l'infini, donnant à ce symbole valeur de *Tout/Rien*, qui correspond à la définition ésotérique du concept divin.

On ne peut rêver d'un symbole plus simple que le cercle, pour parler d'un Dieu universel et transcendant.

La table carrée

Géométriquement, le carré est défini par quatre côtés égaux se coupant à angles droits. Pour s'assurer de l'orthogonalité des côtés, on associe aux quatre côtés du carré les diagonales qui doivent être de même longueur. En quelque sorte la diagonale vérifie le carré.

Si le côté du carré vaut [1], la grandeur de la diagonale sera [$\sqrt{2}$], (nombre irrationnel), la surface du carré équivaudra à [$A_{carré} = 1*1 = 1$] et le périmètre [$P_{carré} = 4*1 = 4$] Le carré est donc en relation avec les Nombres [2] et [4] avec leur symbolisme correspondant.

En symbolisme numéral, le signe racine ($\sqrt{\ }$) représente (comme un toit), le principe de ce qu'il protège. Un Principe ou une essence (dans l'acception philosophique du terme) se trouve toujours au cœur des choses, et constitue sa « partie intime », ce qui est profondément situé et non visible.

Ainsi la valeur [$2^{1/2} = \sqrt{2}$], symbolise l'état d'inconscience ou d'ignorance du Nombre [2].

Au carré est souvent associé le damier de [8*8 cases], qui, lorsqu'il est placé dans un des carrés du Rectangle [1 sur 2], donne aux rapports [3/8 et 5/8], une des clés qui ouvre la porte à la quadrature du cercle. De plus, la valeur symbolique du damier est renforcée par l'alternance des deux couleurs de ses cases, expression du binaire et de la dualité.

Comme je l'ai souligné en parlant du Nombre [2], il n'y a pas d'opposition entre les deux « couleurs » - qui d'ailleurs n'en sont pas, car le blanc est le mélange de toutes les couleurs et le noir l'absence de couleur. Le noire et le blanc sont en bipolarité, disposées aux deux extrémités de l'échelle des valeurs, mais qui ont en commun une même qualité : elles sont toutes les deux pures. Ainsi, la *connaissance* contenue dans le symbole du damier ne s'arrête pas à l'aspect unique de la dualité : elle a des ramifications philosophiques multiples.

La *table carrée* contient donc en elle-même le principe d'ignorance « apparente » du Divin ou la *connaissance* occultée. Elle dérive du cercle par la quadrature de celui-ci, et porte en elle-même, le principe même d'imperfection du fait des valeurs irrationnelles de [π] et de la racine carrée qu'elle véhicule.

La table rectangulaire ou carré-long.

La *table rectangulaire*, aussi appelée *carré-long*, est de proportions [1 sur 2] et s'obtient de façon absolue par la quadrature du carré (la diagonale du carré donnant le grand côté du rectangle). A ce niveau, il n'y a plus d'irrationnel, l'opération tant géométrique que mathématique est parfaite. Mais cette perfection du passage est relative, car elle est précédée de l'imprécision importée du passage précédent du cercle au carré. Le mystère du *carré-long* que je viens d'évoquer montre que le but à rechercher est, comme on va le voir, assimilé à une multitude de valeurs irrationnelles et en particulier à celles du Nombre d'or [Φ] et de son inverse [$1/\Phi = \varphi$].

Ces valeurs sont contenues également dans le « vase sacré du Graal » véhiculant une certaine *connaissance*. Cela nous précède, nous ne l'avons pas inventé, mais découvert ; toute spiritualité est empreinte d'irrationnel.

Pour les chrétiens, par exemple, l'irrationnel pénètre le mystère de l'Eucharistie, pain et vin sacrés, véhiculant la *Vie divine*, que les fidèles vont chercher au seuil de la *table rectangulaire*, le *carré-long*.

J'en ai déjà parlé dans le chapitre 13, mais j'y reviens, car dans sa simplicité, le *carré-long* est un fabuleux symbole. En son cœur réside le cercle divin, induisant le secret du *Nombre d'or* et de son inverse aux consonances mystiques et divines portant le germe de l'harmonie et du beau de tout ce qui est animé, en d'autres mots : l'expression de *la Vie*. A lui tout seul, ce symbole ouvre de multiples portes. Il est, un résumé de la *connaissance* transmise par les Nombres. Le *carré-long* c'est le « *Temple cosmique* »

De passionnants ouvrages ont été consacrés à ce symbole. J'ai cité en introduction le livre de Théo Kölliker, si riche d'enseignements à cet égard, qui fait que ce symbole pourrait aussi s'appeler le « *rectangle de la connaissance* ».

Comme je l'ai relevé en parlant du Nombre [8], le *carré-long* pourrait se résumer selon l'antique inscription trouvée à Saïs dans le delta du Nil, sur la tombe d'un prêtre d'Amon de la XXIIe dynastie : « *Je suis Un qui devient Deux, je suis Deux qui devient Quatre, je suis Quatre qui devient Huit, et je suis Un qui les protège.* ». Cette devise antique et monothéiste met l'accent sur la sollicitude du créateur envers sa création. L'Unité protège le contenu de l'œuvre.

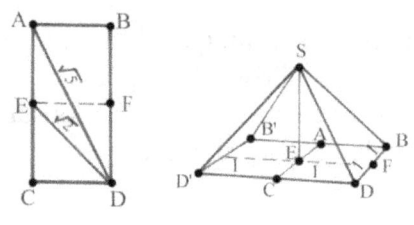
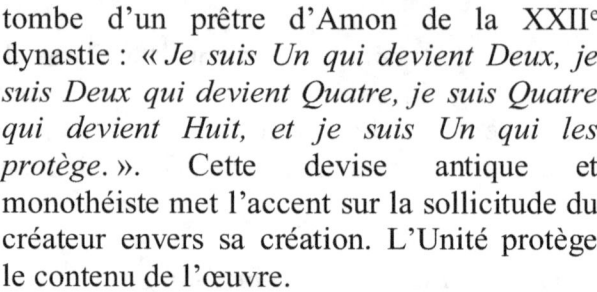

Le *carré dit long* a un contenu très riche en valeurs numérales symboliques. On l'appelle aussi « *rectangle de la Genèse* », car il explique la création du monde en donnant une image symbolique de l'origine des choses, dans le sens où j'en ai parlé en essayant de comprendre les origines de l'univers.

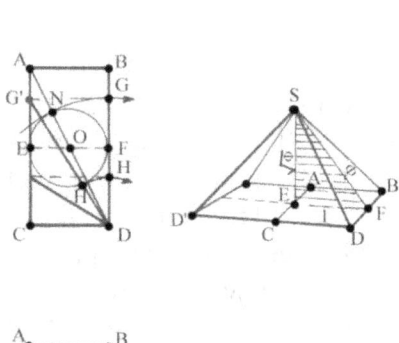

Ce symbole fondamental véhicule une foule d'informations symboliques, dont l'essentiel se trouve exprimé dans les nombreuses diagonales que ce symbole révèle.

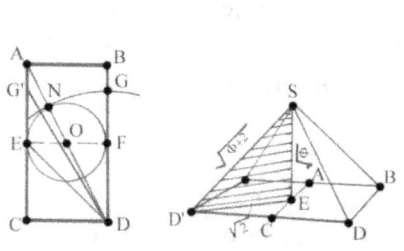

La principale diagonale du *carré-long* a pour valeur [√5]. Comme on la déjà relevé à plusieurs reprises, ce symbole a pour contenu la somme arithmétique du *Nombre d'or* et de *son inverse* ; ce qui parle d'une façon absolue d'une relation entre le divin [5] et la *Vie divine et de son contenu, nos existences.*

On trouve dans le carré-long d'autres Nombres auxquels les chercheurs ont attribué les valeurs symboliques suivantes.

Ce symbole appelé aussi, *rectangle de la Genèse,* couvre complètement l'aphorisme saïte. Mais le *carré-long* va devenir celui de la *connaissance* par l'analyse plus subtile des composants numériques contenus dans son cœur et qui ouvrent sur un monde symbolique étonnant.

On a déjà évoqué les propriétés de sa diagonale [$\sqrt{5}$] donnant naissance aux *Nombres d'or* [Φ] et à *son inverse*. [$1/\Phi = \varphi$]. C'est donc par ces Nombres incommensurables qui s'expriment selon leur équation algébrique

$$\boxed{\Phi \text{ et } \varphi = (\sqrt{5} \pm 1)/2}$$

que doit s'étudier le symbolisme de ce *carré-long* si particulier. Je rappelle ici que la valeur du signe racine ($\sqrt{}$) exprime symboliquement et philosophiquement le principe de ce qui est représenté sous son « toit ». C'est en quelque sorte sa partie intime, profondément située et non visible.

Bien qu'elles puissent paraître dogmatiques, je donne ci-dessous les valeurs essentielles que Théo. Kölliker a détaillées, en mettant en évidence les rapports qu'il y a entre ce symbole et les proportions de la grande pyramide de Kheops, qui est bâtie sur deux rectangles accolés, de proportions [1 sur 2] comme le *carré-long* soit (A,B, D, C) et (A,C, D', B').

• ED : [$\sqrt{2}$ =1,4142...]. Diagonale d'un des carrés [1/1], à laquelle on donne pour valeur « *l'état d'inconscience ou d'ignorance* ».
Dans la grande pyramide de Kheops, cette valeur se trouve exprimée sur la demi-diagonale de la base, donc au niveau du sol.
Mais elle est aussi contenue dans la base [$\sqrt{2}$] du « *Triangle d'or* » de la pyramide (S.E.D), celui de la demi-coupe sur la diagonale, sur lequel s'élève l'arête [$\sqrt{\Phi+2}$: *le désir d'évolution*] et l'axe vertical [$\sqrt{\Phi}$: *le Christ dans l'univers*].

Ce symbole rapporté à l'être humain correspond à son état avant son éveil à la spiritualité.

• AD : [$\sqrt{5}$ = 2,2360...]. Valeur de la diagonale du rectangle [1 sur 2] à qui on donne pour valeur « *Esprit incarné dans la matière* », « *le divin omniprésent pénétrant l'ensemble de l'univers* ». Lorsque l'on trace le cercle de grandeur Un sur l'axe central, la diagonale est divisée en trois segments :
(AN = MD = φ) et (NM =1) de façon que [$(2 * \varphi) + 1 = \sqrt{5}$].

• AN = MD = [$\varphi = 0{,}61803.. = 1/\Phi = \Phi - 1$], *c'est la Vie incarnée, la vie terrestre (tout ce qui vit dans la Vie)*. La valeur [$\Phi - 1$] *serait alors la Vie divine de laquelle on aurait retranché Dieu*.

- AM = ND = KD = GD = [Φ = 1,61803...] le Nombre d'or, *à qui on donne pour valeur la Vie divine, la Vie spirituelle, le régent de la forme*. On trouve cette valeur sur la hauteur (SF) du triangle des faces de la pyramide.

- G'D = SD' = [$\sqrt{\Phi+2}$ = 1,9021...]. C'est la diagonale du « *Rectangle d'Or de la pyramide* » (E D'S) soit [1 , Φ , $\sqrt{\Phi+2}$], la synthèse entre [1] et [Φ], entre Dieu et la Vie dans ce qu'elle a d'absolu. *C'est le désir intense de manifester la Vie divine, la Vie parfaite*. Ce symbole, rapporté à l'être humain, exprime son désir de spiritualité. Cette valeur mesure les arêtes de la grande pyramide de Khéops et correspond à une aspiration vers un idéal, car les arêtes convergent vers le sommet de la pyramide (point S) définissant la hauteur [SE = $\sqrt{\Phi}$].

Le Carré-Long exprime d'autres valeurs, moins évidentes, que la géométrie et un peu de calcul mettent en évidence. Ces valeurs sont inscrites dans les schémas suivants :

- HC = H'D = $\sqrt{\varphi^2+1}$ = $\sqrt{3-\Phi}$ =1,17557.. : *semence de spiritualité : désir encore embryonnaire de manifester la spiritualité*.

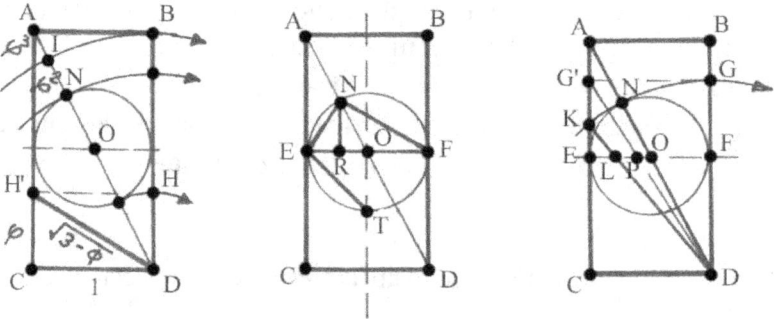

En multipliant [$\sqrt{3-\Phi}$] par [Φ], on obtient [$\sqrt{\Phi+2}$] : ce qui revient à dire qu'en donnant vie à ce désir il deviendra actif. On ne retrouve pas cette grandeur dans la grande pyramide de Khéops.

- IN = φ^2 = 0,3819... : *la Vie intensément matérielle – au stade primitif de son développement*. (voir le Code secret de Dieu à la fin du chap. 13).
- AI = φ^3 = 0,2360... Aucune valeur n'est attribuée à ce Nombre.
- KC = DL = SE = $\sqrt{\Phi}$ = 1,2720... C'est un des côtés du *Triangle d'or de la pyramide* (E,F,S) ou (1, $\sqrt{\Phi}$, Φ) que l'on trouve dans la section verticale de la grande pyramide, avec [Φ] comme apothème et [$\sqrt{\Phi}$] pour la hauteur indiquant

une direction verticale vers le Principe divin. *Ce triangle symbolise par ses trois côtés, Dieu, son Principe et la Vie qu'Il exprime, en un mot, l'Inaccessible*.

Le fait d'être sous la racine exprime que [$\sqrt{\Phi}$] devient le *Principe divin contenu dans la Vie et dans ce qu'il a d'accessible pour nous*.

- LF = 1/$\sqrt{\Phi}$ = 0,78615... Aucune valeur n'a été attribuée à ce nombre.
- PF = 1/Φ = φ = 0,61803... Nombre déjà analysé symboliquement.
- OF = 1/2 = 0,5. Ce rapport entre les deux côtés du rectangle est dit « de symétrie vraie », il véhicule la notion d'équilibre. Comme ce rapport est antérieur à l'apparition de la diagonale, on peut dire que la symétrie était donc un principe initial de l'univers. Mais la réalité n'est jamais identique à un principe. Ce qui est venu transformer la symétrie statique du monde de la création, *c'est l'entrée d'une valeur dynamique, la Vie dans l'univers*.

Le triangle rectangle (E,N,F) construit dans le demi-cercle centré exprime les valeurs suivantes :

- NR = 1/$\sqrt{5}$ = 0,4472...Ce rapport entre le petit côté et la diagonale du rectangle joue un rôle important dans la gamme dite naturelle – il a donc valeur d'harmonie.

Le *rectangle de la Genèse* nous dit que dès son origine l'univers fut musical et harmonique. C'est « *la musique des Sphères* » chère à Pythagore et à Platon.

- NE = 1/$\sqrt{\Phi + 2}$ = 0,5257
- NF = 1/$\sqrt{3 - \Phi}$ = 0,8506

Le losange inscrit dans le cercle central exprime la valeur :

- ET = 1/$\sqrt{2}$ = 0,7071

La croix des Chevaliers de Malte.

Le triangle (O,N,E), inscrit dans le cercle central, est dans les proportions des faces de la pyramide de Khéops. Reproduit 4 fois dans le cercle central, ce triangle dessine la *croix des Chevaliers de Malte* qui, comme le montre le dessin ci-après, est construite selon le *Nombre d'or* [Φ] et son inverse [1/Φ].

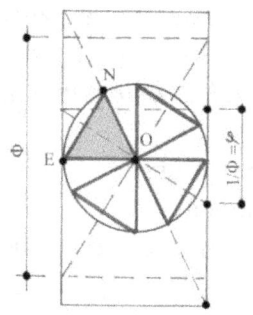

Faut-il y voir un pur hasard ou une volonté d'y exprimer quelque chose ?

Je pencherais plutôt pour la deuxième possibilité.

Autres valeurs diverses.

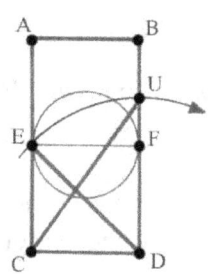
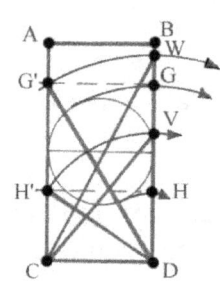

- CU = $\sqrt{3}$ = 12,73205. Cette valeur est obtenue en rabattant [ED = $\sqrt{2}$] sur le grand côté du rectangle. *C'est la conscience, la super-conscience (ou conscience transcendantale*

- 2/$\sqrt{5}$ = 0,8944...Ce rapport entre le grand côté et la diagonale du Rectangle *exprime la dissymétrie foncière de la nature, montrant qu'une symétrie parfaite n'existe pas et qu'aucune forme – naturelle – n'a le caractère d'une copie.*

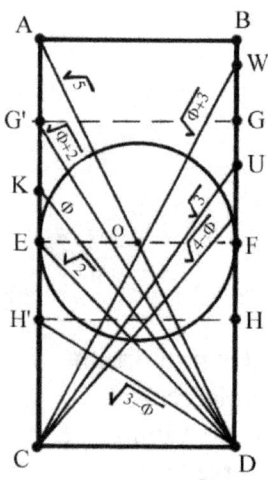

- CW = $\sqrt{\Phi+3}$ = 2.149... *C'est l'obéissance absolue au Divin ou la certitude d'une détermination divine totale.*
- CG = DG' = $\sqrt{\Phi+2}$ = 1,902... . *C'est le désir conscient de spiritualité.*
- CV = $\sqrt{4-\Phi}$ = 1,543... *C'est le désir de vie matérialiste, le symbole du matérialisme à la fois théorique et vécu. On peut l'appeler le positivisme scientifique.*

En résumé et selon Allendi, Neroman, Ghyka, Kölliker et d'autres chercheurs, l'essentiel du message numéral contenu dans le *carré-long* se présente comme suit :

- HC = H'D = $\sqrt{\varphi^2 + 1}$ = $\sqrt{3 - \Phi}$ = *Embryon de spiritualité*
- ED = $\sqrt{2}$ = *Terrestre, humain, ignorance*
- AM = ND = KD = GD = Φ = 1.61803.. = *Vie divine.*
- CG = DG'= $\sqrt{\Phi + 2}$ = *Désir conscient de spiritualité (aspiration ou intuition).*
- AD = $\sqrt{5}$ = *Esprit incarné dans la matière.*
- CW = $\sqrt{\Phi + 3}$ = *Confiance absolue au Divin*
- CU = $\sqrt{3}$ = *la Conscience.*
- CV = $\sqrt{4 - \Phi}$ = *Désir de vie matérielle.*

Comme évoqué plus haut, ce symbole contient le germe de l'évolution, sur les deux plans matériel et immatériel, véhiculant ainsi une notion dynamique.

Même si certaines des interprétations données ci-dessus peuvent paraître subjectives, voire dogmatiques, il n'en reste pas moins que le *carré-long* ou *rectangle de la Genèse*, est extrêmement riche en symboles numériques et mérite le qualificatif de *rectangle de la connaissance*.

Dans son livre, Théo Kölliker s'étend longuement sur l'analyse de ces valeurs symboliques et il les étaye, par recoupements multiples, ce qui rend son analyse claire et crédible. Je n'ai fait que résumer en quelques lignes ce que cet auteur a développé abondamment et ne suis pas l'auteur de ces définitions.

Le principe d'évolution :

Dans le symbole du *carré-long* se trouve inscrite une autre propriété : la chaîne des racines carrées de Un à l'infini.

Comme l'explicite le dessin ci-après, cette spirale est issue de [1] (côté du carré de base) et suivie de la [$\sqrt{2}$], diagonale du même carré.
La progression s'effectue ensuite par une succession de triangles rectangles bâtis sur l'Unité avec l'expression de la racine précédente comme hypoténuse du triangle.
Le système se développe ainsi de Un jusqu'à l'infini, en forme spiralée rappelant celle du nautile. Ce système amorcé dans le carré inférieur du *carré-long* donne, à mon avis, une dimension évolutive au système universel du développement de la matière.

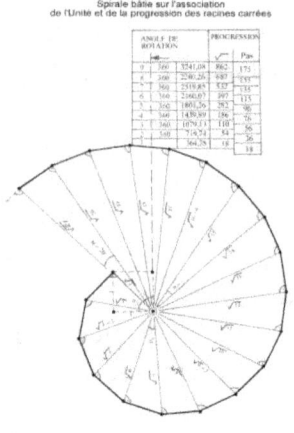

Il est à noter que ces racines des nombres ne sont pas toutes irrationnelles car les racines carrées couvrent également tous les nombres entiers, par exemple, [$\sqrt{4}$ = 2 et $\sqrt{9}$ = 3].

La spirale construite sur la progression arithmétique des racines se rapproche étrangement de la spirale construite sur les Nombres de la série de Fibonacci donnée dans le chapitre 13 parlant du Nombre d'or tout en étant différente

L'analyse symbolique numérale de ce symbole spiralé indique que, dans le monde, les valeurs rationnelles et irrationnelles sont intimement liées ; il ne peut pas en être autrement, car ces valeurs s'expriment par l'essence des nombres d'une suite se déroulant en spirale vers l'infini, de l'Esprit de Dieu vers la connaissance.

Du cercle vers le carré-long - un système involutif :

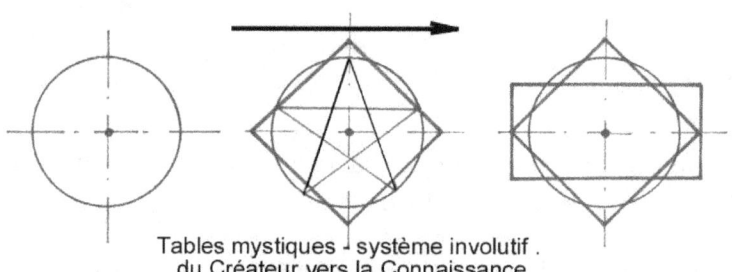

Tables mystiques - système involutif.
du Créateur vers la Connaissance

La juxtaposition des *tables mystiques* indique une voie qui part du *cercle* vers le *carré-long* en passant par *le carré*. On chemine donc du *Dieu Absolu et Transcendant* vers la *connaissance* intrinsèquement inscrite au cœur de la création en passant par l'*ignorance du divin*.

Ce système indique que le *Ciel* (cercle) part à la rencontre de la *Terre* (carré) et ouvre la porte aux secrets de cette prodigieuse intelligence par la *connaissance*. On chemine de la simplicité du *cercle* vers toujours plus de complexité, le *carré-long*.

Le cheminement involutif de la *table ronde* à la *table carrée*, est une opération géométrique et mystique à la fois qui s'éclaire à la lumière de la quadrature du cercle.

Le cadre formateur très physique, bâti sur le Nombre [4], en recevant le *ciel* (le cercle), recevra en même temps le divin [5], contenant l'expression de la *Vie divine*, le *Nombre d'or* contenu dans l'*étoile à cinq branches*.

Cette quadrature du *cercle* vers le *carré* est précise et facile à réaliser : sa précision mathématique est d'environ un pour cent 1% en surface. Cette quadrature inscrit une dimension spirituelle dans la matière dès l'origine des choses ; le rationnel et l'irrationnel se combinent.

Au cœur du carré, comme pour le vérifier, on découvre la valeur de sa diagonale proportionnelle à [$\sqrt{2}$], qui, elle, exprime l'*ignorance*, la *non-conscience du Divin*, le *terrestre physique* qui n'a pas encore reçu le bénéfice de la *Vie divine*.

Il est évident que cette quadrature est imparfaite, lorsqu'on la définit par la géométrie ; elle est ainsi le reflet de la *nature* qui elle aussi montre ses imperfections, qu'elle transmet par la génération des existences dans l'entropie générale de l'univers.

En dernière étape, quand le *carré* entre en quadrature avec le *rectangle* cette opération géométrique est immédiate et absolue, car la diagonale du carré correspond exactement au long côté du rectangle.

Cependant, l'imperfection induite par la première quadrature va se retrouver naturellement dans le dernier symbole ; la *connaissance* qui en résultera sera donc elle-même imparfaite, comme mis en évidence dans l'analyse du Nombre [9].

Malgré l'imperfection relative induite par la quadrature, le *carré-long*, par la richesse de son symbolisme numéral, plaide en faveur de l'interprétation donnée, soit celle du rectangle d'une *connaissance* découverte petit à petit au gré de l'évolution ou émanant d'un principe divin qui l'aurait révélée. Ainsi le Graal de la connaissance, qui descend du Créateur, suit la progression du développement de l'univers.

Comme je l'ai relevé précédemment, la quadrature du cercle bien qu'absolue sur le plan mathématique, entraîne malgré tout une imprécision due à l'incommensurabilité du nombre Pi [π].

Nous ne pouvons rien contre ce fait qui pourrait même être une volonté du Créateur pour se distinguer de sa création. Malgré l'extraordinaire intelligence qui la façonne, la nature semble bien empreinte d'imperfections, ou être en tout cas soumise à l'entropie inexorable, qui touche l'univers.

Du carré-long vers le cercle - un système évolutif

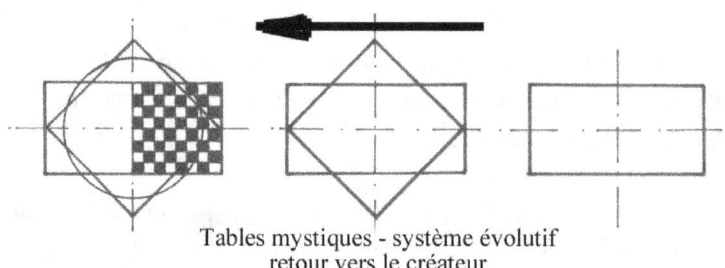

Tables mystiques - système évolutif
retour vers le créateur

Le *carré-long* nous enseigne que Dieu a exprimé sa *création* et ouvert la porte de la *connaissance* à la conscience humaine. La voie du retour vers Dieu (vers le *cercle* ou la sphère) peut s'accomplir. Pour les chrétiens, cette voie a été ouverte par la venue du Christ, [$\sqrt{\Phi}$] l'*essence de la Vie divine* dans l'univers, qui a permis à la planète Terre (la Vierge cosmique, promesse et génératrice de vie) d'en exprimer la transcendance. Jésus, devenu Jésus-Christ, est désormais considéré comme le Chemin, la Lumière et la Vie conduisant de la Terre au Père.

La voie de retour part du *carré-long*, génère le *carré* intermédiaire, pour rejoindre le *ciel* du *cercle*. La quadrature entre le *rectangle* et le *carré* est mathématiquement et géométriquement immédiate et absolue, à la portée de l'être humain, à sa dimension cartésienne mais ouverte à la spiritualité qui supplante l'ignorance, intrinsèquement contenue dans la diagonale du carré. Le *carré* disposé en losange symbolise le siège de nos pensées, de nos réflexions philosophiques.

Il conduit à la *connaissance* du divin par l'introspection, une voie qui passe par l'intérieur de soi. Il est le « *connais-toi toi-même et tu connaîtras l'univers et les dieux* » de Socrate. Il ouvre sur l'inconnaissable, sur la transcendance divine, sur le *cercle* qui renferme en lui l'incommensurable, ainsi que l'irrationalité de l'approche du monde divin.

Le *carré*, malgré le fait qu'il soit issu du *rectangle de la connaissance,* reste le siège de notre ignorance, - car que savons-nous vraiment du divin ? Le passage par ce symbole induit donc un sentiment d'humilité face à l'inconnu. A ce stade de développement, on a le choix entre faire confiance ou tout nier. C'est bien ce que révèlent nos sociétés humaines.

Cette voie de retour vers l'*Unité* du Créateur passe par une nouvelle quadrature, construite sur le *damier* de [8*8] cases qui a pour avantage d'offrir une excellente résolution de ce problème, car aux proportions [3/8 ou 5/8] du *damier*, se manifeste la quadrature géométrique du cercle. Cette quadrature s'ouvre par des nombres en rapport avec ceux de la série de Fibonacci, dans le bas de celle-ci, donc assez loin de l'idéal du *Nombre d'or*. Il existe d'autres quadratures possibles du carré vers le cercle, mais de moins bonne qualité, je n'en parlerai donc pas ici.

Dans cette analyse du retour vers le *créateur*, on constate que l'être humain arrivera à franchir le pas de la quadrature après s'être enrichi des *connaissances* accumulées au cours de ses expériences terrestres.

Résumé des trois tables mystiques

L'utilisation des *tables mystiques* dans les constructions sacrées date du Haut Moyen-âge. L'utilisation du *carré-long* est beaucoup plus ancienne puisqu'on le retrouve en Egypte, en Grèce, à Rome et dans le monde celtique. La pyramide de Khéops bâtie sur les nombres contenus dans ce symbole en est l'exemple le plus fameux.

Longtemps ignorées des profanes, les *trois tables mystiques* (le *cercle*, le *carré* et le *double carré dit carré-long*) sont en quadrature, c'est-à-dire de même surface. Elles servent de support symbolique dans une multitude de constructions à caractère sacré, en particulier les cathédrales gothiques. En examinant les plans de la cathédrale de Lausanne, on sera convaincu de la véracité de cette « découverte » inscrite dans la structure de l'édifice, aussi bien en plan qu'en élévation. Lausanne n'étant qu'un exemple parmi beaucoup d'autres.

En pénétrant dans la cathédrale et en se dirigeant vers le Chœur, le visiteur accomplit, sans le savoir, un chemin initiatique. Il passe successivement au travers d'un *cercle*, puis d'un *carré*, et arrive au pied du Chœur, inaccessible au profane, protégé par le Jubé. Le Chœur en forme de *carré-long* est la partie sacrée du sanctuaire réservé aux prêtres. Le fidèle se trouve ainsi devant le Jubé, au seuil de la *connaissance* que contient le chœur de l'édifice ; il peut en faire le tour, mais sans y pénétrer.

Le visiteur peut très bien ignorer ce message, et passer à côté de lui sans le voir. On peut aussi librement ne jamais pénétrer dans un tel lieu et se contenter d'admirer les choses de l'extérieur. Cette voie ne s'ouvre qu'à ceux qui le souhaitent.

Cette voie s'ouvre à la sagacité des chercheurs en quête de savoir. Si la voie à suivre semble évidente, les réflexions qu'elle soulève, sont parfois de nature subjective. On ne devra donc pas considérer ce qui suit comme une « vérité de plus », mais comme un support de réflexion. Je souligne également que je ne suis pas le premier à en parler, je n'ai donc pas de mérite particulier à faire valoir.

*

Le cheminement le long des *tables mystiques* peut être involutif ou évolutif suivant le sens du parcours. Il est dit involutif lorsqu'il est parcouru du *cercle* vers le *carré-long*. Il est évolutif lorsque le cheminement se fait dans l'autre sens, lors du retour vers le *cercle* de l'Unité-origine.

Le message qui se dégage des trois *tables mystiques*, et de la légende des chevaliers de la Table ronde qui s'y rattache, est qu'une certaine « *connaissance* », symbolisée par la coupe du Graal et ce qu'elle contient, a été transmise symboliquement de Dieu à l'être humain. Cette tradition est essentiellement chrétienne, véhiculée au VIe siècle par la légende d'Arthur et des chevaliers de la Table Ronde, bien que les symboles des *tables* soient beaucoup plus anciens.

Le passage du *Ciel* vers la *Terre*, de la *table ronde* à la *table carrée* ou vice et versa, est une opération géométrique et mystique à la fois, c'est la quadrature du cercle, considérée à tort comme une impossibilité. Etre en quadrature signifie être de même surface.

La quadrature du cercle, bien qu'absolue mathématiquement ne l'est plus dans sa résolution ; elle est affectée par l'incommensurabilité du Nombre Pi [π] et par l'extraction de la racine carrée du rayon du cercle qui entraînent obligatoirement une certaine imprécision, d'où la célèbre affirmation « *impossible comme la quadrature du cercle* ».

Cette pseudo-imperfection n'affecte pas la résolution géométrique de la quadrature, car la géométrie n'a que faire des chiffres après la virgule d'une fraction arithmétique. Pour les constructeurs travaillant à l'échelle d'une cathédrale et au moyen d'outils très simples, cette opération dite impossible se réalise avec une précision tout à fait suffisante. Il est vrai, que les différentes clés géométriques permettant la réalisation de la quadrature ne sont pas parfaites, mais l'épaisseur du « trait du crayon » induit une erreur plus grande que le « jeu » de la clé. Les constructions dans lesquelles ce principe a été utilisé n'ont pas perdu d'intérêt ni de valeur pour autant.

On peut même donner à cette « imprécision relative » une valeur symbolique, en ce sens qu'elle correspond à ce que l'on constate dans l'univers par le phénomène de l'entropie. Dans son extraordinaire intelligence et sa grande beauté, l'univers n'est pas parfait mais soumis à une lente dégradation.

L'imprécision de la quadrature, à laquelle nous sommes malgré nous soumis, induit donc un sentiment d'humilité face à notre propre imperfection à comprendre les mystères divins.

La voie involutive

Le système involutif commence par la *table circulaire*, expression de l'*Unité divine* dans sa transcendance, exprimée par le Nombre Pi [π] (incommensurable et transcendant lui aussi). Une première transformation se manifeste lorsque le Dieu créateur exprime sa volonté de création. Le *cercle*, par la quadrature, se transforme en *carré* de la « Nature naturante », de l'univers contenant l'expression de *la Vie* manifestée sous la forme d'existences primordiales, sur notre planète Terre en particulier.

Cette quadrature géométrique donnée par la clé de *l'étoile à cinq branches* définit ce système avec grande précision en y apportant la dimension de l'harmonie, de la beauté et de la *Vie divine* propre au Nombre d'or [Φ] et à son inverse [φ] contenus dans sa structure. Mais compte tenu de la symbolique donnée à la diagonale du carré [$\sqrt{2}$], le monde se trouve encore dans un stade d'ignorance du phénomène en gestation.

Les choses changent lors de l'étape suivante, quand le *carré*, par une quadrature géométrique immédiate et absolue, se transforme en *carré-long*, contenant un extraordinaire message symbolique numéral faisant de ce symbole quelque chose d'unique en son genre.

Les valeurs attribuées aux Nombres contenus dans ce symbole peuvent, à première vue, paraître très subjectives, voire dogmatiques ; par contre, à n'en pas douter, ce symbole est le support d'une *connaissance*, et le qualifier de « rectangle de la connaissance » ou de « rectangle de la Genèse », n'a rien de superfétatoire.

Le cheminement le long des *tables* dans le sens involutif entraîne une imperfection, propre au Nombre Pi [π], ce qui induit l'idée et confirme ce que l'on observe : la perfection n'est pas de ce monde.

La voie évolutive

Le cheminement dans le sens évolutif, du *carré-long* vers le *cercle-Unité* d'origine, s'appuie sur une *connaissance* acquise par la réflexion philosophique ou transmise par « révélation divine » pour retourner enrichie vers le créateur.

Dans la tradition chrétienne, la *connaissance* est celle révélée par le message de Jésus-Christ, reconnu comme « *Fils de Dieu, venu pour enseigner tous les hommes* ». Elle est assimilée au Graal, coupe sacrée qui servit à Jésus-Christ le soir de la Sainte Cène (*carré-long*), pour la transmutation du vin en son sang.

Cette coupe servit encore lorsque Joseph d'Arimathie y recueillit le sang (symbole de Vie éternelle) coulant des blessures de Jésus-Christ lors de sa passion sur la croix. Le Graal fut alors déposé sur une *table carrée*.

Puis le Graal s'occulta, pour faire l'objet, six siècles plus tard, de la célèbre quête des chevaliers du Graal, dits « chevaliers de la Table ronde ». On sait, par cette légende, que l'accomplissement de cette quête n'était réservé qu'au plus pur des chevaliers.

Pour les chrétiens, le cheminement le long des *tables* dans le sens évolutif revient donc à suivre la trace du Graal, et espérer être parmi les élus dignes de le retrouver et, ainsi, ouvrir la porte du Paradis. La démarche commence bien par le *carré-long de la connaissance*, qui contient tant de richesses symboliques, pour se plier à la quadrature vers le *carré* en losange, c'est-à-dire vers l'humilité et la simplicité de ce symbole, manifestant la racine de l'ignorance. Malgré la confiance que nous pouvons témoigner au Créateur, il faut bien avouer notre ignorance de Dieu et accepter de passer par le doute pour retrouver la grâce perdue, symbolisée par le *cercle-Unité* d'origine.

En passant du *carré* au *cercle-Unité*, une autre démarche est offerte à ceux qui cherchent ou font confiance à un guide spirituel. Les voies menant à cette quadrature sont multiples. Elles sont toutes géométriques et approchent la perfection sans toutefois l'atteindre, symbolisant ainsi les difficultés de la voie qui mène au divin, et l'humilité qui doit accompagner cette démarche.

En travaillant à la recherche des quadratures, je me suis rendu compte que dans le sens involutif du *cercle* vers le *carré*, les solutions sont rares (la plus pure est celle générée par le pentagone) ; par contre, dans le sens évolutif du *carré* vers le *cercle*, elles sont nombreuses. Si mon raisonnement est correct, cela sous-entendrait que le divin a offert une voie unique pour transmettre son message, tandis que pour le retour vers la source, les voies offertes à l'être humain seraient multiples, voire nombreuses, comme les religions.

*

Sur le sol des cathédrales, la *table ronde* et la *table carrée* sont souvent représentées par un labyrinthe. Alors que les symboles générateurs de l'édifice ne sont pas visibles, le labyrinthe se montre par contre clairement aux yeux des fidèles. Comme tel, le labyrinthe symbolise les méandres, les culs de sac, les retournements, les erreurs, les pièges qu'il faut affronter pour trouver son chemin et en atteindre le cœur.

Cet état correspond bien à celui qui nous éprouve tout au long de notre existence dans la recherche de la spiritualité. Une des explications que l'on donne au mot labyrinthe le rattache à l'expression latine *labor intus,* « travail intérieur ». Ainsi considéré, ce symbole ramène le quêteur en face de lui-même et répond à la maxime de Socrate, « *Connais-toi toi-même et tu connaîtras l'univers et les dieux* ». Cette maxime sous-entend que la voie pour aller vers la source passe par l'intérieur de notre être, ce qui est conforme à ce que de nombreuses religions enseignent.

Le *carré* est souvent représenté par le damier du jeu d'échecs. Ce jeu n'est pas qu'un combat avec un adversaire ou avec soi-même, il s'associe à la connaissance de son moi profond. Dominer la *table carrée*, c'est se dominer soi-même.

Comme on l'a vu précédemment, la quadrature du cercle, qui n'est pas absolue, n'a pas empêché les constructeurs des cathédrales d'édifier leurs chefs-d'œuvre. Rien ne nous empêche d'en faire autant, si nous nous considérons comme un reflet du temple divin.

D'un point de vue métaphysique, la réalité du passage d'une *table* à l'autre n'est, elle aussi, pas absolue mais suffisante, car nos qualités humaines sont à l'image des outils des constructeurs : imparfaites et imprécises. Passer du porche de la cathédrale au chœur, en cheminant le long des *tables* et y revenir en sens inverse est une voie initiatique conduisant du doute et de l'ignorance au réveil à une vie mystique, à la *connaissance* acquise et accessible, jusqu'au retour vers une mort relative qui n'est qu'une renaissance dans l'Esprit. Le caractère religieux d'un temple, quel qu'il soit, invite le visiteur à mourir à la vie « matérielle » pour renaître à une *Vie* « spirituelle ».

Le *carré-long*, finalité de la voie involutive, contient la source de l'harmonie et de la beauté bâtie sur le *Nombre d'or* et la *divine proportion*, valeurs qui animent tout ce qui vit dans l'univers. Par ces propriétés, le *carré-long se* rattache à l'univers entier et participent à l'ensemble de la création. Le *carré-long* dit « de la Genèse » devient le domicile du divin dans lequel nous devons nous intégrer pour retourner vers la source.

*

Tous les symboles sont des miroirs. Ce mot se dit en latin *speculum* d'où est issu le mot « spéculer », qui a aussi comme signification « réfléchir, se poser des questions ». Quand on est seul en face de son miroir, on prend conscience d'un monde « virtuel », du binaire et de la dualité des choses, qui n'existent que par leur contraire.

Un miroir ne fonctionne que par rapport à une source de lumière extérieure, symbole qui étendu au domaine du sacré donne encore plus d'ampleur au phénomène. Effectivement, considéré comme effet « actuel » de la lumière, l'éclairage d'un objet devant un miroir produira une image dite « virtuelle » qui sera réfléchie de façon inversée, mettant ainsi en évidence la nature particulière du langage symbolique, véritable pont reliant sujet et objet au-dessus de leur opposition apparente : il y a interaction entre celui qui regarde son image et le miroir, comme il y a interaction entre celui qui analyse un symbole et le symbole lui-même.

En d'autres mots, il y a échange entre le symbole et celui qui l'étudie. Le langage véhiculé par les trois tables est très lumineux par sa simplicité.

Pour suivre cette voie en solitaire, il est nécessaire de posséder quelques connaissances en géométrie ou de se laisser conduire par quelqu'un de plus éclairé que soi.

Quatre siècles avant notre ère, Platon avait fait écrire au fronton de son Académie à Athènes « *Nul n'entre en ce lieu s'il n'est géomètre.* » Ce retour aux sources indique bien, que cette voie n'est pas nouvelle, que certains principes n'ont pas changé.

Ce message qui pourrait sembler déroutant à plus d'un titre, est pourtant conforme à ce qui a été inscrit dans les proportions des temples anciens et dans les pierres des cathédrales.

Dans un autre ouvrage, j'étends ce propos à d'autres édifices, confirmant que ce message est universel et très ancien.

Le carré-long parle par ses diagonales

Le Un, l'Absolu, Dieu, [1] désirant se manifester [2] créa un principe dynamique [3] qui engendra la forme de la nature-naturante [4]. Ainsi naquit le carré inférieur du monde physique équilibré par le carré supérieur du monde divin exprimant ensemble le symbole d'une dualité dynamique.

Le carré-long ainsi constitué vérifié par ses diagonales [$\sqrt{5}$], exprime le divin dans l'univers, l'esprit dans la matière.

Dans le carré-long, plusieurs valeurs symboliques s'expriment par des diagonales définissant plusieurs triangles rectangles particuliers, qui se lisent dans un sens involutif en descendant d'un côté du carré-long puis évolutif en remontant de l'autre

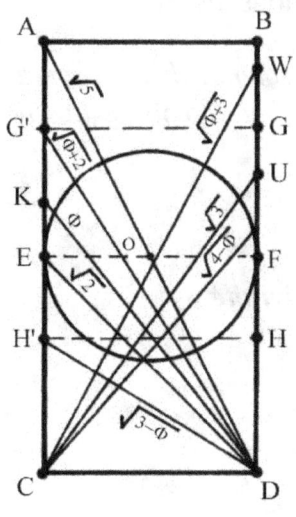

Le processus de prise de conscience de la spiritualité de la matière, exprimé par [$\sqrt{5}$], se développe en désirant sa manifestation par [$\sqrt{3-\Phi}$], et s'enrichit jusqu'à l'expression de la confiance absolue au divin exprimé par [$\sqrt{\Phi+3}$].

Même si les valeurs symboliques définissant ces grandeurs peuvent paraître subjectives, voire dogmatiques, elles ont été l'objet de recherches et méritent un grand intérêt intellectuel, car elles sont toutes en rapport direct ou indirect avec le Nombre d'or.

Sujet de réflexion

Le rectangle de la Genèse contient à n'en pas douter un message symbolique qui nous est offert et que nous ne reconnaissons pas, car nous ne sommes pas soumis à un symbole mais à la loi qu'il exprime. La voie offerte ne s'ouvre qu'à ceux qui veulent bien s'y aventurer.

L'être pensant dispose d'un libre arbitre, qui peut s'arrêter sur n'importe quelle diagonale ou aller jusqu'au bout.

On peut très bien refuser le concept de Dieu ou l'ignorer, ce qui est encore plus facile. La nature nous enseigne, si nous savons l'observer. La prise de conscience est un bienfait à disposition de tous, profitons-en. Elle ouvre la porte à la sérénité et à la paix, doublées de respect et de confiance envers le « Divin mystère »

La recherche de la Vérité nous fait osciller entre foi et sciences, mais aussi entre idéal et réalité. L'accès à la spiritualité n'est pas aussi évident qu'il y paraît. Notre libre arbitre est un cadeau de liberté mais aussi un obstacle qu'il vaut mieux ne pas ignorer.

Comme dans une prière, il faut savoir attendre et patienter pour en sentir les bienfaits. Le mystère reste grand malgré nos progrès.

Le grand symbole du carré-long et de ses ramifications nous disent

« *Détruisez l'ignorance concernant le divin, prenez conscience du concept de Dieu en vous-mêmes, en vous élevant par le désir mystique, au niveau de la Vie éternelle de l'esprit.* »

*

« ***La recherche de la Vérité est un désir de la Divinité*** »
Plutarque, Isis et Osiris, 2.

Chapitre 15

****

La sphère et les polyèdres

Rappel de quelques considérations en rapport avec la symbolique numérale

L'*intelligence* propre du vivant est la faculté de s'adapter à un environnement, l'entendement est la *conscience* du Nombre. Pour reconnaître quelque chose, il faut être en dehors de cette chose. Le fini peut reconnaître l'infini, l'universel ne peut pas se limiter à un particulier. Voilà quelques affirmations qui jalonnent les livres écrits au sujet de la symbolique des Nombres.

Pour Pythagore, tous les Nombres, de la *monade* [1] à la *décade* [10], en passant par la *dyade* [2], la *triade* [3], la *tétrade* [4], etc., ont une valeur symbolique et initiatique, qu'il symbolisa par la célèbre tétraktys. Méconnaissant le *zéro-rien* et le *zéro-origine*, les pythagoriciens estimaient que la *monade* était l'origine de tous les Nombres. Mais c'est également celle de tous les triangles dont elle définit la limite inférieure. En effet, un *point* peut être considéré comme un triangle dont les côtés sont infiniment petits ou une sphère de rayon tendant vers *zéro*. La notion « rien », qu'il ne faut pas confondre avec le « *néant* », n'était pas imaginé en tant qu'origine des Nombres ni des chiffres.

Dans son enseignement, Pythagore disait que, du « *Chaos par Création* » et choix ordonnés par « *Dieu arrangeant Tout avec art* », naît l'*Ordre* (le cosmos, l'univers ordonné).

« *Ordo ab chaos* » signifie que du désordre naît l'ordre générant l'harmonie et la beauté, perçues comme des valeurs consonantes avec les rythmes de l'âme bien accordés.

Par la *décade* [10], on retrouve le Nombre de Dieu ; un Dieu contenant les univers physique et métaphysique rassemblés, un *Dieu-Tout, Absolu*, enrichi de toute l'expérience cosmique acquise par le fait que le primitivement « non-manifesté » s'est pleinement manifesté, donnant naissance et *Vie* au cosmos[195]. Ce Nombre symbolise la création en totalité, l'accomplissement.

Je rappelle également un autre grand principe : celui de l'omniprésence de l'*Unité*, fait incontournable tout au long du processus.

Les Nombres sont générés par l'*Unité* qui les relie les uns aux autres. Cette même règle est suivie par le *Nombre d'or* qui manifeste son omniprésente tout au long du même processus, ce qui fait que [1] et [Φ], Dieu et la *Vie divine*, sont intimement liés.

Pythagore.

Pythagore naquit entre le Ve et le VIe siècle avant notre ère, à une époque de grandes révélations. Il était le contemporain de Zarathoustra en Perse, Bouddha aux Indes, Lao-tseu et Confucius en Chine. La vie de Pythagore est auréolée de légendes ; on prétend qu'il voyagea en Egypte, en Chaldée, en Thrace, puis à Samos pour s'établir finalement à Crotone, en Calabre, où il fonda son Ecole.

Il basa toute sa théodicée sur les Nombres sacrés, dont la doctrine était contenue dans son fameux discours, le *Hieros Logos*. Son code de morale était consigné dans *Les vers dorés* : il y enseignait à respecter la nature, à prier les dieux immortels que sont les forces intelligentes de la nature, à honorer les parents et les défunts, à cultiver l'amitié qui était, pour lui, le plus grand de tous les biens.

La fraternité pythagoricienne tendait vers la méditation, la connaissance de soi, l'harmonie intérieure, vers l'amour qui conduit à l'union avec l'harmonie universelle. L'enseignement était gardé secret et délivré graduellement, ne se limitait pas seulement à la connaissance des mathématiques et de la géométrie, mais touchait les principes de vie et de comportement en société. Pythagore établit la théorie des archétypes et de la loi du Nombre qu'il formula dans la célèbre devise « *Tout est ordonné par le Nombre* ». Chaque Nombre est un symbole en soi, chargé de multiples significations correspondant à un état du cosmos, expliquant le processus de la création. Pythagore

---

[195] Théo Kölliker, *Croire ou comprendre*, (p 197)

enseignait que tout en ce monde est harmonie. Cette mathématique sublime exigeait qu'il y ait un ordonnateur divin pour animer cette symphonie permanente qu'il appela « *la musique des Sphères* ». La matière et l'esprit étaient unis par une âme immortelle, il y avait une persistance du moi après la vie, une chaîne d'existences (réincarnation et métempsycose) portant le poids de nos actes. A la même époque, très loin de la Grèce, Bouddha parlait lui aussi de la *roue du Dharma des renaissances* (samsara).

Ce court résumé de la doctrine de Pythagore explique le retentissement qu'elle a eu dans le christianisme et l'islam, qui reprirent une grande partie de ces valeurs pour forger leur code de morale.

Ses disciples, en particulier Archytas de Tarente, propagèrent les idées du Maître, reprises par Platon un siècle plus tard, lorsque celui-ci fit parler Timée : « *Et c'est alors que tous ces genres ainsi constitués ont reçu de l'Ordonnateur leurs figures par l'action des idées et des Nombres.* » Ailleurs, Platon affirme que : « *Le Nombre est la connaissance même.* ». « *Nul n'entre ici s'il n'est géomètre* » était écrit sur le fronton de son Ecole à Athènes. Ces phrases résument la pensée de Platon concernant la formation de l'univers et l'idée qu'il se faisait de la création exprimée par les « corps pythagoriciens », polyèdres qui devinrent les « corps platoniciens ».

On a vu, au cours de l'étude de la nature symbolique des Nombres, comment ils vont de pair avec la géométrie. Par cet art des Nombres figurés, on passe des idées aux formes. Lorsque la géométrie plane devient spatiale, le symbole grandit et domine l'espace.

Dans cette recherche, on a prouvé également que Pythagore avait raison de dire que « *Les Nombres s'expriment par leur inverse* » : c'est en les inversant qu'on en comprend la signification cachée. Cette façon révèle un des moyens par lesquels Dieu s'exprime.

Une corde vibrante se mesure par sa longueur (un nombre), et s'exprime par le son qu'elle émet (l'inverse de ce nombre). Si l'on ramène une corde à sa moitié, elle sonnera l'octave : les vibrations émises seront passées au double (l'inverse de ½)[196]. Dans la symbolique des Nombres, le principe d'inversion conduit à d'étonnants enseignements, alors que, d'après la logique humaine, l'inversion

---

[196] Théo Kölliker, *Symbolisme et Nombre d'Or*, p 97

devrait conduire au contradictoire et à l'absurde. Le principe d'inversion est au-delà de la raison, sans toutefois appartenir à l'intuition[197].

Platon

Platon naquit à Athènes en 428 avant notre ère. Disciple de Socrate, il s'attacha, comme son Maître, à enseigner la vertu à ses concitoyens : c'est par la réforme des individus qu'il voulait procurer le bonheur de la cité. Etant malade, il ne put assister Socrate au moment ou celui-ci, accusé d'impiété envers les dieux et de corruption de la jeunesse, fut condamné à boire la ciguë. Désireux de s'instruire, Platon se rendit en Egypte, pays où les principes de base des arts, des coutumes et des sciences s'exerçaient depuis des milliers d'années. Il en vint à penser que les hommes pouvaient être heureux en restant attachés à une forme de vie immuable. D'Egypte, il se rendit à Cyrène, en Libye, auprès du mathématicien Théodore, puis en Italie où il se lia d'amitié avec les pythagoriciens, Philolaos, Archytas et Timée. Auprès des disciples de Pythagore, il approfondit ses connaissances en mathématiques, en astronomie, en musique; surtout, il développa sa croyance en la migration de l'âme ; l'idée d'éternité de l'âme allait devenir la base de sa philosophie. Passant par la Sicile, il retourna à Athènes, il avait alors quarante ans.

Dans cette ville, il fonda l'Académie, à l'image des sociétés pythagoriciennes. Cette Ecole allait perdurer jusqu'en 529 de notre ère, année ou l'empereur Justinien la fit fermer.

L'œuvre de Platon comprend trente-cinq dialogues, des lettres et d'autres petits dialogues apocryphes. Sans entrer dans le détail, disons que Platon resta fidèle à Socrate, défendant, comme lui, les valeurs fondamentales que sont le courage, la sagesse, l'amitié, la piété et la vertu ; le bien est le but suprême de toute existence ; c'est dans le bien qu'il faut chercher l'explication de l'univers. Il ne se borna pas à cultiver les vertus, il se perfectionna dans l'art de la géométrie, de l'arithmétique, de l'astronomie, de la musique, de la médecine pythagoricienne et étudia même les doctrines d'Héraclite et de Démocrite, le célèbre atomiste. Le système de Platon est une synthèse de ces disciplines.

---

[197] Ibid., p.104)

Mais la dialectique ne se suffit pas à elle-même ; les dieux se sont réservé des secrets impénétrables à la raison humaine, tout en laissant transparaître quelque lumière à certains êtres privilégiés.

C'est en laissant parler son ami « Timée » que Platon a cherché à expliquer l'univers, et l'être humain en particulier. Il y a un Dieu très bon qui a fait le monde à son image, faite d'une âme incorporelle et indivisible et d'une autre, matérielle et divisible. De cette image binaire des deux âmes, il en fait un ternaire quand il les mélange en une troisième, qu'il nomme « *l'âme du monde*».

Avec le monde est né le temps que mesure la marche des astres. Ce monde est d'abord peuplé par les dieux, qui utilisèrent des lois géométriques très compliquées pour créer les êtres vivants. Les dieux mirent dans l'être humain une âme qui retournera après la mort, si elle est pure, dans l'astre d'où elle est descendue, ou qui passera dans un autre corps jusqu'à sa purification. Dans la philosophie platonicienne, l'âme et l'esprit sont donc confondus. Platon reste, pour l'Occident, et c'est probablement l'essentiel, l'auteur du spiritualisme. Il eut ainsi une profonde influence sur le christianisme et l'islam.

La cosmologie de Platon

Timée, le plus savant en astronomie des amis de Platon, va exposer la formation de l'univers, puis celle de l'homme, dans un système appelé « *la théorie des Idées*».

L'être humain est un univers en réduction, un microcosme assujetti aux mêmes lois que celles qui régissent le macrocosme.

Sa cosmogonie se base sur l'évolution des formes géométriques, des polyèdres euclidiens, censés représenter l'évolution de la création dans le but de remplir la forme parfaite de la sphère, représentant l'expression de la divinité. Pour y arriver, Timée utilise un langage numérique fait de proportions compliquées, d'intervalles eux-mêmes remplis par d'autres nombres, qu'il m'est impossible à résumer, tant cela me semble confus.

Platon explique comment Dieu, pour faire l'ensemble le plus beau et le meilleur (le corps du monde), a disposé et fait naître les quatre éléments, dans l'ordre croissant de leur densité, le *Feu* (tétraèdre), l'*Air* (octaèdre), l'*Eau* (icosaèdre), la *Terre* (hexaèdre), et la synthèse, l'*âme du Monde* le (dodécaèdre), comme formée de trois substances primordiales, une indivisible et invariable (le Même), une substance divisible (l'Autre) et une substance intermédiaire, formée par un mélange des deux premières.

Pour relier entre eux ces corps réguliers, Platon considère que toute surface peut être décomposée en triangles.

Timée, à la fin de son discours, étudie le corps humain dans ses relations avec la partie immortelle et les parties mortelles de l'âme : exposé psychologique et physiologique à la fois, dominé par la recherche de l'harmonie entre l'âme et le corps. La partie immortelle de l'âme, ou intellect, est constituée en forme de sphère à la ressemblance de *l'âme du Monde*.

Le Nombre appartient au « *monde éternel* » du *Timée* de Platon. Ce monde, non créé et immuable c'est le Nombre ; ainsi la science du Nombre qui est la science de l'*Unité* nous montre intelligiblement que tout procède de l'*Unité* et y retourne à travers la diversité, laquelle diversité est précisément notre *monde* créé à l'image de l'exemple du *Monde éternel*.

Ce Nombre parmi tous les autres, à caractère unique comme l'Unité, c'est le Nombre d'or expression de la Vie divine, engendrant toutes les créatures.

La musique des Sphères

C'est à l'Ecole pythagoricienne que se rattache la conception d'une « *musique des Sphères* » et c'est Pythagore lui-même qui aurait prononcé pour la première fois le mot « *Cosmos* » pour désigner l'espace intersidéral.

Voici la vision romancée qu'Edouard Schuré donne de cette découverte[198] ;

« *Cosmos - En prononçant ce mot qu'il venait de trouver, Pythagore se leva. Son regard fasciné s'attacha à la beauté de la façade dorique du Temple Il crut y apercevoir l'image idéale du monde. Car la base, les colonnes, l'architrave et le fronton triangulaire lui représentèrent soudain la triple nature de l'homme et de l'univers, du microcosme et du macrocosme couronnés par l'Unité divine qui est elle-même une Trinité. Le cosmos dominé et pénétré par*

---

[198] Edouard Schuré, *Les grands Initiés*. Librairie académique Perrin 1960

Dieu formait « la tétrade sacrée, immense et beau symbole, source de la Nature et modèle des dieux. »

Oui, elle était là, cachée dans ces lignes géométriques, la clé de l'univers, la science des Nombres, la loi du ternaire qui régit la constitution des êtres, celle du septénaire qui préside à leur évolution. Et dans une vision grandiose, Pythagore vit les mondes se mouvoir selon le rythme et l'harmonie des Nombres sacrés. Il devina les sphères du monde invisible enveloppant le visible et l'animant sans cesse.

Dans la cosmogonie pythagoricienne, la doctrine des *sphères* est régie par les cinq planètes (connues à l'époque), plus la Lune et le Soleil : ces sept corps célestes correspondaient aux sept pouvoirs de la nature terrestre ainsi qu'aux sept grandes forces de l'univers, procédant et évoluant en sept tons, système repris en Occident dans la gamme musicale. Cette vision exprimait l'interaction entre l'univers et l'Homme. Cette idée a gardé, jusqu'à nos jours, toute sa valeur.

D'après la doctrine de Pythagore, le monde étant harmonieusement ordonné, les corps célestes distants deux à deux selon des proportions de sons consonants (procurant un effet satisfaisant), produisent par leurs mouvements et la vitesse de leur révolution les sons harmoniques correspondant c'est ce que l'on a appelé « *la musique des Sphères* ».

Pythagore et ses disciples développèrent ainsi une théorie cosmologique basée sur les Nombres et la géométrie pour en dégager l'harmonie régnant dans l'univers.

Depuis cette lointaine époque, l'être humain a énormément progressé dans la connaissance de son environnement universel. Comment peut-on encore, au début du XXIe siècle encore parler de « *la musique des Sphères* » ?

Dans son Evangile, saint Jean dit : « *Au commencement était le Verbe....* ». Or *Verbe*, son, musique, bruit ont un dénominateur commun : le phénomène vibratoire. Ce phénomène physique ne peut se transmettre qu'au travers d'un support matériel, tels l'air, l'eau ou des solides, tous exigeant un récepteur pour le percevoir (l'oreille).

Il n'y a aucun son transmissible dans le vide, mais l'espace intersidéral est rempli d'ondes de différentes natures en provenance du plus profond de l'univers, que l'on peut enregistrer au moyen d'appareils adéquats. Entre un phénomène vibratoire (tout le spectre des ondes) et la musique (sons harmonieusement ordonnés), il y a la même relation qu'entre le Chaos et l'Ordre.

La musique composée de notes inscrites dans une gamme est un système inventé par l'être humain, obtenu en divisant une partie du champ des ondes perceptibles à l'oreille humaine en fractions appelées tons ou demi-tons.
Cette division harmonique est arbitraire, en ce sens que les ondes audibles à l'être humain s'établissent sans discontinuité dans tout le spectre sonore de 20 à 20'000 hertz. Le chant d'un oiseau, le bruit du vent ou d'une cascade, même le yodle, échappent à la rigueur mathématique de la gamme.

Les possibilités vibratoires des deux cordes vocales d'un être humain et de sa cage de résonance sont bien plus riches en sons que le plus parfait des violons.

L'aspect vibratoire ou plutôt ondulatoire de la matière est un phénomène physique à l'origine de toute chose, la base théorique de la mécanique quantique. Du monde intra-atomique au monde stellaire, tout s'exprime par le mouvement, induisant l'espace-temps, la quatrième dimension.

Le phénomène ondulatoire s'étend dans un champ de fréquences continu, incluant tous les phénomènes physiques connus et les phénomènes métaphysiques, beaucoup moins connus : que l'on parle de son, de radar, de chaleur, de radio, de lumière, de laser, d'électromagnétisme, de rayons gamma, bêta, etc., de la plus petite fréquence à la plus grande, tout est vibration.

La doctrine pythagoricienne de « *la musique des Sphères* » a pressenti et développé une théorie mathématique et symbolique basée sur les Nombres et les proportions harmoniques d'où découlent les gammes musicales, mais surtout, la doctrine pythagoricienne a détecté les relations existantes entre l'être humain et le cosmos (l'Ordre) qui s'étendait au-delà de la Terre, comprenant le Soleil et les planètes dans un système dynamique dont on ne connaissait pas encore les rouages.

« *La musique des Sphères* » est donc un système harmonieux (puisque musical) qui se manifesta lorsque le Chaos devint Ordre. Notre système intersidéral semble avoir mis beaucoup de temps pour trouver un relatif équilibre dans lequel *la Vie* a pu se manifester. L'être humain, dernier maillon de l'évolution des espèces, vit donc, comme les autres espèces vivantes, en osmose avec le cosmos.

Dans nos civilisations occidentales, les jours de la semaine sont nommés selon le schéma pythagoricien, avec la Lune (lundi), Mars (mardi), Mercure (mercredi), Jupiter (jeudi), Vénus (vendredi), Saturne (samedi, cf, l'anglais *Saturday*) et le Soleil (dimanche – jour du Soleil, comme l'expriment encore l'allemand *Sonntag* ou l'anglais *Sunday*).

Il y a corrélation entre la théorie pythagoricienne de « *la musique des Sphères* », prise au sens large de phénomènes ondulatoires et l'expression de *la Vie* en tant qu'émanation divine, s'exprimant en particulier sur notre petite planète et gardant précieusement cachée la clé de son mystère.

Sons et musique font régner l'harmonie, or la création, quand on la sonde, exprime une extraordinaire intelligence ; nous vivons entourés de merveilles sans même nous en rendre compte.

Ainsi, la musique, qui associe en elle tous les accords musicaux, est un langage qui parle directement au cœur sans passer par l'intelligence ; c'est un moyen pour s'associer à la plénitude de la *Vie cosmique* et de rendre grâce à Dieu.

Fibonacci et Pacioli

C'est en étudiant les travaux de Fibonacci qu'au XVIe siècle, Fra Luca Pacioli redécouvrit la géométrie du *Nombre d'or* et des cinq polyèdres réguliers et beaucoup d'autres appelés « dérivés », qu'il compila dans son célèbre ouvrage *De divina Proportione*, illustré par Léonard de Vinci.

En consultant cet ouvrage, on trouvera la combinaison des 61 polyèdres possibles en géométrie euclidienne[199]. Luca Pacioli, subjugué par la *divine Proportion* qu'il découvrit dans l'œuvre de Fibonacci, attribua à cette Proportion, qualifiée de divine, des attributs appartenant à Dieu. Voici ce qu'en pense Luca Pacioli :

- *Le premier attribut est l'Unicité de la Proportion, attribut le plus haut accordé à Dieu.*
- *Le second attribut concordant est la Trinité, de même qu'en Dieu une seule substance réside en trois personnes. De la même façon il convient qu'un même rapport ou proportion se trouve toujours entre trois termes (partage en moyenne et extrême raison).*

---

[199] Qui se construit au moyen de l'équerre et du compas.

Quand une ligne droite est divisée selon la proportion ayant un moyen et deux extrêmes – autres noms donnés par les savants à cette admirable proportion, on pourra démontrer comment entre trois termes de même nature on doit nécessairement trouver deux proportions. Entre le moyen et les extrêmes de notre Divine Proportion, aucune variation n'est possible, car le moyen sans les extrêmes ne se peut concevoir.

- *De même, Dieu confère l'être à la vertu céleste appelée quintessence (le dodécaèdre) et par elle il accorde aux quatre autres corps simples, les quatre éléments : Feu-tétraèdre, Air-octaèdre, Terre-hexaèdre, et Eau-icosaèdre ; et à travers ceux-ci il confère l'être à toute chose dans la nature. Ainsi notre Sainte proportion donne par le dodécaèdre, formé de 12 pentagones, l'être formel au Ciel même.*
- *Au moyen de ces corps réguliers, sont formés d'autres corps dits dérivés.*
- *Sans la connaissance de la Divine Proportion, un très grand nombre de choses dignes d'admiration au plus haut point, tant en philosophie qu'en toute autre science, ne pourraient jamais parvenir à la lumière. Ce don lui est certainement concédé par la nature immuable des principes supérieurs, parce qu'elle accorde entre eux, en une sorte d'irrationnelle symphonie, tant de solides si divers par leur taille, par le nombre de leurs bases, par leurs figures et par leurs formes.*

On peut imaginer ce que Luca Pacioli aurait dit au sujet du *Nombre d'or* et de la *divine Proportion* aux extraordinaires propriétés mathématiques et symboliques, s'il avait eu les connaissances qu'on en a aujourd'hui.

Les polyèdres réguliers

En quittant l'espace bidimensionnel pour l'espace tridimensionnel, on passe de la surface au volume. Bien qu'il existe une multitude de polyèdres, nous nous contenterons des polyèdres dits « réguliers », qui sont composés de l'ajustement de surfaces planes régulières, telles les triangles, les carrés et les pentagones.

Ces polyèdres s'inscrivent tous dans la sphère, mais la sphère se forme aussi dans chacun d'eux ; ils peuvent être développés en plan, ce qui permet leur construction dans l'espace.

Il y a cinq polyèdres réguliers qui répondent à ces critères, pas un de plus.

Dans la cosmogonie pythagoricienne, transmise par Platon, les cinq polyèdres expriment la *création du monde*, en s'appuyant sur les Nombres et la géométrie. Sur le plan cosmique, la *Vie divine* est le contenu de la création, la finalité.

Depuis Luca Pacioli, de nombreux auteurs ont perfectionné et analysé ces polyèdres et calculé leurs spécifications. Citons, en particulier, les mathématiciens, Kepler, Descartes et Euler. Plus récemment d'autres chercheurs, tels, entre autres, Petrus Telemarianus, Kelvin, Poinsot et Matila Ghyka, ont continué l'enrichissement des théories propres à ces corps géométriques si particuliers.

Léonard de Vinci a artistiquement dessiné de très nombreux polyèdres pleins et ajourés (ceux qui se laissent traverser par la lumière de l'esprit.)

Les cinq polyèdres réguliers

On distingue, classés selon leur volume progressif :

- Le *tétraèdre* (4 faces triangulaires, 6 arêtes et 4 sommets).
- L'*octaèdre* (8 faces triangulaires, 12 arêtes et 6 sommets).
- L'*hexaèdre* ou le cube (6 faces carrées, 12 arêtes et 8 sommets).
- L'*icosaèdre* (20 faces triangulaires, 30 arêtes et 12 sommets).
- Le *dodécaèdre* (12 faces pentagonales, 30 arêtes et 20 sommets).

Le *cube* et l'*octaèdre* sont dits réciproques car chacun peut dériver de l'autre en prenant comme sommet les centres des faces de ce dernier.

Le *tétraèdre* est auto-réciproque, car il se transforme en lui-même. Le *dodécaèdre* est avec sa réciproque l'*icosaèdre*, le développement du pentagone dans l'espace à trois *dimensions*.

Le tétraèdre : (4 faces triangulaires, 6 arêtes et 4 sommets)

Le *tétraèdre* est le premier volume concevable avec quatre faces triangulaires (l'acte), quatre sommets (la forme) engendrant six arêtes (le concret). Il a fallu qu'un segment se multipliât par six pour réaliser un contenant. Le tétraèdre occupe le 12,25 % du volume de la sphère circonscrite. Platon attribue à ce polyèdre le symbole du *Feu*, le premier élément dans la hiérarchie de l'augmentation de la densité.

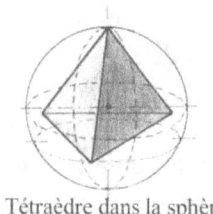 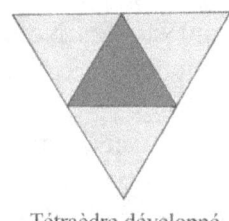

Le *tétraèdre* est « auto-réciproque », il se transforme en lui-même. Par ce volume aux formes triangulaires apparaît le Trois-Créateur. Mais il faut quatre triangles pour obtenir un *tétraèdre*, ce qui le fait tendre vers le Quatre (le cadre formateur)

Tétraèdre dans la sphère   Tétraèdre développé

Par ses six arêtes (le plus petit nombre de segments droits qu'il faut pour délimiter un espace à trois dimensions) commence le monde des polyèdres. Ainsi le Nombre [6] marque le passage d'un univers à deux dimensions à un univers à trois dimensions, soit le passage de la virtualité à la manifestation active.

Le symbolisme issu de ce polyèdre s'inscrit dans la valeur attribuée au Nombre [6], en rapport avec le macrocosme, nécessairement matériel puisque ce polygone ne peut pas s'étoiler.

L'octaèdre : (8 faces triangulaires, 12 arêtes, 6 sommets)

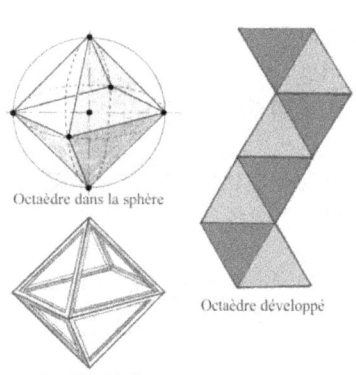

Octaèdre dans la sphère
Octaèdre développé
Octaèdre ajouré

L'*octaèdre* est composé de deux pyramides à base carrée accolées par leur base et dont les faces pyramidales sont des triangles équilatéraux. Symboliquement le [8] est le Nombre de l'équilibre cosmique et aussi celui de la conscience.

L'octaèdre occupe le 31,63 % du volume de la sphère circonscrite. Platon attribue à ce polyèdre, le symbole de l'Air, le deuxième élément dans la hiérarchie de l'augmentation de la densité.

Les Nombres en rapport avec ce polyèdre sont : 1, 2, 4, 6, 78 et 12. L'octaèdre est composé de deux *pentaèdres* (pyramide à base carrée) opposés.

L'hexaèdre (le cube) : (6 faces carrées, 12 arêtes et 8 sommets)

Le Cadre-formateur [4] se manifeste aussi par les six faces carrées de l'*hexaèdre* (cube).

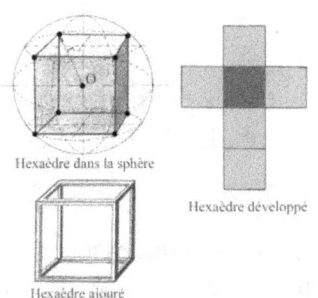

Dans le cube, on note une gradation numérique passant de 4 à 8 puis à 12. Selon les valeurs attribuées symboliquement à ces Nombres, le [4] est la *Nature naturante,* le [8] la *Nature naturée* (la conscience) et le [12 = 2*6] sera ce qui émane du [6] et de sa signification, soit *le fonctionnement cosmique dans ce qu'il a de parfait* ; [12 = 3*4] est également le *Principe formateur* [3] multiplié par le [4][200]

L'*hexaèdre* occupe le 36,75 % du volume de la sphère circonscrite. Platon attribue à ce polyèdre, le symbole de la *Terre*, le quatrième élément dans la hiérarchie de l'augmentation de la densité.

Les Nombres en rapport avec ce polyèdre sont : 1, 2, 4, 6, 8 et 12.

L'icosaèdre : *(20 faces triangulaires, 30 arêtes et 12 sommets)*

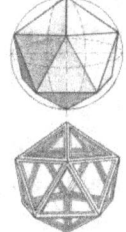
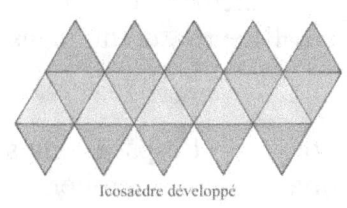

Dans l'*icosaèdre* (du grec *eikosi* « vingt », et *edra* « face », chaque sommet se trouve à l'intersection de cinq arêtes, ce qui conduit, par les propriétés du pentagone, au Nombre d'or.

L'*icosaèdre* occupe 60,55 % du volume de la sphère circonscrite. Platon attribue à ce polyèdre, le symbole de l'*Eau*, le troisième élément dans la hiérarchie de l'augmentation de la densité

Les Nombres en rapport avec ce polyèdre sont : 1, 3, 5, 12, 20 et 30.

Par les vingt triangles équilatéraux, ce polyèdre exprime la transcendance divine dans sa volonté d'exprimer partout dans l'univers la *Vie divine* qui sera suivie de ses manifestations concrètes.

---

[200] Théo Kölliker, *Croire ou comprendre*, p 195

Le dodécaèdre : (12 faces pentagonales, 30 arêtes et 20 sommets)

Le *dodécaèdre* (du grec *dôdekaedros,* « qui a douze faces » est qualifié par Platon de « corps très noble entre tous les autres », car il est l'amplification dans l'espace du pentagone et du thème de la section dorée, symbole de l'harmonie cosmique.

C'est d'après Platon, par les douze pentagones, le symbole de la quintessence[201], la synthèse des polyèdres précédents, c'est-à-dire le Ciel où l'expression de la Vie divine.

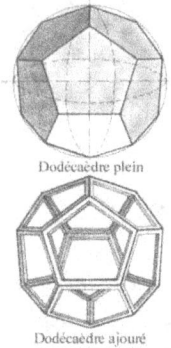

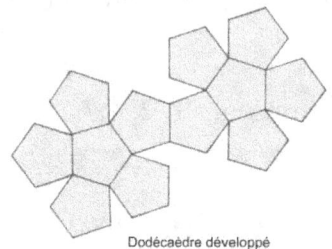

Dodécaèdre plein

Dodécaèdre développé

Dodécaèdre ajouré

Les Nombres en rapport avec ce polyèdre sont, [1, 5, 12, 20 et 30]. Le dodécaèdre occupe le 66,49 % du volume de la sphère circonscrite

Composé de [12] faces pentagonales, le *dodécaèdre* associe le principe créateur [3] au principe formateur [4] dont émane l'Esprit divin dans sa volonté d'incarnation vivante [5].

Le Nombre [12], quant à lui, en rapport avec l'espace-temps, symbolise le fonctionnement cosmique et comme ce polyèdre peut s'étoiler, il appartient au firmament dans un espace quadridimensionnel qui dépasse les limites terrestres[202].

Le *dodécaèdre* par ses faces pentagonales et sa structure développée de même forme, est en relation étroite avec le *Nombre d'or* exprimant la *Vie divine* et la vie manifestée.

Luca Pacioli et Léonard de Vinci attachent une attention toute particulière au *dodécaèdre* car si tous les cinq polyèdres se déduisent de la sphère, le dodécaèdre permet la construction des quatre autres polyèdres dits réguliers[203].

---

[201] Quintessence ; l'éther, le cinquième élément, ajouté par certains penseurs de l'Antiquité aux quatre éléments d'Empédocle (Terre, Eau, air, Feu). Désigne aussi dans le langage courant, l'essentiel, le plus précieux et raffiné.
[202] Théo Kölliker, *Croire ou comprendre*, p. 191
[203] Matila Ghyka, *Esthétique des proportions dans la nature et dans les arts*, *op.Cit.*

Autres polyèdres

Il existe beaucoup d'autres polyèdres dits irréguliers composés de l'assemblage de corps géométriques simples mais différents.

Je vais en citer quelques-uns, car bien que ne faisant pas partie des corps dits platoniciens, ils s'inscrivent naturellement dans la symbolique numérale, objet de cette étude.

Le triacontagone appelé aussi icosidodécaèdre
(32 faces, 60 arêtes et 60 sommets)

Cet intéressant polyèdre est composé de douze pentagones et de vingt triangles équilatéraux. Il a été dessiné par Léonard de Vinci.

Composé de triangles équilatéraux et de pentagones, il associe les nombres [1, 3, 5, 12, (2*10=20), (20 + 12 =32), et (6*10=60)].

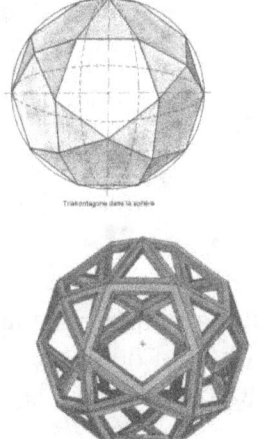

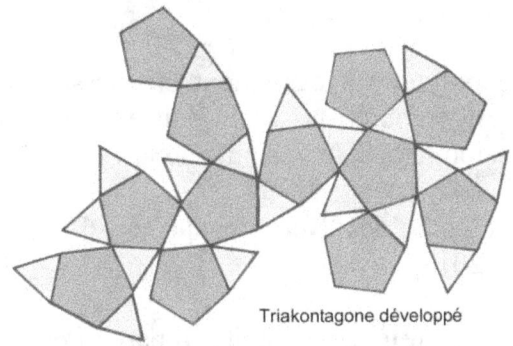

Triakontagone développé

Triakontagone ajouré

Le *triacontagone* occupe le 77,95 % du volume de la sphère circonscrite dont il se rapproche de plus en plus, tout en restant développable géométriquement.

Ce polyèdre irrégulier a échappé à la métaphysique pythagoricienne. Il est pourtant remarquable au point de vue de la symbolique des Nombres, par l'association du Ternaire [3] exprimé vingt fois [2*10] et des douze pentagones [2*6]. On retrouve les valeurs cosmiques correspondantes à l'ensemble de la création, au temps, à l'Esprit divin et à *la Vie* engendrée

L'icosaèdre tronqué *ou « ballon de foot » :*
(12+20=32 faces, 120 arêtes et 60 sommets)

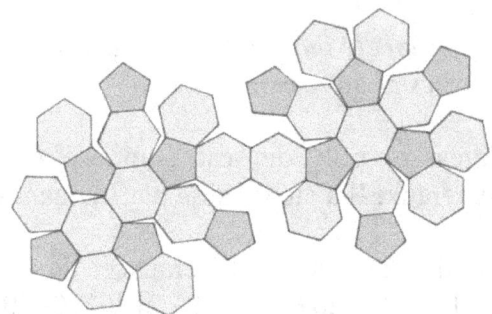

Ballon de foot développement

Ce polyèdre a également été dessiné par Léonard de Vinci (inventeur du ballon de foot !) ; en associant douze pentagones et vingt hexagones, il devient par la dimension temps, le véhicule de la *Vie divine* dans l'univers macrocosmique.

Il associe les Nombres [1, 5, 6, 12, (2*10=20), (6*10=60) et (12*10=120)].

Si on se réfère au chapitre 8 parlant du Nombre [6], support matériel de la vie manifestée, on remarquera que deux des bases assurant la cohésion de la molécule d'ADN, l'adénine et la guanine, sont composées d'un hexagone et d'un pentagone. Les deux autres bases sont de forme hexagonale seule.

Ce polyèdre « *ballon de foot* » occupe le 84,25 % du volume de la sphère circonscrite.

Dans la progression du remplissage de la sphère ce polyèdre occupe la meilleure place. Gonflé à l'air comprimé il tend vers la sphère parfaite du célèbre ballon.

Le Pentaèdre

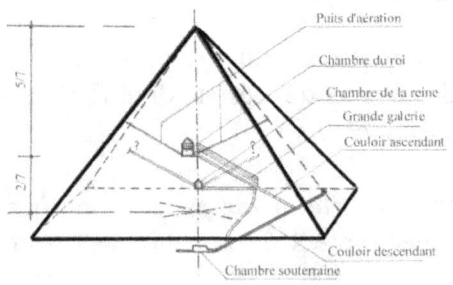

Il s'agit d'un polyèdre pyramidal à base carrée dont le plus bel exemple est celui de la grande pyramide de Kheops.

Le *pentaèdre* n'est pas un corps platonicien mais il est d'une grande richesse symbolique A part le cas particulier de l'*octaèdre*, ce polyèdre n'est pas inscriptible dans la sphère.(voir chapitre 13)

Beaucoup d'autres polyèdres sont dérivés de la combinaison des cinq corps platoniciens, par l'entrelacement des corps. Ils sont tous convexes. Le même corps de base peut servir de volume se rapprochant de plus en plus de la sphère ou être hérissé de pointes pyramidales à base triangulaire, carrée, pentagonale ou autres.

*

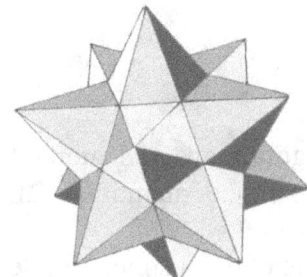

D'autres encore sont dits « étoilés » car, sur chacune des facettes planes du polyèdre a été élevée une pyramide ayant un nombre de faces correspondant aux côtés du polygone de base.

J'estime que, mis à part leur beauté géométrique, les corps entremêlés ou étoilés n'ont pas d'intérêt symbolique particulier.

Relations mathématiques

Les polyèdres convexes, réguliers ou irréguliers, répondent tous à la formule d'Euler qui relie faces, arêtes et sommets de la manière suivante :

$$\boxed{s + f = c + 2}$$ dans laquelle

s = nombre de sommets
f = nombre de faces
c = nombre de côtés

> Il existe 75 polyèdres possibles[204]. Ils peuvent tous être inscrits dans une sphère, qui constitue l'enveloppe générale, l'Unité qui englobe tout.

Les combinaisons des lois d'équipartition homogènes ou symétriques des éléments moléculaires ou atomiques, permettent de trouver des réseaux cubiques et hexagonaux, mais aucun système pentagonal, *réservé à ce qui est vivant*.

Dans les corps platoniciens, ce qui est propre à la *Vie divine* est exprimé par les formes triangulaires et pentagonales ; les formes carrées ou hexagonales sont l'armature physique nécessaire à cette expression.

Les cellules dites vivantes, contenant un ADN, possèdent, des structures pentagonales et hexagonales associées étroitement. Cependant il ne suffit pas de coudre ensemble des morceaux de cuir épousant la forme hexagonale et pentagonale, pour rendre vivant un ballon de foot : le phénomène de *la Vie* est bien plus subtil que ça !

Relation diverses

- Les Sciences modernes reviennent aux disciplines pythagoriciennes en mettant l'univers en équations : théories de la relativité et mécanique quantique, en attendant une théorie unifiant le tout.
- Le couple formé de Pi [π], la constante universelle du cercle et de la sphère, et de Phi [Φ], le Nombre d'or, également constante universelle, constitue un objet privilégié d'étude. Aussi bien Pi que Phi agissent simultanément dans les domaines linéaires (lignes droites ou courbes), que dans les domaines planaires (surfaces et angles)[205], entrant ainsi dans la riche symbolique des Nombres.
- Matila Ghyka citant Francis Warrain nous dit [206] :
Le rythme est l'expérience du flot ordonné d'un mouvement. Le rythme est au temps ce que la symétrie (répétition de formes semblables dans une comodulation obtenue par une chaîne de proportions) est à l'espace.

---

[204] « En 1954, Coxeter, Longuet-Higgins et Miller ont établi une liste de 75 polyèdres distincts des prismes (convexes ou étoilés) et des antiprismes. Grâce à J. Skilling, on sait depuis 1975 que leur liste est complète » (*Bull, de la société mathématique de Belgique*).
[205] Jérémy Narby, *Op.cit.*, p 311.
[206] Matila Ghyka, *Philosophie et mystique du Nombre*, p. 13

Les polyèdres dans la nature

Le but de tout organisme primitif ou évolué, vivant ou matériel, est très probablement celui qui consiste à occuper au mieux l'espace[207] L'occupation de l'espace débute à une dimension, la ligne aborde doucement l'espace par la forme curviligne, encore ligne continue par sa structure, mais déjà surface par son rayonnement. Benoît Mandelbrot dirait de cette ligne qu'elle a une dimension fractale : elle n'est plus structure à une dimension et elle n'est pas encore une structure à deux dimensions. Sa dimension mathématique est fractale.

Les lignes quelles qu'elles soient, se composent toujours d'une infinité de points juxtaposés

Symbolique du cercle et de la sphère

Si le *point* est à l'origine d'un processus, la *sphère* en est la finalité. Le cercle et la sphère ont la même valeur symbolique, un pour le plan, l'autre pour le volume.

Le cercle est un des plus anciens symboles qui soit. Il est très facile à reproduire et correspond à quelque chose de tangible, comme la Lune, le Soleil, mais aussi un simple rond dans l'eau.

Un caillou lancé dans une mare trace une série de cercles allant s'agrandissant, une ficelle pivotant autour d'un centre trace un cercle. Le cercle est un symbole fondamental que la géométrie éclaire de façon très particulière.

Avant de devenir une équation exprimée dans un système de coordonnées par $[x^2 + y^2 = R^2]$, le cercle a été le lieu géométrique d'une série de points équidistants d'un autre appelé centre, la sphère également.

Par la suite on se rendit compte qu'un rapport unissait le périmètre du cercle au rayon. Archimède, au troisième siècle avant notre ère, avait estimé ce rapport à $[22/7 = 3.1428...]$: il s'agissait d'une approche de la valeur incommensurable et transcendantale de Pi (3.1416...)

---

[207] Jérémy Narby, *Op.cit.*, p. 310

Le cercle symbole de l'Infini[208]

Pour les géomètres, le cercle est un polygone avec un « nombre infini » de côtés. C'est le seul polyèdre à posséder cette propriété. La notion d'infini est donc liée au cercle et à la sphère, d'autant plus que le cercle possède également une infinité d'axes de symétrie, chacun le divisant en deux parties, toujours identiques entre elles.

Comme « infini » signifie « qui n'a pas de fin », le cercle composé d'une infinité de points juxtaposés, n'a ni commencement ni fin, et comme il s'agit d'une ligne fermée, cette ligne s'enroule indéfiniment sur elle-même.

Le centre est le pivot d'un système jouant un rôle fondamental. Sa primauté est indiscutable. Comme le centre du cercle est lui-même un cercle de rayon nul (ou infiniment petit), le cercle et la sphère deviennent, par extension, le symbole du manifesté dans son amplitude maximum, le cosmos.

Comme le point n'a pas de dimension (Nombre [1]), le centre du cercle ou de la sphère est invisible, le rayon et la circonférence (Nombre [2]) composés également d'une infinité de points, sont donc invisibles eux aussi, et pourtant ils sont là. Le centre correspond donc, dans la symbolique numérale au [1], à l'absolu, au non-manifesté, au concept de Dieu, impénétrable à l'entendement.

Le rayon est « toujours » (concept d'éternité) le même pour un même cercle. Le rayon est aussi indispensable au cercle que le centre ; il correspond donc, dans la symbolique numérale, à la différentiation, à la dualité précédant la manifestation. Lorsqu'il agit, (action dynamique), il manifeste le cercle, par une de ses extrémités ; le [2] en action dans l'espace-temps devient le [3].

Le diamètre du cercle (2 fois le rayon) le divise en deux parties rigoureusement égales. Comme le rayon, le diamètre est symbole de la dualité. Ce qui distingue le diamètre du rayon, c'est que par rapport au centre, ses deux extrémités sont en bipolarité, la dualité portée à l'extrême. Dans un cercle, il y a une infinité de diamètres. Cela signifie-t-il que dans le cosmos la symétrie est un phénomène important ?

---

[208] A part quelques considérations personnelles, ce qui suit a été inspiré par le livre de Théo Kölliker, *Croire ou comprendre*, p. 198 à 230)

Par définition, la symétrie est un équilibre. Mais il ne faut pas confondre similarité et symétrie. La symétrie concerne la forme des êtres en elle-même, comme le cercle est symétrique en lui-même (une moitié par rapport à l'autre), et non par rapport à un autre cercle. La symétrie est présente dans la nature, quoique peut-être imparfaitement exprimée comme la tendance qu'elle a à rechercher le Nombre d'or sans jamais l'atteindre. *Cette remarque met en lumière, l'incroyable potentiel symbolique du Nombre [2]*

La circonférence du cercle est ce qui peut être perçu ; le rayon peut être conçu ; ce qui reste quand la circonférence disparaît, c'est le centre, le « Dieu-Absolu », car le rayon disparaît en même temps que la circonférence. Centre, rayon et cercle sont ainsi intimement liés dans l'espace-temps. Avec le Nombre [3], le cercle se manifeste en acte créateur, le cosmos apparaît dans son infinitude, puisque le cercle n'a ni origine ni fin, qu'il est une courbe sans fin, en perpétuel devenir, un concept d'éternité[209].

Cette faculté du cercle à se parcourir sans fin, veut peut-être dire qu'il y a « *création continue* », en tout cas progression dans l'évolution tendant vers le [10] tout en gardant le même symbolisme.

On constate que, dans le cercle et la sphère, un monde symbolique est inscrit ; il s'agit du cosmos dans toute sa complexité d'un bout à l'autre de la création. Ce symbole parle d'éternité, d'infini, de création continue, d'évolution.

  Les taoïstes ont exprimé cette idée par le *t'aï-chi*, le symbole du *yin-yang*, dont j'ai déjà évoqué le symbolisme.

Ce symbole extraordinaire parle par sa simplicité mieux qu'un long discours, il présente non pas un axe de symétrie, mais deux moitiés équivalentes en surface mais non en forme, qui en fait quelque chose de dynamique, exprimant que l'univers est la manifestation du divin. Présenté sous forme sphérique, le symbole du *t'aï-chi*, prend l'ampleur cosmique qui est sa finalité.

---

[209] Cela nous rapproche de la théorie taoïste des mutations qui dit : « *Rien n'a jamais commencé, tout n'est que transformation d'un état antérieur existant* ».

Si la sphère (ou le cercle) constitue l'enveloppe, le cosmos, (les Nombres [1] et [10]), l'intérieur de celui-ci doit concerner les autres Nombres selon leur progression logique et leurs valeurs symboliques propres. De plus, l'analyse des premiers Nombres a montré que le système est binaire, donc que le cosmos contient par définition un univers physique et un univers métaphysique, un monde « réel » et un monde « virtuel » en équilibre. L'univers serait ainsi double et en parfait équilibre dans un monde fait de ses « contraires » qui ne s'annhihilent pas car une « volonté extérieur » s'y oppose.

L'Esprit divin exprimé par l'essence du Nombre [5] soit [$\sqrt{5}$], contenant la *Vie divine* [Φ] *et son inverse la vie physique* [$1/\Phi = \varphi$], va évoluer vers le Nombre [7] qui, animant nos existences, va s'exprimer dans les lieux prédisposés à cet effet en reveillant l'*intelligence*. Cela a été rendu possible par le macrocosme du Nombre [6] complété par le Nombre [8] de l'équilibre cosmique, qui a réveillé la *conscience*, laissant la porte ouverte vers la *connaissance,* Nombre [9].

Pour suivre la logique scientifique de l'évolution de l'univers vers son expansion maximale et son retoutr vers l'origine, le *big-crunch / big-bang*, le cosmos doit suivre la même loi d'expansion-contraction, que les traditions hindouistes nomment l'*inspir et l'expir* de Brahma.

En appliquant la même logique à la *Vie divine*, celle-ci s'épanouira et s'enrichira selon la lopi de l'évolution des espèces.

J'espère ainsi avoir démontré que le symbolisme du *cercle* et de la *sphère* contient bien le messager global de l'enseignement métaphysique des Nombres.

Ce symbole fondamental véhicule une foule d'informations symboliques, dont l'essentiel se trouve exprimé dans les nombreuses diagonales que ce symbole révèle.

Le symbole le plus simple qui soit devient l'expression du grand mystère divin, fait de lumières et d'ombres, de questions sans réponses, mais aussi d'un prodigieux champ d'investigation philosophjique qui tiendra en haleine l'humanuté jusqu'à la fin des temps.

Chapitre 16

****

Symbolique des Nombres
Résumé

La symbolique des Nombres a pour ambition d'expliquer la création du monde, le développement de l'univers depuis son origine jusqu'à l'apparition de la vie, provoquant le réveil de l'*intelligence*, de la *conscience* et la révélation de la *connaissance* d'un phénomène initiateur échappant à la raison cartésienne. Cette symbolique s'appuie sur les Nombres [1 à 10], selon le schéma proposés par Pythagore lorsqu'il affirma que, « *Tout est ordonné par le Nombre* ».

Un chiffre exprime une quantité, un Nombre véhicule un concept, une idée ; les Nombres impairs concernent l'âme du monde, et les Nombres pairs le support matériel permettant à l'âme du monde d'exprimer la vie physique[210] ; les Nombres s'expriment par leur inverse ; l'*Unité* associée à la *Vie divine* (Nombre d'or [Phi]) est omniprésente tout au long du processus symbolique de la progression des Nombres. Telles sont les règles essentielles qui gèrent cette philosophie si particulière[211].

Les idées de Pythagore furent reprisent par Platon et propagées au cours du temps jusqu'à Galilée, qui disait que : « *Le grand livre de la nature est écrit avec l'alphabet de la géométrie* »..

Toute cette théorie le prouve ; la métaphysique des Nombres est intimement liée à la géométrie qui a précédé la connaissance mathématique de plusieurs milliers d'années.

---

[210] Il en va de même pour l'écriture : les voyelles sont les sons qui portent l'âme d'un mot, et les consonnes sont le squelette qui supporte l'ensemble.
[211] Les mathématiques en rapport avec le Nombre d'or sont parfaitement explicites à ce sujet.

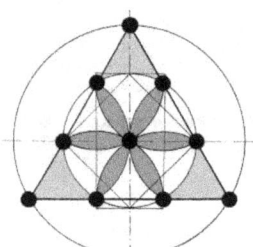 Méconnaissant le *zéro-origine*, Pythagore a exprimé cette idée par la *tetraktys*, somme des quatre premiers *Nombres entiers* exprimée sous la forme d'un triangle, avec sa signification divine.

Depuis l'invention du *zéro-origine* [0] puis du *zéro-rien* [$10^{-\infty}$], cette symbolique s'est considérablement enrichie et la connaissance de l'univers dans les deux directions de l'espace-temps a considérablement progressé.

Même si cet univers reste encore un gigantesque réservoir d'énigmes, il est intéressant intellectuellement de vérifier si les idées de Pythagore sont encore d'actualité, car pour ce philosophe l'univers n'avait ni commencement ni fin, d'où l'inutilité d'inclure dans cette symbolique les Nombres tels *Zéro* et *Infini*.

Il est établi désormais que les Nombres [O, ∞ et 1] sont liés de façon paradoxale, exprimant bien le grand mystère qui entoure la symbolique des premiers Nombres en rapport avec la création de l'univers, montrant comment la physique et la métaphysique se confondent quand on touche le fond de l'irrationnel.

Le Nombre et la connaissance sont intimement liés, affirmait Platon. Or, dans la progression des Nombres existent des intervalles qui se remplissent au fur et à mesure que le *cosmos* se construit. Analogiquement et géométriquement, le *zéro* devient le *point*, le *point* devient la *ligne*, la *ligne* génère le *polygone*, puis le *volume*. L'harmonie et l'intelligence se développent et s'expriment, le plan divin devient concret, s'architecture, évolue et permet à *la Vie* de se manifester. Ainsi géométrie et Nombres seront intimement liés tout au long de ce périple. La géométrie, qui préçéda les mathématiques, occupe une place privilégiée dans ce système, puisqu'elle unifie le Nombre et la forme.

Pour cette raison, la cosmogonie pythagoricienne reprise par Platon a imaginé les polyèdres réguliers exprimant l'évolution du cosmos vers un remplissage toujours plus grand de la « *sphère divine* ».

Le Nombre 0

Le Nombre [± Zéro], (le Nombre du *vide* – de l'*origine* - du *rien*) a une richesse symbolique qui a échappé aux anciens philosophes.

Mon analyse a montré qu'il faut faire une distinction entre trois zéros :

- Le zéro de position ou zéro-vide exprimé dans un nombre tel que 30420.
- Le zéro origine [± 0], passage entre les nombres positifs et négatifs.
- Le zéro-rien qui peut s'écrire (1 $10^{-\infty}$) qui par définition est inatteignable.

Associé à l'*infini*, ce Nombre est devenu essentiel dans la cosmogonie moderne, qui donne un point de départ un *big-bang* à l'*origine* de la création de l'univers visible, logiquement précédé d'un *big-crunch*, dans un espace-temps difficile à imaginer.

Ce monde des *origines* échappe pour l'instant aux physiciens, car il fait partie des singularités qui échappent à toutes les lois et paramètres connus pour expliquer « scientifiquement » ces phénomènes. Pour expliquer que l'univers « est », la physique postule qu'il y avait à l'*origine* plus de matière que d'antimatière et que par annihilation de l'une par l'autre le résultat fut en faveur de la matière. Cela induit un déséquilibre initial qui me paraît faux.

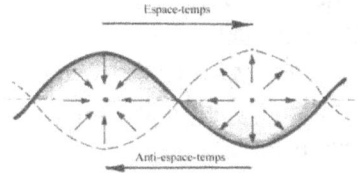

Pour que l'ensemble reste en équilibre, je préfère postuler qu'à l'« *univers réel* » s'oppose un « *univers virtuel* », dans un « *anti-espace-temps* » et qu'ainsi les mondes antagonistes de la « matière et de l'antimatière » ont survécu au combat des origines.

Pour que les deux systèmes ne puissent continuer leur annihilation par superposition, j'ai postulé que les deux aspects complémentaires du monde étaient décalés d'une fraction d'onde l'un par rapport à l'autre. Je reconnais qu'il s'agit d'une hypothèse pseudo-scientifique, mais qui a pour mérite de trouver une explication à un système qui échappe à toutes les lois scientifiques connues.

A moins de postuler la présence d'une volonté extérieure au système tenant écarté les deux aspects du monde. Ce qui est parfaitement hors sciences ! Mais ?

Nous savons aujourd'hui que l'univers est en expansion et qu'il retournera « probablement »[212] un jour vers la source après avoir passé par un point d'équilibre d'expansion finie. Cela induit que la singularité que représente le *big-bang*

---

[212] La physique propose différentes théories pour expliquer la fin de l'univers. Une d'elles dit que l'univers ne cessera pas de grandir et de se diluer et se refroidissant dans un espace toujours plus grand, ce qui contredit mon hypothèse.

suivi de l'expansion de l'univers, est freinée par une autre singularité, celle des « *trous noirs*[213] » qui ramèneront un jour le *tout* vers le *rien*, le *big-crunch*. Et tout recommencera. Il s'agit, à nouveau, d'une hypothèse pseudo-scientifique, qui faute de mieux, me permet d'expliquer ce phénomène. L'unification des théories de la relativité et de la mécanique quantique, espérée pour le courant de ce XXIe siècle, permettra peut-être de trouver une réponse plus scientifique à cette question.

Le Nombre [1] associé aux Nombres [0] et [∞]

Nos connaissances scientifiques actuelles nous demandent d'inclure dans la symbolique des Nombres, les valeurs limites que sont [± O et ± ∞]. Cette nouvelle voie donne au Nombre [1 / Tout], le *Nombre de Dieu*, une dimension différente en repoussant dans les deux directions opposées les limites inaccessibles de ce concept que sont *zéro-rien* et *infini*.

Mais ce nouveau concept de *Dieu* doit être regardé avec circonspection, car si le phénomène *Dieu-Tout* (*l'être*) inclus son antithèse le *néant (le non-être)*, par définition il s'annihile l'un l'autre et le concept même de Dieu disparaît. Pour ne pas subir ce funeste sort, ce concept doit être déplacé au-delà du système dual vers le *Un Absolu*, comme l'avait d'ailleurs imaginé le célèbre penseur chrétien du XIVe siècle, Maître Eckhart. Pour expliquer le phénomène créatif, il faut donc distinguer l'*être* du *non-être*, en divisant l'univers en deux parties complémentaires réagissant l'une sur l'autre, et accepter qu'au-delà de ce concept une *déité* coiffe la manifestation.

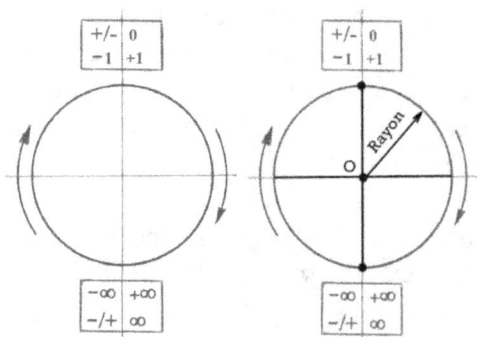

Notre tradition occidentale place le concept de Dieu dans le Nombre [1] de la symbolique des Nombres, occupant la partie *être* de l'évolution de l'univers en le couvrant de l'*infini* vers le haut et le *zéro-rien* vers le bas.

Echappant au regard critique des mathématiciens, ces deux Nombres *infini* et *zéro*, prennent une dimension symbolique qui n'a rien à voir avec l'arithmétique, et deviennent des valeurs charnières permettant de placer, comme le montre la figure ci-contre, tous les Nombres positifs et négatifs sur le périmètre d'un cercle.

---

[213] Trous noirs : Voir le chapitre 2 , *l' Univers*.

Comme le décrit la symbolique du cercle (ou de la sphère), du centre [1] (équivalent à une sphère de volume nulle) représentant le « Point-Un-Dieu-Absolu », jaillit un rayon [2] qui en balayant tout l'espace-temps autour du centre (la dualité dynamique) rejoint le *cosmos* [3] qui, en s'accroissant, va tendre vers une sphère de volume *infini* [10], (le [Un/Tout]). Ce système est dynamique en ce sens que le rayon ancré sur le centre invisible décrit le cercle ou la sphère, dont la limite est une ligne ou une surface courbe sans début ni fin, composée d'une infinité de points juxtaposés. Le cercle, ou la sphère, prend donc la dimension de l'*infini* et de l'éternité, qui est bien l'image du *cosmos*.

Ce que révèle ce symbole, c'est que, dans sa forme circulaire, il dessine le Nombre [0], et dans sa diagonale axée sur le [± zéro et ± infini] se trace le signe hiéroglyphique du Un, [I]. Ce qui montre l'étroite interaction entre les deux signes et la subtilité du langage géométrique.

La « sphère cosmique » de dimension infinie a, par définition, un centre [O], placé partout et nulle part, rejoignant ainsi le monde des mathématiques, dont une célèbre singularité exprimée par $\boxed{1/0 = \infty}$ ou, ce qui revient au même, $\boxed{0 * \infty = 1}$.

On constate que l'inverse de *zéro* donne l'*infini* ou que *zéro* multiplié par *infini* vaut *Un* et non pas *zéro* comme le voudrait la logique arithmétique; il s'agit d'une équation rigoureuse, mais parfaitement irrationnelle, comme toute spiritualité, qui parle en faveur de l'étrange connivence qui règne entre les nombres [1, 0 et ∞].

Il existe d'autres singularités du même genre qui mettent en évidence le fait que les Nombres [O, ∞ et 1] sont liés de façon paradoxale, exprimant bien le grand mystère qui entoure la symbolique des premiers Nombres, rendant leur interprétation si difficile. La richesse contenue dans ces deux *Nombres-limites* en rapport avec l'*Unité*, montre comment la physique et la métaphysique se confondent quand on touche le fond de l'irrationnel.

La *Monade* [1] est un Nombre aux propriétés uniques, défini en mathématiques de plusieurs façons ;

- N'importe quelle grandeur divisée par elle-même vaut Un [$a/a = 1$], c'est-à-dire qu'une chose ne peut être divisée par elle-même qu'une seule fois.
- L'inverse de Un vaut Un [$1/1 = 1$]. Dieu est égal à lui-même dans la divisibilité.
- Un multiplié par lui-même vaut aussi Un [$1*1 = 1$]. Dieu est égal à lui-même dans la multiplicité.

- La racine carrée de Un vaut Un [$\sqrt{1} = 1$], l'essence de Un vaut Un ; Dieu est égal à sa propre essence.

Il existe d'autres égalités prouvant l'extrême richesse de ce Nombre donnant au concept de Dieu son caractère unique.

Un autre aspect de cette science numérale, c'est la notion de moyenne ou de proportion, générant certains Nombres irrationnels débouchant, en particulier, sur le *Nombre d'or* et la *divine proportion*, soit, *la Vie*, l'harmonie et la beauté, permettant le développement de la vie physique, de l'architecture sacrée et de la musique

Dans ce postulat se dessinent certains aspects de la « Vérité » fondamentale :

- Dieu est considéré en tant que « concept », il n'a rien d'anthropomorphique et reste indéfinissable.
- L'Esprit divin et la *Vie divine* intimement liés, sont omniprésents dès l'origine, animent la matière, et permettent la multiplication des existences.
- *La Vie* émane de l'*Unité* telle une pulsation rythmée qui engendre toutes les formes d'existences dans l'ensemble de l'univers.
- L'évolution est la loi de *la Vie* : elle a lieu par cycles comme tout dans l'univers.
- Si le Nombre est la loi de l'univers, l'*Unité* est la loi de Dieu.
- La *connaissance* véhiculée par le message des Nombres montre clairement que le phénomène interfère d'un Nombre sur l'autre. L'*Unité/Tout*, exprimée par le « Un inséré dans un cercle, ① », se trouve omniprésente tout au long de la chaîne. Tous les Nombres sont engendrés par ①.

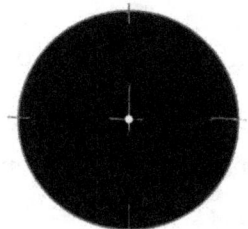

La façon la plus simple d'exprimer géométriquement ce Nombre [1] est celui d'un cercle noir contenant en son centre un point lumineux. Tant que le centre est visible le symbole est *Un* ; quand le centre disparaît, le *Un* devient le *zéro* et quand le cercle se rempli de lumière le *Un* devient l'*Infini*.

Peut-on s'arroger le droit de mettre Dieu en équation ? Fort nous sommes de constater que si *Dieu Est*, il ne peut être que *Un et Tout*.

Malgré son apparente simplicité, il est difficile de parler du *Un,* car il s'agit d'un Nombre du domaine de l'absolu, créateur mais aussi accompagnateur dont l'échelle varie constamment. Ce n'est qu'à partir du Nombre [4] que le phénomène créatif commence à se clarifier.

Le Nombre 2

Nombre de la dualité, [2] représente l'univers dans sa phase de *différentiation*, lorsque sous la volonté de l'action créatrice, la lumière issue de cette volonté « divine » initia le processus de la création. Il s'agit d'une phase très particulière du phénomène qui vit deux mondes se diviser puis s'annihiler tout en sauvegardant une partie de leur substance permettant ainsi à l'univers tel que nous le connaissons, d'être.

On se trouve dans un monde où les physiciens ne s'aventurent pas, car il échappe à toutes les lois connues, si bien qu'ils ont dressé un mur fictif appelé mur de Planck, à 10^{-43} seconde après le big-bang. Si *nous sommes,* c'est que de l'autre côté, celui du *non-être*, un *antimonde* se pose probablement les mêmes questions que nous. Désormais, matière et antimatière vont coexister sans jamais pouvoir se rencontrer et s'annihiler.

Cette phase si particulière de la création, est intimement liée au phénomène du temps qui se combine à l'espace. Un anti espace-temps composé d'anti matière dans un antimonde équilibre le système. Le monde est *binaire* [2] par l'action de l'espace-temps agissant comme moteur : mais par cette action dynamique, le *binaire* est déjà dans le *ternaire* [3].

Le symbole qui exprime le mieux ce message est le symbole taoïste du *yin-yang*, qui associe *binaire* et *mouvement*. Le *binaire*, c'est le [il y a] et le [il n'y a pas].

Ce symbole est dynamique et montre que les opposés ont leurs racines dans leurs compléments ; le blanc contient une parcelle de noir et réciproquement

En physique des particules, cela signifie, que la matière a ses racines dans l'antimatière et réciproquement le temps dans l'anti-temps, etc.

Cette phase si particulière du phénomène créatif, conduit le monde vers la *manifestation*, propre du Nombre [3], quand l'univers commence à fabriquer par interaction, les premiers atomes de matière.

Les Nombres [1, 2 et 3]

Le Dieu-Absolu, Principe englobant le Tout, le ⊕, contient en une *Unité* le double univers, le réel et le virtuel. Dans ce concept, Dieu se situe au-delà, en deçà, mais aussi dedans et dehors, il « est » et « n'est pas » en même temps sur tous les plans, dans un espace-temps dynamique impossible à imaginer.

Cela permet de mesurer la faiblesse de notre vocabulaire pour exprimer des choses qui dépassent notre intelligence.

Seule la pensée de Maître Eckhart, qui a placé une déité au delà du *binaire*, a su concilier les aspects incompatibles de ce phénomène. Après ce passage si singulier du [1 et 2], l'univers que l'on connaît se situant du côté de l'*être* peut exprimer le début de la manifestation.

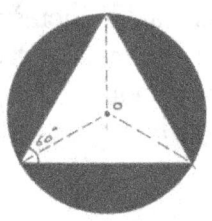 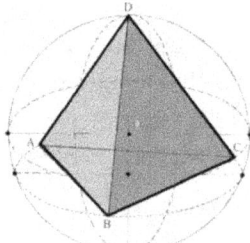

Tétraèdre dans sphère

Désormais, le Créateur et sa Création sont exprimés par le symbolisme des Nombres [1 à 3], constituant un *Tout*, une *Trinité* et déjà une *Quadri-Unité* dans sa forme spatiale.

On entre dans le monde de la manifestation, dans sa volonté d'entrer en action. Ses symboles-plans sont le triangle équilatéral et le point, devenant sous l'action dynamique du temps, le *tétraèdre* dans la sphère. Le premier corps platonicien commence à remplir l'espace-temps.

Le cercle et la sphère expriment, dans un monde encore en devenir, le premier des Nombres irrationnels et transcendants, pi [π], ainsi que le Nombre d'or grand phi [Φ] et son inverse, petit phi [φ], omniprésents dès l'origine.

Le Nombre [4]

Le Nombre [4] correspond à un monde prêt à se manifester; il ne s'agit encore que d'un « cadre formateur » comprenant les quatre éléments symboliques, qui permettront plus tard aux choses d'exister. Le Nombre [4] constitue en quelque sorte le premier support physique; il est intimement lié aux Nombres qui le précèdent.

Le Nombre [4] correspond à la transformation de l'énergie primordiale pure en structures atomiques de plus en plus lourdes, vers toujours plus de complexité, jusqu'à la formation des molécules simples et complexes, des étoiles et tout ce qui peuple le cosmos.

Par cette première transformation due aux interactions énergétiques entre les particules élémentaires, et par les quatre forces[214] fondamentales qui gouvernent l'univers physique, le phénomène de l'entropie commence à se généraliser : désormais, l'univers va s'user progressivement en se transformant sans cesse. Si l'Energie fondamentale pure est d'origine divine, elle devrait échapper à ce phénomène et probablement alimenter, en continu, le système.

Les symboles correspondant au Nombre [4] sont le *carré,* l'*hexaèdre* (le cube), mais aussi l'*octaèdre,* deux des corps platoniciens inscrits dans la sphère-unité remplissant de plus en plus l'espace structurant l'univers.

Le Nombre [5]

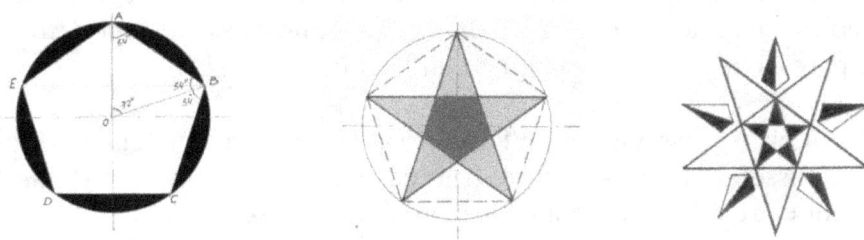

---

[214] Ces 4 forces sont : la force nucléaire, la force électromagnétique, la force faible et la force de gravité. Voir chapitre premier.

Le Nombre [5] exprime l'*Esprit divin* véhiculant la *Vie divine* [Φ], le microcosme étendu à tout ce qui un jour existera ; cette valeur est l'expression d'une *Volonté divine* de répandre généreusement *la Vie* dans tout l'univers.

Cette prodigalité est prête à pulser et à se répandre partout pour féconder les lieux de l'univers où les conditions sont réunies pour qu'elle puisse se manifester sous de multiples formes d'existences. S'agit-il de ce qu'on appelle dans la religion chrétienne, l'Amour de Dieu ?

Son symbole est le *pentagone régulier*, engendrant *l'étoile à cinq branches*, et l'étoile dite « flamboyante » quand la Lumière de cet amour vient l'animer en s'apparentant au décagone régulier

Par le principe d'inversion qu'elle développe en son sein, l'étoile alternativement renversée et debout exprime l'idée des cycles de vie et de mort, selon la règle universelle des phénomènes ondulatoires. Il est à remarquer que lorsque *l'étoile à cinq branches* est doublée en *décagone*, le système est équilibré, et rejoint le symbolisme du Nombre [10].

Le Nombre [5] dans le cercle met en évidence les deux premiers Nombres irrationnels que sont pi [π] le Nombre du cercle et de la sphère et le Nombre d'or, grand phi [Φ] et son inverse petit phi [φ], contenus dans l'étoile à dix branches. Ces Nombres ayant valeur d'harmonie et de beauté génèrent *la Vie divine* et la *vie physique* universelle et se trouvent présents dès l'origine des choses, comme le montre les séries de chiffres conduisant au Nombre d'or[215]. Porteurs de ce message, ils sont la quintessence du message des Nombres sacrés.

Au-delà du *pentagone-plan* se dessine le monde de l'espace, celui de l'*icosaèdre* fait de 20 faces triangulaires accolées, du *dodécaèdre* fait de douze pentagones accolés, mais aussi du *triacontagone* nommé aussi *icosidodécaèdre*, composé de 12 pentagones et de 20 triangles équilatéraux accolés.

Ce dernier, n'étant pas régulier, ne fait pas partie des corps platoniciens, bien que ce corps remplisse mieux l'espace contenu dans la sphère que le *dodécaèdre*. Ces polyèdres sont en relation étroite avec les propriétés du *pentagone* développées dans l'espace à trois dimensions, donc avec le Nombre d'or. Ils sont tous développables en plan, ce qui rend leur construction très facile.

---

[215] Séries de Fibonacci et de Luca Pacioli. Voir le chapitre 13.

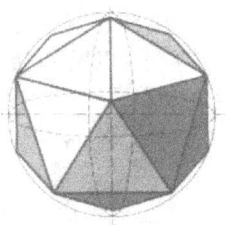 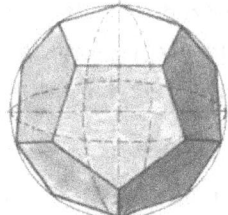 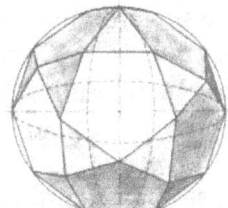

Icosaèdre — Dodécaèdre — Triacontagone

L'Icosaèdre par la forme triangulaire de ses 20 faces, exalte, par le Nombre [3], le Principe divin dans l'espace-temps ; le dodécaèdre par la forme pentagonale de ses 12 faces exprime la *Vie divine* dans sa volonté d'incarnation dans tout l'univers et le *triacontagone ou icosidodécaèdre*, par les formes triangulaires et pentagonales de ses 32 faces associe, en les transcendant, les Nombres [3] et [5] ; de la présence divine émane *la Vie* dans l'univers.

Parler du *divin* fait réagir les incroyants et les sceptiques, car il induit immédiatement une relation dogmatique, renforcée encore quand on y mêle la *Vie divine*. Pourtant un lien incontestable unit ces deux phénomènes, puisque en mathématique, l'essence du divin, [√5], vaut exactement la somme de la *Vie divine* et de la *vie physique*.

$$\sqrt{5} = \Phi + \varphi = 1,61803\ldots + 0,61803\ldots = 2,236o\ldots = \sqrt{5}$$

Le Nombre [6]

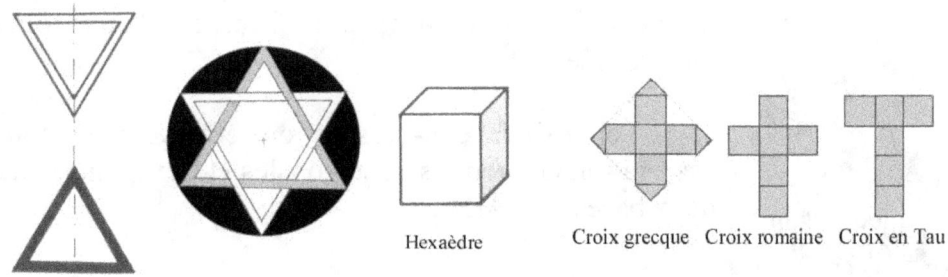

Hexaèdre — Croix grecque — Croix romaine — Croix en Tau

Le Nombre [6] correspond au *macrocosme*, à l'univers tel qu'on le connaît. Il est le support matériel organisé pour manifester *la Vie*. Son symbole est le double triangle équilatéral entrelacé, appelé aussi *hexagramme* ou « sceau de Salomon », exprimant que l'esprit et la matière sont désormais intimement liés.

C'est aussi, par extension, les cinq corps dits platoniciens auxquels s'ajoute le *point* [± 0], soit les [5 + ①] figures qui expriment dans l'espace sphérique, selon la vision des premiers grands philosophes de l'Antiquité, les grandes étapes de la création.

Le [6] est aussi symbolisé par l'*hexaèdre* (le cube) et *les croix* qu'offre son développement, induisant un rapport subtil unissant l'univers (l'espace) et la spiritualité.

Par le Nombre [6], les planètes dites telluriques, bien disposées dans l'univers, offrent le décor idéal pour manifester *la Vie*. La Terre en fait partie.

Dans la nature physique cristallisée, on trouve l'*hexaèdre* (le cube), l'*octaèdre* et leurs dérivés, mais jamais les polyèdres à armature pentagonale tels l'*icosaèdre* et sa réciprocité, le *dodécaèdre* ainsi que leurs dérivés, réservés à l'expression de la *Vie divine* et de la *vie physique,* car construits sur les propriétés du pentagone.

Dans le monde cristallisé, l'*hexagone* et l'*hexaèdre* sont très présents : par exemple, les cristaux de neige et de nombreuses molécules adoptent ces formes pour se manifester. Dans l'espace-temps universel, un autre polyèdre non régulier, *l'icosaèdre tronqué*, appelé trivialement « ballon de foot », associe douze pentagones de la *Vie divine* à vingt hexagones de l'univers macrocosmique exprimant que *la Vie* est désormais intimement liée au monde physique.

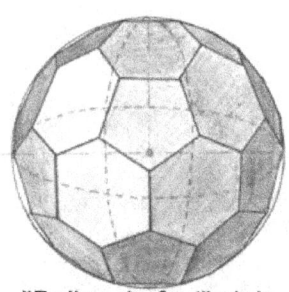

"Ballon de foot" plein

"Ballon de foot" ajouré

Ce polyèdre développable en plan, inventé par Léonard de Vinci, donne le meilleur remplissage possible de la sphère. Au-delà de ce polyèdre, la « Sphère divine », faite d'une infinité de faces, synthétise tout ce qui précède.

Selon l'image ci-dessous, on retrouve cette étrange association des formes pentagonales et hexagonales dans deux bases de l'ADN.

Cette analogie entre l'association de ces deux polygones et l'ADN est intéressante car liée au support intime de l'expression de la Vie manifestée.

Comme malheureusement, il ne suffit pas d'assembler des morceaux de cuir de formes pentagonales et hexagonales pour rendre vivant un ballon de foot, le mystère de la vie manifestée reste encore à découvrir. Mais la voie offerte par ces formes géométriques, agissant peut-être comme « coefficient de forme lié au *Nombre d'or* » est-elle la clé du mystère de la Vie ?

Le Nombre [7]

Le Nombre [7] prolonge le symbolisme cosmique du Nombre [5], la *Vie* va désormais se manifester sous de multiples formes d'existences.

Le Nombre [7] constituant l'*heptagone étoilé*, c'est aussi la première association des Nombres [3] et [4], qui présente la loi unissant ces deux valeurs, Dieu [3] à la Création [4].

On retrouve ce schéma, en particulier, dans la prière chrétienne du *Notre-Père* ; les trois premières strophes étant adressées au Père (à Dieu), et les quatre dernières à la création et à l'être humain. Le Nombre [7], permet aux formes d'existences les plus variées de s'épanouir et d'animer une planète présentant toutes les conditions pour exprimer la Vie.

D'origine divine, *la vie manifestée* a été sanctifiée par tous les grands mouvements religieux de l'Antiquité à nos jours. Pour donner encore plus de relief à ce phénomène, *la Vie* s'associe à l'expression de la lumière physique qui dispense la vie sur Terre avec son corollaire beaucoup plus subtil, la *Lumière spirituelle* qui dispense la *Vie divine*.

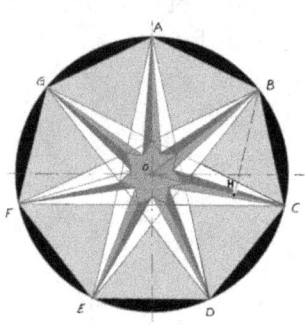
La *vie* incarnée depuis sa plus simple expression jusqu'à la plus développée développe l'*intelligence*, qui n'est rien d'autre que la faculté de s'adapter à un environnement

Le cœur de l'étoile à sept branches (siège de la vie physique) ne s'inversant pas comme pour l'étoile à cinq branches (siège de la Vie divine), ce phénomène exprime que la vie physique s'arrête avec l'épuisement de son support.

Une particularité de ce polygone est de ne pas manifester avec précision le *Nombre d'or*. En effet, si dans tous les autres symboles numériques le *Nombre d'or* est établi avec précision, dans l'*heptagone* il n'apparaît qu'avec une précision de 85 %. Cette singularité nous confirme que la nature recherche le *Nombre d'or* sans jamais l'atteindre. Dans le même ordre d'idée, il ne suffit pas de dessiner une étoile à cinq branches approximative pour faire naître le *Nombre d'or*. Pour que le miracle s'accomplisse, il est nécessaire que le symbole soit dessiné avec précision et soin. Ce qui a été dit au sujet de la relation imprécise du Nombre d'or dans le symbole géométrique de l'heptagone, s'efface dans son expression mathématique.

Le Nombre [8],

Le Nombre [8] est symboliquement le Nombre de l'équilibre cosmique, par les quatre directions cardinales auxquelles s'ajoutent celles des directions intermédiaires, ce qui fait de ce Nombre un achèvement, une complétude.

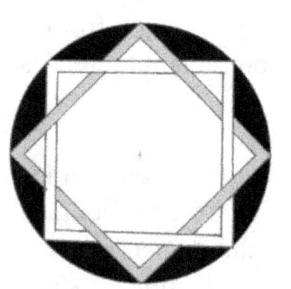
Ce Nombre succédant au Nombre [7] reflétant l'*intelligence* dans le monde du vivant, induit la *conscience*, qui est en quelque sorte le fruit de l'*intelligence* propre aux êtres évolués. De ce fait, ce Nombre, va se retrouver dans beaucoup d'édifices sacrés. On le trouve aussi bien dans les clochers octogonaux de nos églises et chapelles que dans les mosquées de l'Islam.

Par ce Nombre, l'être humain prend *conscience* de son évolution et crée son propre univers de pensée. La raison qu'il développe devient l'outil de son *intelligence*, pour dévoiler les secrets de la nature et de son environnement matériel et spirituel.

Son symbole est le double carré enlacé, mais aussi les [2*4] directions de l'espace, conduisant au chrisme des premiers chrétiens, et aux mandalas bouddhistes, expression du cosmos et du panthéon divin.

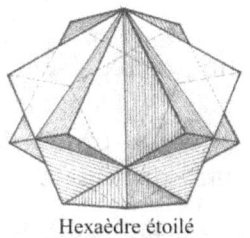
Hexaèdre étoilé
2 cubes entrecroisés

Son inscription dans le cercle le rapproche ce Nombre de son aspect cosmique par le cube et l'octaèdre, de même que par le double cube enlacé (qui n'est pas un corps platonicien).

Le Nombre [9]

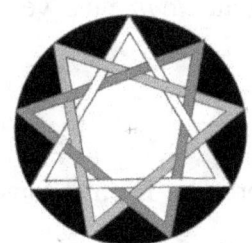

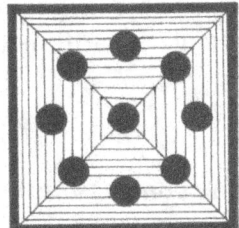

La roue du Nombre [8] ne fonctionne que par son moyeu : le [9] couronne ainsi les efforts, l'achèvement de la création.

Son symbole est celui des trois triangles enlacés étoilés, exprimant la triple nature des mondes en accomplissement.

Si l'*intelligence* éveille la *conscience*, celle-ci va s'ouvrir vers la *connaissance*, qui n'est pas une accumulation de savoir et de culture mais quelque chose tourné vers le spirituel.

La *connaissance* est donc quelque chose de difficile à définir, car elle fait partie d'un domaine réservé à un monde hors du nôtre, celui de *l'esprit divin*, vers lequel nous tendons et que résume la complexité du grand symbole du *carré-long, le rectangle de la connaissance*.

Dans le christianisme, le Nombre [9] est devenu le Nombre de Jésus-Christ, qui, en disant « *Je suis l'alpha et l'oméga, le principe et la fin* », exprimait qu'il représentait un ensemble, un tout. Alpha étant la première lettre de l'alphabet grec (valant 1) et Oméga la dernière (valant 800) la somme de ces lettres en numérologie équivaut à [9].

Le Christ cosmique représenté par Jésus sur Terre est considéré par le christianisme, comme la voie conduisant vers la *connaissance*. Considéré comme la deuxième personne de la *Tri-Unité divine*, mais aussi l'expression de *l'essence de la Vie divine,* il montre quelque chose qui couvre toute la création d'un bout à l'autre du phénomène[216].

Dans le jardin d'Eden, les hommes furent chassé du paradis pour avoir osé enfreindre la loi de Dieu « *Tu ne toucheras pas aux fruits de l'arbre de la connaissance* » : l'infraction à cette règle, appelée le péché originel, conduisit nos ancêtres à connaître la mort. La recherche de la *connaissance* de Dieu devint un parcourt difficile et semé d'embûches, dont les conséquences entravent encore l'accès à cette valeur fondamentale.

La subtilité de la *connaissance* qui devrait nous conduire au *divin* puis vers *Dieu*, a une particularité arithmétique qui s'écrit :

$$1 = 0.999999....\text{tendant vers l'infini}$$

exprimant qu'une *connaissance infinie* est nécessaire pour comprendre Dieu et tous ses mystères.

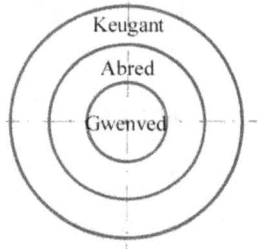

Ces idées, qui pourront paraître nouvelles voire modernes, était déjà intégrées dans la religion de nos lointains ancêtres celtiques qui avaient imaginé un monde universel incluant le niveau de l'homme, celui du divin et celui de Dieu en trois cercles concentriques, proportionnés aux Nombres [3, 6 et 9][217].

Triple enceinte druidique

---

[216] L'arithmétique du Nombre d'or, longuement détaillée dans le chapitre 13, éclaire ce message divin.
[217] Cet aspect est développé dans le chapitre 11, parlant du nombre [9].

Une connivence spirituelle et philosophique est de plus en plus mise en évidence en gravissant la chaîne des Nombres sacrés. Et cette *connaissance* ne date pas d'aujourd'hui.

Le Nombre [10]

L'achèvement du processus créatif est représenté par le Nombre [10], le retour à l'*Unité*.

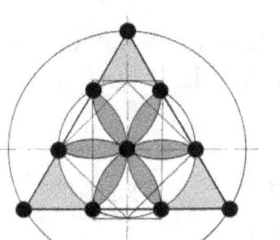

Pythagore a parfaitement résumé ce message par la tetraktys qui est la somme des 4 premiers Nombres [1 + 2 + 3 + 4 =10]. La *décade qui* contient le *tout* comme le *Un* le contenait déjà. Un examen attentif de ce symbole montre qu'il contient en son sein, les autres symboles géométriques.

Pour concrétiser ses idées Pythagore a, en plus, lié le message des Nombres à des polyèdres réguliers qui définissent la structure de l'univers en y incorporant la quintessence, l'âme, *la Vie*.

Après le *chaos* vient l'*ordre*. Dans un avenir inconnu, le système « *réel-être* » accomplira son retour vers sa fin-origine, alors que sa partie « *virtuelle-non-être* » continuera à établir l'équilibre du *tout*.

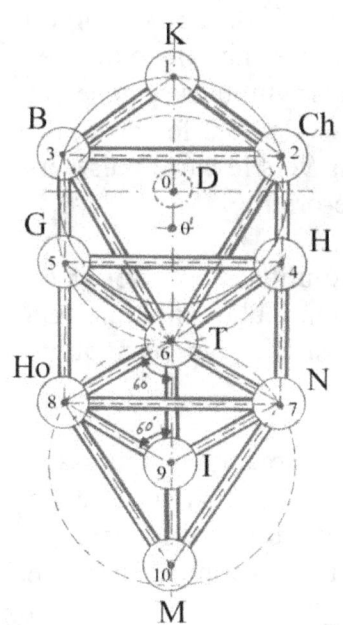

Le plan divin sera alors achevé au moins pour un cycle ; la pensée hindoue en parlant de l'*inspir* et de l'*expir* de Brahma, l'avait déjà imaginé il y a fort longtemps, laissant présager que la roue tournera sans fin.

*

L'arbre séphirotique de la Kabbale hébraïque, appelé *arbre de vie*, exprime lui aussi l'idée d'un plan de la création, qui se construit à partir d'un cercle-origine contenant en devenir les dix Séphiroth.

Comme je l'ai démontré dans le chapitre 12 cet arbre se développe selon un procédé qui part d'un cercle-origine pour s'étendre à tout l'univers en disposant les dix séphiroth (attributs de Dieu) sur un axe vertical.

En résumé, cet arbre enseigne qu'à l'origine, avant toute différentiation, Dieu est omniprésent.

Pour le judaïsme, Dieu-Jahvé est déjà « Je suis », avant de se manifester. Il est dans un lieu géométrique défini au centre du cercle-origine, assimilé à la onzième Séphira appelée « Daath ».

Pour finir sur une note poétique ce merveilleux poème de la connaissance des Nombres, en relation avec « *la musique des Sphères* », l'harmonie, la beauté et le Verbe, concluons en citant ces vers attribués à Dom Néroman :

La musique est un Verbe accessible et secret,
La gamme est un frisson de l'Enigme Géante ;
Une corde immobile est un Nombre muet,
Une corde qui vibre est un Nombre qui chante.

Les trois Tables mystiques

Dans le chapitre 14, en parlant des trois *tables mystiques* que sont le *cercle du Ciel*, le *carré de la Terre* et le rectangle de grandeur [2 sur 1], dit *carré-long* ou *rectangle de la connaissance,* j'ai abondamment parlé de la voie initiatique que ces symboles véhiculent. J'ai démontré comment ces trois grands symboles se génèrent l'un l'autre dans la *voie involutive*, par la quadrature du cercle vers le carré puis vers le carré-long et par la quadrature inverse du carré-long vers le carré puis vers le cercle dans la *voie évolutive* ramenant l'initié vers l'Unité-origine.

Ces symboles sont à ce point important qu'ils ont été utilisés pour servir de plan directeur dans de très nombreux édifices religieux, en particulier chrétiens. On les retrouve exprimés dans les cathédrales gothiques aussi bien en plan qu'en élévation. La cathédrale de Lausanne, en est un fameux exemple.

Le *rectangle de la Genèse* contient, à n'en pas douter, un message symbolique auquel nous sommes soumis inconsciemment. La voie offerte ne s'ouvre qu'à ceux qui veulent s'y aventurer. Nous disposons d'un libre arbitre, qui peut s'arrêter sur n'importe quelles diagonales symboliques exprimées dans ce rectangle si particulier ou aller jusqu'au bout de la démarche. On peut très bien refuser Dieu ou l'ignorer, ce qui est encore plus facile. *La Vie* nous enseigne et la nature nous parle, gardons nos sens en éveil.

Le message si particulier de cette philosophie appelée « géométrie », pourrait continuer encore et encore. Cette philosophie antique parle au cœur et à la raison sans emprunter la voie, souvent si pauvres, des mots. Elle ne sait pas mentir, et offre une voie royale vers la connaissance secrète du monde du divin, le seul niveau spirituel probablement accessible à l'âme de la Vie après la dissolution du corps physique.

**« Tout est ordonné par le Nombre »
affirmait Pythagore il a 2500 ans**

**Tableau exécuté par l'auteur
sur la base de dessins de Léonard de Vinci**

Il y a plus de quarante ans, j'ai dessiné ce tableau construit avec des dessins de Léonard de Vinci centrés sur les tables mystiques et des symboles géométriques qui s'y encastrent parfaitement. Je laisse le lecteur de ce texte face au chemin que ce dessin propose.

A droite en haut du tableau la main discrète de Dieu, à peine voilée, montre un polyèdre évidé (qui n'a pas encore de consistance) ; le triacontagone constitué de triangles équilatéraux et de pentagones avec leur symbolisme universel.

Comme rien ne peux s'exprimer sans un observateur (principe fondamental de la mécanique quantique) le regard de Léonard de Vinci donne vie à l'allégorie,

L'ours placé au bas de l'image guide au compas une barque chahutée par les flots et les vents contraires et affronte un aigle couronné qui semble protéger la Terre et l'accès à la connaissance, symbolisée par les trois tables mystiques.

L'ours est dans une barque dont le mat est un arbre vivant qui symbolise la Nature en s'éveille revendiquant sa place dans le grand mouvement de la Vie.

Le centre du tableau relie l'homme nu, dans ses proportions harmonieuses, imposées par les Tables mystiques en quadrature, en donnant un sens à l'univers générant la Vie.

Le lion attaché à la quadrature du carré vers le cercle, malgré son attitude agressive, regarde et interroge celui qui permet de son regard, à animer l'ensemble.

Tout est ordonné par le Nombre, affirmait Pythagore. Ce tableau, en allégorie, révèle le mystère du nombre des nombres. Le Nombre d'or, Nombre de la Vie divine.

Chapitre 17

****

Dieu et nos points d'interrogation

*Celui qui trouve tout dans l'Unité, qui rapporte tout à l'Unité
et qui voit tout dans l'Unité, peut avoir le cœur stable
et demeurer en paix avec Dieu*
Imitation de J.-C.

*Celui qui me voit partout et qui voit tout en moi
ne peut plus me perdre ni être perdu pour moi.*
Bhagavad-Gita

La mythologie est inscrite dans l'histoire des étoiles. Pour comprendre tant soit peu cette forêt d'énigmes, l'être humain a inventé les religions. Pour suivre cette voie, doit-on se référer à Cicéron qui faisait dériver le mot *religio* (religion) de *relegere* (relire), ou suivre Lucrèce qui préférait voir dans ce mot *religare* (relier) l'origine de ce mot ? Faut-il relire l'univers en réinterprétant les informations scientifiques accumulées par des siècles d'observations, ou faut-il se contenter d'essayer, par ce biais, de rassembler des individus, de les relier, en une communauté de croyances ?

La voie proposée par Lucrèce n'a pas fait ses preuves, puisqu'une quantité de crimes et d'atrocités ont été commis au nom des religions. La *vérité* éparpillée dans les communautés religieuses n'a jamais permis un véritable dialogue entre les êtres humains. De ce point de vue, une religion dogmatique est une catastrophe pour le *divin,* qui se nourrit de spiritualité et non pas de dogmes.

Ayant franchi une étape cosmique marquée par les symboles des Poissons/Vierge, l'humanité va entrer dans un siècle environ, dans l'ère du Verseau/Lion.

Ne devrait-on pas profiter de cette opportunité pour avoir le courage de rassembler les parcelles de vérité disséminées un peu partout, pour favoriser l'éclosion de la paix, au moins religieuse ? Cela présuppose (il n'y a pas d'autres voies) l'abandon de l'orgueil et de la vanité, surtout celle du pouvoir.

Tout au long de cette étude, je me suis efforcé de chercher les traces d'une théologie qui est appelée ici « *Vérité* », un des nombreux noms de ce Dieu absolu, transcendant et inconnaissable.

Malgré les extraordinaires progrès faits dans la connaissance de l'univers, de l'infiniment grand à l'infiniment petit, ce que l'on en sait aujourd'hui provoque autant de questions qu'au temps des philosophes-astronomes de l'antiquité. Les mystères galactiques ont été déplacés dans l'espace-temps dans la même proportion que ceux du monde des particules élémentaires. Notre environnement universel bâti sur l'intelligence et la beauté inspire un immense respect à celui qui l'analyse.

La mécanique quantique qui étudie la structure intime de la matière en échappant aux règles régissant l'univers dans sa structure spatiale, met en relief le fait qu'un observateur, extérieur au système, est indispensable pour faire que les choses soient.

Cette affirmation converge vers l'idée que dans le cœur des choses, physique et métaphysique sont intimement liées. Sans mettre un nom sur cet observateur, le croyant ne peut s'empêcher de penser à ce Dieu mystérieux et incommensurable situé au-delà des choses. Un maître d'un univers hors du temps et d'un l'espace sans dimensions.

En ce qui concerne les mystères de l'origine de la vie sur Terre et ailleurs dans l'univers, la découverte de l'ADN et du génome humain a certainement permis de comprendre le mécanisme subtil du développement des espèces vivantes, sans expliquer comment cela a été possible. Comment des cristaux inertes, sans vie, se sont-ils mis à exister, à se nourrir, à se multiplier et à mourir ?

Des hypothèses d'implantations extraterrestres de l'ADN, véhiculé par des météorites ou des fragments de comètes, ne font que repousser ailleurs l'origine du phénomène. Même si le hasard et le temps ont pu combiner la structure cristalline complexe de l'échelle de l'ADN avec ses milliards de bases et celles des protéines qui permettent son utilisation, laissant la possibilité à des structures chimiques de se transformer en cellule vivante, cela n'explique pas pour autant comment la *Vie* elle-même a commencé.

Le monde scientifique a donc tendance à nier *la Vie* au seul profit des manifestations connues, que j'appelle « existences » pour bien distinguer les deux aspects de cette « vérité ».

Je suis persuadé que *la Vie* est émane de ce qu'on appelle communément « Dieu » - sans trop chercher à expliquer ce que ce mot signifie - et que l'univers, dans toute sa complexité, n'a de raison d'être que pour manifester *la Vie*.

Mais aucun animal ne peut se rendre compte de ce subtil environnement, seule l'espèce humaine douée d'une conscience développée a le pouvoir de chercher à comprendre. Il va de soi que quand je parle de l'espèce humaine, je comprends également toutes les manifestations vivantes ayant évolué, au moins au même niveau que nous, ailleurs dans l'univers.

Comme le brave Giordano Bruno, qui fut brûlé vif au XVIe siècle pour l'avoir pensé, je soutiens que l'univers est largement habité, même si cela implique l'idée très hérétique que l'émanation christique de Dieu se soit manifestée ailleurs que sur la planète Terre.

Dans cet ouvrage, j'ai aussi essayé de démontrer que Pythagore avait raison de dire que l'univers est gouverné par les Nombres et que ceux-ci s'expriment par leur inverse. Cela fait-il de Dieu un mathématicien géomètre ? A t'on le droit de mettre Dieu en équations ? J'ai pris le risque de cette option. Galilée et Einstein ont tous deux affirmés que les mathématiques étaient le langage de l'univers. On peut donc légitimement admettre, que, les mathématiques sont aussi le langage de Dieu !

La symbolique liée aux Nombres et à la géométrie qui s'y associe logiquement a montré le développement d'une forme-pensée cohérente, et même mathématique. L'exemple le plus frappant de ce phénomène est lié au Nombre d'or véhiculant la *Vie divine* omniprésente dès l'origine et que seuls les symboles géométriques et mathématiques permettent de mettre en évidence.

La symbolique des Nombres a aussi montré que les Nombres impairs véhiculent l'âme des choses, et que les Nombres pairs servent de support, de structure porteuse ; qu'à l'exception du Nombre [3] d'un monde non encore manifesté, les Nombres [5, 7 et 9] dessinent des étoiles dans leurs polygones circonscrits. Qui dit étoiles pense lumière, cosmos ou Ciel spirituel, véhiculant une idée-force.

Quant aux Nombres pairs [4, 6, et 8], ils sont le support concret, matériel, permettant à l'idée-force de se manifester, d'abord dans un cadre formateur, puis macrocosmique, avec la particularité pour le Nombre [8] d'évoquer la conscience.

Quant au fait que les Nombres s'expriment par leur inverse, j'ai montré en particulier comment une aberration mathématique pouvait déboucher sur une réalité métaphysique.

En effet, l'inverse de zéro [1/0] valant en mathématique, l'infini [∞], l'équation, $\boxed{0 * \infty = 1}$ conduisait à dire que zéro multiplié par l'infini valait, contre toute logique, « Un ». Ce qui, plus que des mots, parle en faveur du mystère divin.

L'aberration réside dans le fait que tout se passe dans une fraction infinitésimale précédant la limite [∞]. J'ai également mis en évidence dans le chapitre 3, une autre aberration, géométrique celle-là, qui va dans le même sens. Ces exemples illustrent bien l'irrationnel qui accompagne toute réflexion philosophique. Aux valeurs limites que sont *zéro* et *infini*, les mathématiques sont plus proches de la métaphysique irrationnelle que de la pure rigueur mathématique. On fait la même constatation en mécanique quantique quand système corpusculaire et système ondulatoire se confondent au point qu'on ne sait plus à quoi on a à faire, matière ou onde ou les deux en même temps et qu'il faut bâtir de nouvelles théories exigeant la présence d'un observateur extérieur au phénomène étudié pour essayer d'y comprendre quelque chose. Ce qui est proche du *zéro-rien* n'est pas à la portée de la connaissance que nous tentons d'apprivoiser. Même si un jour les scientifiques auront levés certains voiles, aura-t-on pour autant résolu l'énigme du principe générateur de ce phénomène ou n'aurons-nous fait, une fois de plus, que repousser d'un cran les limites de la connaissance ?

Les étranges arabesques baroques, appelées « fractales », inventées par Benoît Mandelbrot, s'ouvrent aussi sur la même interrogation. Cette nouvelle théorie, mêlant calcul et géométrie dit qu'un objet est « fractal » si ses parties contiennent le tout : si, à n'importe quelle échelle, un zoom fait apparaître la forme globale de l'objet initial. Aujourd'hui, les applications de cette nouvelle approche scientifique offrent d'innombrables possibilités touchant à tous les domaines des sciences, mêmes sociales.

Le principe même des « fractales » se confond avec une des définitions *d'un Dieu présent dans toutes ses parties* en se reliant géométriquement au binôme de Newton, d'où émergent les Nombres de la série de Fibonacci conduisant au Nombre d'or et à la Tétractys pythagoricienne.

Dans le chapitre 13, en parlant des images fractales, j'ai aussi montré la parenté entre l'équation des fractales et celle du Nombre d'or, ce qui démontre le lien étroit reliant l'expression du monde matériel à la Vie. Tout est lié.

De nos jours, le concept d'un univers commençant par un *big-bang*, suivi d'une expansion probablement freinée par les *trous-noirs* soumis aux lois de l'entropie propres à tout système mécanique et thermique, jusqu'à une fin appelée *big-crunch*, est généralement admis par le monde scientifique. Si la phase active depuis le *big-bang*, domaine de l'Être, semble assez bien connue, ce qui précède ce moment « zéro-origine» de l'univers échappe par contre à toutes les lois et reste dans l'obscurité la plus complète.

Le problème du rien devenant tout, du non-être devenant être, fait parties des questions sans réponses, liées directement au concept d'un Dieu créateur correspondant à la célèbre interrogation d'Hamlet : « *To be or not to be, that's the question.* » (« Etre ou ne pas être, telle est la question »).

Pour essayer d'éclairer faiblement cette phase si obscure du système universel de la création, j'ai émis l'hypothèse que le concept de Dieu devait être envisagé dans un monde binaire-dualité, englobant les deux aspects « réel » et « virtuel » du phénomène. Le symbole du *t'aï-chi* chinois exprime parfaitement cette idée. Les deux aspects du *binaire* y sont toujours en équilibre, mais dans deux mondes complémentaires et dynamiques. Ce qui m'a fait dire, sans pouvoir l'affirmer, que, lorsque la création aura atteint son apogée physique, son complémentaire métaphysique sera à son minimum, les deux seront inversés au moment du passage *big-crunch/big-bang*.

Mais pour que le système ne puisse pas s'annihiler, les deux aspects « réel » et « virtuel », doivent être légèrement déphasés ou soumis à d'autres lois, aujourd'hui inconnues. Cette pseudoscience n'est qu'un tissu d'hypothèses.

Le potentiel de la création est donc une illusion au sens de la *maya* hindouiste. Faisant partie intégrante du monde des particules, nous ne pouvons pas nous rendre compte de ce monde fait d'illusions et cependant si tangible.

Il nous est impossible d'imaginer un monde hors temps et hors des dimensions spatiales.

Mais la science nous rappelle, avec sagesse, que l'échelle de l'observation crée le phénomène ; nous sommes aveuglés par nos sens : ce n'est qu'à notre mort, après avoir perdu notre ego, que les choses s'éclaireront. Encore faut-il croire à une forme de vie après la mort ; mais là, nous mettons le doigt sur la plus grande des questions, celle qui restera probablement sans réponse, celle qui exige de croire sans comprendre. Il est même possible que ce problème ait plusieurs solutions, et qu'un avenir, spirituel ou non, soit un choix personnel conduisant au néant (au non-être) ou vers un paradis indéfini.

Cela signifie-t-il que tout ce livre ne sert à rien, puisqu'il est impossible de tout expliquer et qu'un acte de foi reste nécessaire ? J'ai l'intime conviction que ce fabuleux univers, à l'intelligence et à la beauté à nulles autres pareilles, à l'aspect terrible et menaçant, parle en faveur d'un concept divin par le fait même de son inexplicabilité, par les paradoxes, par les aberrations, par l'irrationnel, qui en constituent la trame.

Cette conception de la divinité nous éloigne d'un Dieu, bon, compatissant, ayant créé l'être humain à son image. J'ai toujours été gêné par cet anthropomorphisme ; si nous sommes créés à l'image de Dieu, cela devrait se comprendre au sens large, soit un corps physique, un corps psychique (appelé âme) et un esprit (seule partie immortelle). Si cela est, Dieu devrait être lui-même corps, âme et esprit. Ce qui ferait pencher pour un panthéisme absolu, englobant toute la création, réelle et virtuelle.

Cette vision est incompatible avec le message des religions issues du Judaïsme, mais pourrait correspondre à l'expression du taoïsme, de l'advaïtisme et dans une certaine mesure avec l'hindouisme, pour lesquels Dieu est une force qui englobe tout, qui gouverne tout. Cette vision du phénomène religieux s'apparente aussi à l'animisme et au chamanisme, qui sentent et interrogent les esprits qui animent la nature.

Il y a des religions qui ne qualifient pas Dieu, qui ne dogmatisent pas l'inconnaissable ; le bouddhisme fait partie de celles-ci. Le judaïsme, religion anthropomorphe, laisse à ses adeptes la liberté de penser l'au-delà. Le christianisme et l'islam prêchant la foi en un Dieu d'une unicité absolue, bon et miséricordieux, offrant un paradis merveilleux aux justes et une punition aux autres, se rangent dans les religions anthropomorphes donnant une personnalité quasi humaine au concept divin.

Qu'est-ce que Dieu ?

A cette question, la réponse du catéchisme de notre enfance nous revient en mémoire.

- Dieu est un pur esprit, infiniment bon, infiniment juste et infiniment parfait. Mais qu'est ce que cela veut dire ? Il suffit de croire.
- Mais qu'est-ce que la foi ? Peut-être un état de grâce que Dieu accorde à certains d'entre nous.

L'interrogation reste complète, on se retrouve au point de départ : qu'est-ce que Dieu ? Alors, en dernière ressource, on fait intervenir le mot « mystère », qui par définition reste quelque chose qui garde son « secret ». On doit à V. Tomberg ces paroles qui résument assez bien ma pensée : « *Le mystère est protégé par la Lumière et le secret par l'obscurité.* ». Mais, *comme il n'y a pas d'ombre sans lumière* ! Où allons-nous ?

Au long de ces lignes, j'ai essayé de résumer comment les religions ont essayé de résoudre ce problème et montré les multiples voies pour y parvenir, mais sans jamais faire l'unanimité.

Je ne vais pas rajouter de l'ombre dans la nuit. Dieu, l'univers et la *Vie*, sont si plein d'énigmes, mais aussi si riches d'intelligence, de sagesse et de beauté qu'en ce qui me concerne, il ne fait aucun doute que notre origine n'est pas due au seul fait du hasard et/ou de la nécessité.

L'hypothèse traditionnelle qui demande l'intervention d'un Dieu créateur omniprésent et omniscient pour réaliser son œuvre créatrice selon un plan préétabli par Lui repose la question ; qu'est ce que Dieu ?

J'ai trop de respect pour ce mystère pour essayer d'y répondre autrement qu'en disant que pour moi, Dieu existe par le fait même de l'irrationalité de son concept, par la beauté et l'intelligence de ce qui peut s'observer autour de nous. Les mystères qui nourrissent ce concept ne seront probablement jamais élucidés et c'est tant mieux, car tout savoir induit la fin de la recherche et par conséquent de l'évolution, résultat de la réflexion que ce concept engage.

La *connaissance* échappant à la raison, commencent alors les spéculations physiques et métaphysiques, la formulation d'hypothèses plus ou moins probantes, mais aussi le délire, la poésie, la sagesse et l'émerveillement du constat qu'il y a autant de mystères dans la flamme d'une bougie qu'il en a dans une étoile.

Cette remarque donne raison à Hermès Trismégiste quand il dit que « *ce qui est en haut est comme ce qui est en bas et ce qui est en bas est vraiment comme ce qui est en haut... pour le miracle d'une même chose* ».

*
***

On ne peut parler du concept de Dieu que par métaphores.

Ainsi pourrait parler ...(???)

On m'a nommé de multiples façons, mais Je n'ai pas de Nom. Ne cherchez pas à Me comprendre, car Je suis au-delà de la compréhension ; si vous voulez Me voir, regardez autour de vous, c'est Moi que vous verrez. Si vous voulez Me connaître regardez en vous-même, car Je suis en vous. C'est Moi qui vous anime mais c'est vous qui existez en Moi.

Je suis seul, Sphère sans centre et sans limites, Je suis Tout et Rien, Je suis sur tous les plans, Je suis sans être, Je suis avant le Temps, mais Je suis le Temps. Il n'est aucun endroit où Je ne suis pas.

Je vous ai laissé un message écrit dans les étoiles, afin que vous appreniez à lever les yeux, à voir l'invisible, à sentir l'inconnu, à magnifier votre esprit, à grandir dans le plan que Je vous ai préparé.

Dans la Sphère, J'ai voulu que s'exprime la chose la plus essentielle qui soit, la Vie. Sans elle rien n'a de sens et Je serais resté être sans être, entre deux mondes « virtuel » et « réel », centré sur le Rien/Tout. Mais ne cherchez pas à comprendre, vous ne le pourrez pas. Dans ce symbole sphérique qui Me représente, J'y ai inscrit l'incommensurabilité et la transcendance par le Nombre [π].

Pour exprimer l'immense Amour qui émane de Moi sans cesse dans toutes les directions de l'espace, pour le dynamiser, le laisser se développer, il fallait un espace-temps, un volume concret.

Pour garder le Tout en équilibre, J'ai créé un anti-Tout et un anti-temps, pour que l'irrationnel et le rationnel puissent coexister sans s'annihiler.

J'ai ainsi séparé la lumière des ténèbres, créé un espace binaire, un haut un bas, seul moyen pour que les existences aient un support pour se manifester. Mais ne cherchez pas où est le haut, où est le bas, où sont les limites entre les choses que J'ai voulues uniques et multiples à la fois.

Vous avez découvert que J'ai inscrit la Vie divine dans un Nombre unique parmi tous les autres, le Nombre d'or [Φ], que J'ai voulu encore plus irrationnel que [π]. Il le fallait, car dans Mon plan, la Vie allait devoir s'exprimer concrètement, en molécules complexes, aux propriétés particulières, s'enrouler en de multiples volutes au cœur de chaque cellule vivante, porter le message des existences : ainsi est né ce que vous appelez l'ADN.

J'ai voulu que ce message codé dans le cœur du support de la Vie génère toutes les formes d'existences.

Nombre d'or caché au cœur des choses, depuis le tout début du processus, émané de Un, tu es le chef-d'œuvre des chefs-d'œuvre, une merveille de sciences géométrique et mathématique, tu t'exprimes de multiples façons, tu es proportion divine, mais aussi génie mathématique.

Même son inverse, qui est la Vie divine moins l'Unité, est ce qui vous reste pour exister, pour grandir, sortir de l'ignorance, pour Me réintégrer.

Dans le carré-long de la Genèse, vous avez compris que J'ai laissé un message qui transcende tous vos moyens d'expression.

Dans ce symbole, Je vous parle de l'univers concret dans lequel vous évoluez. Il est bâti sur les Nombres. En son cœur, J'y ai laissé mon Image, un petit Cercle inscrit et limité sur Moi, l'Unité. Ce petit Cercle est à cheval sur deux mondes, le Monde divin (le carré supérieur) et le monde terrestre (le carré inférieur). Ce Cercle est limité, car il a un centre, ce qui le rend concret, réel. Sur la grande diagonale qui stabilise le système, apparaissent simultanément la Vie divine par le Nombre d'or [Φ] et son expression inversée la vie manifestée [$1/\Phi = \varphi$].

Puisque vous avez découvert que les Nombres s'expriment par leur inverse, vous êtes donc en mesure de comprendre le message des autres Nombres irrationnels qui complètent le témoignage de ce symbole qui, à lui seul, résume tous les autres. Tout est contenu dans ce plan.

Vous oscillez entre foi et sciences, vous avez raison de chercher à comprendre. Mais n'oubliez pas que la Connaissance que vous pourrez avoir de Moi passe par celle que vous aurez de vous-mêmes.

Au-delà, vous entrerez dans une nouvelle dimension des mystères, car vous êtes vivants avant d'être nés et vous êtes, avant d'être vivants.

Bibliographie

****

Bibliographie (non exhaustive)

- *Cahier de Boscodon* No 4, France 1989.

CAPRA Frijof:
- *Le Tao de la Physique*, Ed. Sand, 1985.

CHARDIN (de) :
- *Le Milieu divin,* Ed. du Seuil, 1957

CHEVALIER Jean et GHERBRANT Alain :
- *Dictionnaire des symboles,* Robert Laffont, Paris 1969.

CLEYET-MICHAUD Marius
- *Le Nombre d'or*, Paris, 1973.

ELIADE Mircea:
- *Histoire des croyances et des idées religieuses*, Payot, Paris, 1983.

FABRE-D'OLIVET:
- *La langue hébraïque restituée,* l'Age d'homme, 1975).

GANDHI M :
- *Tous les hommes sont frères*, Gallimard, coll. « Folio, Essais », Paris 2003.

GHYKA Matila C :
- *Philosophie et mystique du Nombre*, Payot, Paris, 1984.
- *Essai sur le rythme*, Gallimard, Paris, 1938.
- *Le Nombre d'or,* Gallimard, Paris, 1959.
- *Esthétique des proportions dans la nature et dans les arts*, Le Rocher, 1987.

GUENON René:
- *Symboles fondamentaux de la science sacrée*, Gallimard, 1962.

KAWKING Stephen :
• *Une brève histoire du temps, Du big-bang aux trous noirs*, Flammarion, Paris 1989.
• *Trous noirs et bébés univers*, Odile Jacob, Paris, 1994.

HERSCH Jeanne:
• *L'étonnement philosophique*, Gallimard, Coll. « Folio, Essais », Paris 1993.

IFRAH Georges:
• *Histoire universelle des chiffres. Lorsque les nombres racontent les hommes.* Seghers, 1981, Paris.

JACQUARD Albert et LACARRIERE Jacques :
• *Science et croyance*, Albin Michel, Paris, 1999.
• *Voici le temps du monde fini*, Le Seuil, Paris 1991.

JEAN Georges :
• *L'écriture mémoire des hommes*, Gallimard, coll. « Découverte Gallimard », Paris 1987.

KALTENBACH Max:
• *Lao Tseu et le Taoïsme*, Le Seuil, Paris, 1965.

KIELCE Anton:
• *Le Yi-King*, M.A Editions, Paris 1985

KŒLLIKER Théo :
• *Symbolisme et Nombre d'Or : Rectangle de la Genèse et la pyramide de Khéops*, Ed. des Champs-Elysées, Paris 1957.
• *Croire ou comprendre : Proposition pour un ajustement des concepts religieux à la mentalité du XXe siècle, avec recherche d'une solution pouvant donner satisfaction au Cœur et à la Raison*, De la Baconnière, Neuchâtel 1971.

LARRE Claude :
• *Les Chinois*, Ed. Lidis, Paris.

• *Merveilleuse Notre-Dame de Lausanne*, Ed. du Grand-Pont, Lausanne.

NADAUD Alain :
- *L'archéologie du zéro*. (Roman), Denoël Paris, 1984.

NARBY Jeremy:
- *Le Serpent cosmique : l'ADN et les origines du savoir*, Ed. Georg SA, Genève 1995.
- *Intelligence dans la nature*, Buchet-Chastel, , Paris, 2005.

NEIRYNCK Jacques :
- *Le huitième jour de la Création*, Presse polytechniques et universitaires romandes,
    1990, Lausanne.

NOTRE-DAME DE LAUSANNE :
- Merveilleuse Notre-Dame de Lausanne, Ed. Du Grand-Pont, Lausanne, 1975

PACIOLI Luca:
- De *Divina proportione*, Librairie du Compagnonnage, Paris, 1980.

PEREZ Jean-Claude
- *L'ADN décrypté. La découverte et les preuves du langage caché de l'ADN*, Marco
    Pietteur, « Résurgence », Liège. Belgique 1997.

PLATON :
- *Sophiste, Politique, Philèbe, Timée, Critias* : trad. Emile Chambry, Flammarion, Paris 1969.

REEVES Hubert, De ROSNAY Joël, COPPENS Yves et SIMONNET Dominique:
- *La plus belle histoire du monde*, Le Seuil, Paris 1996.

SAUTOY (du) Marcus:
- *La symphonie des nombres premiers*, Héloïse d'Ormesson, Paris 2005.

SCHURE Edouard :
- *Les grands initiés*, Librairie Académique Perrin, Paris 1960.

SCHWALLER DE LUBICZ R.A:
- *Le roi de la théocratie pharaonique*, Flammarion, Paris 1993.

TELEMARIANUS Petrus :
- *De l'architecture naturelle*, Vega, Paris, 1950.

TRINH XUAN THUAN:
- *Origines. La nostalgie des commencements*, Gallimard, folio essais, 2003.
- *La mélodie secrète*. Fayard 1988 ; Gallimard, folio essais, no 160, 1991.

WEINBERG Steven :
- *Les trois premières minutes de l'univers*, Le Seuil, 1978.

WILHELM et. PERROT R :
- *Le Yi-King*, Librairie de Médicis, 1973.

ZUKAV Ganz :
- *La Danse des éléments*, R Laffont.

Annexe

****

Répertoire des symboles numériques relevés dans *Nombres et géométrie*

Inspiré de Théo Koelliker, *Symbolisme et nombre d'or*
Certaines des relations sont de l'auteur

Le concept divin, englobe l'ensemble de ce qui suit.

Nombres négatifs ; [± **0**]. ;Nombres positifs : *Rien-origine, articulation entre les mondes complémentaires, réel et virtuel.*

Bien distinguer :
Zéro de position, (3 **0** 2 8 **0**)
Zéro Origine, (- 2, - 1 ± **0**. + 1 + 2) et
Zéro Rien. (**10** $^{-\infty}$)

1 : L'Absolu, l'indifférencié, le Non-manifesté

2 : Binaire, la dualité dans espace-temps – la différentiation – la manifestation à l'état virtuel

3 : Principe dynamique et organisateur - Manifesté en action - le binaire en action dynamique dans l'espace-temps.

4. : Cadre formateur – le moule vide destiné à recevoir les productions – la nature naturante – le monde de l'atome et de tout son contenu

5. : Esprit divin – l'incarnation de l'esprit dans la matière

6. : Cristallisation du monde physique – le monde des molécules et des cristaux.

7. : Manifestation des existences dans la Vie. Vie physique sur le support du monde physique. Intelligence.

8. : Nature en évolution. Conscience.

9. : Achèvement de la création - recherche d'idéal. La connaissance

10. : Perfection. Retour vers l'Unité.

$\sqrt{2} = 1,41421..$: Ignorance, non-conscience du divin.

$1/\sqrt{2} = 0,7071 = \frac{1}{2}\sqrt{2}$: Inverse de l'ignorance.

$1/2 = 0,5$: Entrée d'une valeur dynamique dans l'univers

$\sqrt{3} = 1,73205..$; Superconscience

$\sqrt{5} = \Phi + \varphi = 2,236..$: Incarnation de l'esprit dans la matière – principe de la vie divine. L'essence du divin contient la Vie divine et son expression physique

$1/\sqrt{5} = 0,4472 =$ Musique des sphères

$2/\sqrt{5} = 0.8944$

Nombre d'or et section d'or.

$\Phi = 1/\varphi = 1,61803$: Nombre d'or. Vie divine

$1/\Phi = \varphi = 0,61803....$: Vie physique inverse de la vie divine – existences terrestres.

$\Phi * \varphi = 1$: Dieu est le produit de la Vie divine par la vie physique

$\Phi + 1 = \Phi^2 = 1/\varphi^2 = 2,61803...$: Vie intensément spirituelle

$\sqrt{\Phi} = 1,27201..$: Le principe divin – l'aspect christique dans l'univers.

$1/\sqrt{\Phi} = 0,78615 = \sqrt{\varphi}$: Inverse du principe divin. Principe de la vie physique

$\Phi^3 = 1/\varphi^3 = 4,23603$

$\Phi^4 = 1/\varphi^4 = 6,8540$

$\varphi = 1/\Phi = (\Phi - 1) = 0{,}61803$: Vie physique - biosphère

$1/\varphi = \Phi$ Vie divine

$\sqrt{\Phi} * \sqrt{\varphi} = 1{,}27201 * 0{,}7861 = 1$ (inédit). Le produit de l'essence de l'aspect christique dans l'Univers par l'essence de l'aspect de la vie physique retourne à Dieu, à l'Unité.

$\varphi^2 = 0{,}38196$: Vie physique inférieure (animale). Vie intensément matérielle.

$\varphi + \varphi^2 = 1$: La vie physique et la vie intensément animale rejoint le concept de Dieu (inédit)

$\varphi^3 = 0{,}23606\ldots$

$1/\varphi^3 = \Phi^3 = 4{,}2362\ldots$

$1 + \varphi^3 = (\sqrt{5} - 1) = 1{,}236$

$\varphi^4 = 0{,}14589\ldots$

$1/\varphi^4 = \Phi^4 = 6{,}8540\ldots$

$\sqrt{\Phi + 3} = 2{,}14896$ Certitude d'un déterminisme divin. Connaissance de la cause

$1/\sqrt{\Phi + 3} = 0{,}46534$: Principe de la cause. Confiance absolue au divin.

$\sqrt{\Phi + 2} = \sqrt{3 - \Phi} * \Phi = 1{,}90211$: Désir conscient de spiritualité

$1/\sqrt{\Phi + 2} = 0{,}52573$: Principe du désir de spiritualité (intuition)

$\sqrt{4 - \Phi} = 1{,}5433$ _ Matérialisme. Désir de vie matérielle

$1/\sqrt{4 - \Phi} = 0{,}6479$: Principe du matérialisme

$\sqrt{3 - \Phi} = \sqrt{\varphi^2 + 1} = 1{,}1756$: Embryon de spiritualité

$1/\sqrt{3-\Phi} = 0{,}8506$: Principe de l'embryon de spiritualité – manifestation de la spiritualité

$2 + \sqrt{\Phi} = 3{,}272$

51°,827 = Pente de la grande pyramide de Khéops. Tangente de 51°827 = 1,272 =

$\sqrt{\Phi}$ = hauteur de la grande pyramide = Christ dans l'univers

$1 = \varphi + \varphi^2 = 0{,}61803 + 0{,}38196 = 1$
$2 = \Phi + \varphi^2 = 1{,}61803 + 0{,}38196 = 2$
$3 = (1 + \Phi) + \varphi^2 = 2{,}61803 + 0{,}38196 = 3$
$4 = (2 + \Phi) + \varphi^2 = 3{,}61803 + 0{,}38196 = 4$
$5 = (3 + \Phi) + \varphi^2 = 4{,}61803 + 0{,}38196 = 5$
$6 = (4 + \Phi) + \varphi^2 = 5{,}61803 + 0{,}38196 = 6$
$7 = (5 + \Phi) + \varphi^2 = 6{,}61803 + 0{,}38196 = 7$
$8 = (6 + \Phi) + \varphi 2 = 7{,}61803 + 0{,}38196 = 8$
$9 = (7 + \Phi) + \varphi^2 = 8{,}61803 + 0{,}38196 = 9$
$10 = (8 + \Phi) + \varphi^2 = 9{,}61803 + 0{,}38196 = 10$

Série inédite montrant de façon absolue la connivence étroite existant entre les Nombres, la Vie divine et la vie terrestre.

J'ai nommé cette série, *le code secret de Dieu*

Mesures humaines

$1/\Phi^2 = 0{,}0764$ = paume
$1/\Phi = 0{,}618..$ = palme
1 = empan
$\Phi = 1{,}618,,$ = pied
$\Phi^2 = 2{,}618$ = coudée
Coudée égyptienne – $\pi/6 = 0{,}2\ \Phi^2 = \Phi^2/5 = 0{,}5236\ldots$
Coudée pythagoricienne – $\pi/5 = 0{,}6283\ldots$

Livres de Léonard Ribordy, en rapport avec le message de la symbolique des Nombres et de la géométrie.

LA DIVINE PROPORTION PAR LA GEOMETRIE ET LES NOMBRES

   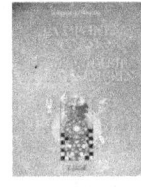  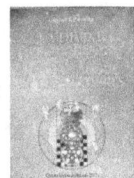

Première édition : (épuisée)
Ed, A la Carte, Sierre, VS 2005

    Deuxième édition ; (épuisée)
    Ed, La Maison de Vie : Paris, 2007

        Ed : La Maison de Vie
        Paris 2010 : (épuisée)

            Troisième édition : (épuisée)
            Ed. Trajectoire ; Toulouse 2012

                Traduction en langue Tchèque
                ED Knika, 2007
                Božka proporce v geometri a v čisce

                        Quatrième >Edition
                        Ed Amazon 2022

ARCHITECTURE SACREE DANS LE MONDE
A la lumière du Nombre d'or
Première Edition : Trajectoire, Toulouse, 2010

Traduction en portugais
ARCHITECTURA E GEOMETRIA SAGRADAS PELO MUNDO
A luz de numero de oro
Ed Madras, Sao Paulo, 2012

VERS L'EQUATION DE DIEU
Par Oranda l'âme de a Vie
Ed. Trajectoire, Toulous3, 2014

LE NOMBRE D'OR ET SES ARCANES SACRES
Ed Amazone 2019

ETRE, NON-ETRE
Dialogues entre alter ego
Ed Amazone, 2020

Tous les dessins reproduits dans ce livre ont été réalisés par l'auteur. Ils ne sont pas soumis à des droits d'auteur, car ils font partie d'un patrimoine intellectuel universel

La troisième édition de ce livre est arrivée à échéance en 2021. La Maison d'Edition Trajectoire à Toulouse a produit 1500 exemplaires de cet ouvrage et m'a rétrocédé les droits d'auteur en 2021.

La version actuelle a été éditée à compte d'auteur en 2022 par Amazone, sous une forme adaptée et entièrement revue et corrigée.

www.ingramcontent.com/pod-product-compliance
Lightning Source LLC
Chambersburg PA
CBHW080450220526
45465CB00006B/2223